水利水电工程建设从业人员安全培训丛书

水利水电工程安全生产管理

王东升　苗兴皓　主　编

王龙言　焦永斌　鲍利珂　副主编

U0203430

中国建筑工业出版社

图书在版编目(CIP)数据

水利水电工程安全生产管理/王东升,苗兴皓主
编. —北京:中国建筑工业出版社,2019.7
(水利水电工程建设从业人员安全培训丛书)
ISBN 978-7-112-23809-5

Ⅰ.①水… Ⅱ.①王…②苗… Ⅲ.①水利水电工
程-安全管理-岗位培训-教材 Ⅳ.①TV513

中国版本图书馆 CIP 数据核字(2019)第 106033 号

责任编辑:李 杰 李 明
责任校对:李欣慰

水利水电工程建设从业人员安全培训丛书
水利水电工程安全生产管理
王东升 苗兴皓 主 编
王龙言 焦永斌 鲍利珂 副主编

*

中国建筑工业出版社出版、发行(北京海淀三里河路 9 号)
各地新华书店、建筑书店经销
北京科地亚盟排版公司制版
天津安泰印刷有限公司印刷

*

开本:787×1092 毫米 1/16 印张:15¼ 字数:312 千字
2019 年 7 月第一版 2019 年 7 月第一次印刷
定价:**56.00** 元
ISBN 978-7-112-23809-5
(33977)

版权所有 翻印必究
如有印装质量问题,可寄本社退换
(邮政编码 100037)

本书编委会

主　　编：王东升　苗兴皓

副 主 编：王龙言　焦永斌　鲍利珂

参编人员：邢庆如　谭春玲　邢有峰　宋志刚

　　　　　江　南

出 版 说 明

　　根据《安全生产法》《建设工程安全生产管理条例》《水利工程建设安全生产管理规定》（水利部令第 49 号）、《生产经营单位安全培训规定》（国家安全生产监督管理总局第 80 号令）、《国务院安委会关于进一步加强安全培训工作的决定》（安委〔2012〕10 号）、《水利部办公厅关于进一步加强水利水电工程施工企业主要负责人、项目负责人和专职安全生产管理人员安全生产培训工作的通知》（办安监函〔2015〕1516 号）等要求，为进一步提高水利生产经营单位安全培训质量，有效防止和减少水利水电工程建设从业人员违章指挥、违规作业和违反劳动纪律的行为，保障大规模水利建设安全生产，我们组织编写了这套"水利水电工程建设从业人员安全培训丛书"。

　　本套教材由《水利水电工程安全生产法律法规》《水利水电工程安全生产管理》《水利水电工程施工安全生产技术》和《水利水电工程机械安全生产技术》四册组成。在编纂过程中，我们依据现行法律法规和最新行业标准规范，结合《水利水电工程施工企业安全生产管理三类人员考核大纲》，坚持以人为本与可持续发展的原则，突出系统性、针对性、实践性和前瞻性，体现水利水电工程行业发展的新常态、新法规、新技术、新工艺、新材料等内容，使水利水电工程建设从业人员能够比较系统、便捷地掌握安全生产知识及安全生产管理能力。本套教材可用于水利生产经营单位从业人员安全培训和水利水电工程二级建造师继续教育，也可作为大中专院校水利相关专业的教学及参考用书。

　　本套教材的编写得到了清华大学、山东大学、中国海洋大学、青岛理工大学、山东农业大学、山东鲁润职业培训学校、山东省住房和城乡建设厅、山东省水利厅、中国水利企业协会、中国建筑工业出版社、山东水安注册安全工程师事务所、山东中英国际工程图书有限公司等单位的大力支持，在此表示衷心的感谢。本套教材虽经反复推敲核证，仍难免有不妥甚至疏漏之处，恳请广大读者提出宝贵意见。

编审委员会

2019 年 05 月

4

前　　言

本书编写过程中，我们认真研究水利水电工程建设从业人员岗位责任、知识结构、文化程度，针对我国水利水电工程施工现状特点确定编写纲要，在具体阐述上尽最大程度符合国家现行法律法规和规范标准，参考中国水利水电出版社的《水利水电工程建设安全生产管理》，主要内容包括水利工程建设安全生产管理概述、水利工程建设安全生产责任、施工企业安全生产管理、施工现场安全管理和典型案例分析等五章，其中施工企业安全生产管理、施工现场安全管理为主要章节，着重介绍了水利工程施工企业的各项管理制度、管理措施以及施工现场安全文明施工等方面的知识，力图对于强化水利工程施工企业管理人员的安全生产意识、增强安全生产责任、提高安全生产管理能力起到必要指导作用。

本书的编写广泛征求了水利水电行业的主管部门、高等院校和企业等有关专家的意见，并经过多次研讨和修改。山东大学、中国海洋大学、青岛理工大学、山东鲁润职业培训学校、山东中英国际建筑工程技术有限公司、山东水安注册安全工程师事务所等单位对本书的编写工作给予了大力支持；本书在编写过程中参考了大量的教材、专著和相关资料，在此谨向有关作者致以衷心感谢！

限于我们水平和经验，书中疏漏和错误难免，诚挚希望读者提出宝贵意见，以便完善。

编　者

2019 年 05 月

目　　录

第4章 施工现场安全管理

第5章 典型案例分析

第 1 章 水利工程建设安全生产概述

1.1 安全生产基本概念

1.1.1 危险与安全

1. 危险

危险是指系统中存在导致发生不期望后果的可能性超过了人们的承受程度，一般用风险度表示危险的程度。风险度用事故发生的可能性和严重性来衡量。

从广义来说，风险可分为自然风险、社会风险、经济风险、技术风险和健康风险等五类。而对于安全生产的日常管理，可分为人、机、环境、管理等四类风险。

2. 危险源

危险源是指可能导致人身伤害和（或）健康损害的根源、状态或行为，或其组合。

具体的讲，危险源是指一个系统中具有潜在能量和物质释放危险的、可造成人员伤害、在一定的触发因素作用下可转化为事故的部位、区域、场所、空间、岗位、设备及其位置。危险源存在于确定的系统中，不同的系统范围，危险源的区域也不同。另外，危险源可能存在事故隐患，也可能不存在事故隐患，对于存在事故隐患的危险源一定要及时加以整改，否则随时都可能导致事故。

根据事故致因理论，危险源可分为两类：系统中存在的、可能发生意外释放的能量或危险物质被称作第一类危险源；导致屏蔽措施失效或破坏的各种不安全因素称作第二类危险源。第一类危险源涉及潜在危险性、存在条件和触发因素三个要素；第二类危险源包括人、物、环境三方面。

3. 安全

安全，顾名思义，"无危则安，无缺则全"，即安全意味着没有危险且尽善尽美，这是与人们传统的安全观念相吻合的。随着对安全问题的深入研究，安全有狭义安全和广义安全之分。狭义安全是指某一领域或系统中的安全，如生命安全、财产安全、食品安全、社会安全等；广义安全即大安全，是以某一领域或系统为主的安全扩展到生活安全与生存安全领域，形成生产、生活、生存领域的大安全。在安全学科中的"安全"有诸多的含义：其一，安全是指客观事物的危险程度能够为人们普遍接受的状态；其二，安全是指没有引起死亡、伤害、职业病或财产、设备的损坏或损失或环境危害的条件；其三，安全是指生产系统中人员免遭不可承受危险的伤害。

安全与危险构成一对矛盾体，它们相伴存在。在社会实践中，安全是相对的，危险是绝对的，它们具有矛盾的所有特性。一方面双方相互反对、相互排斥、相互否定，安全度越高危险势就越小，安全度越小危险势就越大；另一方面安全与危险两者相互依存，共同处于一个统一体中，存在着向对方转化的趋势。安全与危险体现了人们对生产、生活中可能遭受健康损害、人身伤亡、财产损失、环境破坏等的综合认识；也正是这对矛盾体的运动、变化和发展推动着安全科学的发展和人类安全意识的提高。

1.1.2　事故与事故隐患

1. 事故

事故是指人们在进行有目的的活动过程中突然发生的、违背人的意志的意外事件，该事件的发生可能会造成人的有目的活动暂时或永远终止，或造成人员死亡、疾病、伤害，财产或其他损失。事故包括两个方面，即非正常发生的事件以及由此而导致的后果。

2. 生产安全事故

生产安全事故是指在生产经营活动中发生的事故。

依据《企业职工伤亡事故分类》GB 6441—1986，按事故致害原因，可分为物体打击、机械伤害、起重伤害、触电、高处坠落、坍塌、中毒和窒息等 20 个类别。依据《生产安全事故报告和调查处理条例》的规定，按生产安全事故造成的人员伤亡或者直接经济损失，将事故分为特别重大事故、重大事故、较大事故、一般事故等四个等级。

3. 事故隐患

生产安全事故隐患，简称事故隐患，是指生产经营单位违反安全生产法律、法规、规章、标准、规程和安全生产管理制度的规定，或者因其他因素在生产经营活动中存在可能导致事故发生的物的危险状态、人的不安全行为和管理上的缺陷。

事故隐患分为一般事故隐患和重大事故隐患。一般事故隐患，是指危害和整改难度较小，发现后能够立即整改排除的隐患。重大事故隐患，是指危害和整改难度较大，应当全部或者局部停产停业，并经过一定时间整改治理方能排除的隐患，或者因外部因素影响致使生产经营单位自身难以排除的隐患。

1.1.3　安全生产

1. 安全生产

安全生产是指在生产经营活动中，为避免发生造成人员伤害和财产损失的事故，有效消除或控制危险和有害因素而采取一系列措施，使生产过程在符合规定的条件下进行，以保证从业人员的人身安全与健康、设备和设施免受损坏、环境免遭破坏，保证生产经营活动得以顺利进行的相关活动。"安全生产"一词中所讲的"生产"，是广义的概念，不仅包括各种产品的生产活动，也包括各类工程建设和商业、娱乐业以及其他服务业的经营活动。

2. 安全生产管理

安全生产管理是指运用人力、物力和财力等有效资源，利用计划、组织、指挥、协调、控制等措施，控制物的不安全因素和人的不安全行为，实现安全生产的活动。

安全生产管理的最终目的是为了减少和控制危害和事故，尽量避免生产过程中发生人身伤害、财产损失、环境污染以及其他损失。安全生产管理包括对人的安全管理和对物的安全管理两个主要方面。具体讲，包括安全生产法制管理、行政管理、工艺技术管理、设备设施管理、作业环境和作业条件管理等。

3. 安全生产要素

安全生产是一个系统工程，抓好安全生产涉及政治、文化、经济、技术以及企业管理、人员素质等多个方面，就当前我国的安全生产发展形势，应重视以下五项安全生产要素：

（1）安全法规。安全法规反映了保护生产正常进行、保护劳动者安全健康所必须遵循的客观规律。它是一种法律规范，具有法律约束力，要求人人都要遵守，对整个安全生产工作的开展具有国家强制力推行的作用。安全法规是以搞好安全生产、职业卫生为前提，不仅从管理上规定了人们的安全行为规范，也从生产技术上、设备上规定了实现安全生产和保障职工安全健康所需的物质条件。

（2）安全责任。安全责任是安全生产的灵魂。安全责任的落实需要建立安全生产责任制。安全生产责任制是经长期的安全生产、劳动保护管理实践证明的成功制度与措施，是安全生产制度体系中最基础、最重要的制度，其实质是"安全生产，人人有责"。在安全责任体系中，政府领导有了责任心，就能科学处理安全和经济发展的关系，使社会发展与安全生产协调发展；经营者有了责任心，就能保证安全投入，制定安全措施，事故预防和安全生产的目标就能够实现；员工有了责任心，就能执行安全作业程序，事故就可能避免，生命安全才会得到保障。

（3）安全文化。安全文化是人类文化的组成部分，既是社会文化的一部分，也是企业文化的一部分，属于观念、知识及软件建设的范畴。安全文化是持续实现安全生产的不可或缺的软支撑。安全文化是事故预防的一种"软"力量，是一种人性化的管理手段。安全文化建设通过创造一种良好的安全人文氛围和协调的人机环境，对人的观念、意识、态度、行为等形成从无形到有形的影响，从而对人的不安全行为产生控制作用，以达到减少人为事故的效果。

企业安全文化是企业在长期安全生产和经营活动中逐步培育形成的、具有本企业特点的、为全体员工认可遵循并不断创新的观念、行为、环境、物态条件的总和。加强企业安全文化建设要做好以下工作，即通过宣传活动，提高各层次人员的安全意识；

通过教育培训，提高职工的安全素质；通过制度建设，统一职工的安全行为；通过全员参与，营造安全文化氛围。

（4）安全科技。安全科技是实现安全生产的重要手段。它不仅是一种不可缺少的生产力，更是一种生产和社会发展的动力和基本保障条件。安全科技的不断发展是防止生产过程中各种事故的发生，为职工提供安全、良好的劳动条件的必然要求。通过改进安全设备、作业环境或操作方法，将危险作业改进为安全作业、将笨重劳动改进为轻便劳动、将手工操作改进为机械操作，能够有效地提高安全生产的水平。

（5）安全投入。安全投入是指安全生产活动中一切人力、物力和财力的总和。从经济学的角度，安全投入一是人力资源的投入，即专业人员的配置；二是资金的投入，用于安全技术、管理和教育措施的费用。从安全活动和实践的角度，安全文化建设、安全法制建设和安全监管活动，以及安全科学技术的研究与开发都需要安全投入来保障。提高安全生产的水平和能力，安全投入保障是不可或缺的基础。

1.2　我国安全生产管理体制

1.2.1　安全生产理念

现阶段安全生产工作的理念是以人为本、安全发展、科技兴安，任何工作都要始终把保障安全放在首位。

以人为本，它是一种价值取向，强调尊重人、解放人、依靠人和为了人；它是一种思维方式，就是在分析和解决一切问题时，既要坚持历史的尺度，也要坚持人的尺度。在安全生产工作中，就是要以尊重职工群众，爱护职工群众，维护职工群众的人身安全为根本出发点，以消灭生产过程中潜在的安全隐患为主要目的。在一个企业内，人的智慧、力量得到了充分发挥，企业才能生存并发展壮大。职工是企业效益的创造者，企业是职工获取人生财富、实现人生价值的场所和舞台。作为生产经营单位，在生产经营活动中，要做到以人为本，就要以尊重职工、爱护职工、维护职工的人身安全为出发点，以消灭生产过程中的潜在隐患为主要目的。要关心职工人身安全和身体健康，不断改善劳动环境和工作条件，真正做到干工作为了人，干工作依靠人，绝不能为了发展经济以牺牲人的生命为代价，这就是以人为本。具体来讲就是，当人的生命健康和财产面临冲突时，首先应当考虑人的生命健康，而不是首先考虑和维护财产利益。

安全发展，是指国民经济和区域经济、各个行业和领域、各类生产经营单位的发展，以及社会的进步和发展，必须把安全作为基础前提和保障，绝不能以牺牲人的生命健康换取一时的发展。从"安全生产"到"安全发展"，绝不只是概念的变化，它体现的是科学发展观以人为本的要义。安全发展，就是要坚持重在预防，落实责任，加大安全投入，严格安全准入，深化隐患排查治理，筑牢安全生产基础，全面落实企业安全生产主体责任、政府及部门监管责任和属地管理责任。同时，坚持依法依规，综合治理，严格安全生产执法，严厉打击非法违法行为，综合运用法律、行政、经济等手段，推动安全生产工作规范、有序、高效的开展。

科技兴安，就是要加大安全科技投入，运用先进的科技手段来监控安全生产全过程，把现代化、自动化、信息化应用到安全生产管理中。科技兴安是现代社会工业化生产的要求，是实现安全生产的最基本出路。企业应当采用先进实用的生产技术，推行现代安全技术，选用高标准的安全装备，追求生产过程的本质安全化。同时，还要积极组织安全生产技术研究，开发新技术，自觉引进国际先进的安全生产科技。每一个企业家都要树立"依靠安全科技进步，提高事故防范能力"的观念，充分依靠科学技术的手段，生产过程的安全才有根本的保障。

1.2.2　安全生产原则

我国宪法第四十二条提出"加强劳动保护，改善劳动条件"，这是国家和企业安全生产所必须遵循的基本原则。同时，还应遵循以下原则：

1."管生产必须管安全"原则

"管生产必须管安全"这是企业各级领导在生产过程中必须坚持的原则。企业主要负责人是企业经营管理的领导，应当肩负起安全生产的责任，在抓经营管理的同时必须抓安全生产。企业要全面落实安全工作领导责任制，形成纵向到底、横向到边的严密的责任网络。企业主要负责人是企业安全生产的第一责任人，对安全生产负有主要责任。同时，企业还应与所属各部门和各单位层层签订安全工作责任状，把安全工作责任一直落实到基层单位和生产经营的各个环节。同样，企业内部各部门、各单位主要负责人也是部门、单位安全工作的第一责任人，对分管工作的安全生产也应负有重要领导责任。

2."三同步"原则

"三同步"原则是指企业在规划和实施自身发展时，安全生产要与之同步规划，同步组织实施，同步运作投产。

3."四不伤害"原则

"四不伤害"原则是指在生产过程中，为保证安全生产减少人为事故，而采取的一种自律和互相监督的原则，即"不伤害自己、不伤害他人、不被他人伤害、保护他人不受伤害"。

4."四不放过"原则

"四不放过"原则是指在对生产安全事故调查处理过程中，应当坚持的重要原则，即"事故原因没有查清不放过；责任人员没有受到处理不放过；职工群众没有受到教育不放过；防范措施没有落实不放过"。

5."五同时"原则

"五同时"原则是指企业的生产组织领导者必须在计划、布置、检查、总结、评比生产工作的同时进行计划、布置、检查、总结、评比安全工作的原则。它要求把安全工作落实到每一个生产组织管理环节中。这是解决生产管理中安全与生产统一的一项重要原则。

1.2.3 安全生产方针

安全生产方针是指政府对安全生产工作总的要求，它是安全生产工作的方向。当前，我国安全生产方针是："安全第一、预防为主、综合治理"，这一方针是在总结安全工作的基础上逐步形成的。

1. 历史沿革

我国安全生产方针大致经历了三次变化，即："生产必须安全、安全为了生产"，"安全第一、预防为主"，"安全第一、预防为主、综合治理"。从我国安全生产方针的演变，也可以看出我国安全生产工作在不同时期的工作目标和工作原则。

新中国成立以来，党和国家十分重视安全生产工作。1952 年，毛泽东主席指出："在实施增产节约的同时，必须注意职工的安全健康和必不可少的福利事业"。同年，第二次全国劳动保护工作会议提出了"生产必须安全、安全为了生产"的安全生产工作方针，会议还提出了"要从思想上、设备上、制度上和组织上加强劳动保护工作，达到劳动保护工作的计划化、制度化、群众化和纪律化"的目标。1983 年，《国务院批转劳动人事部、国家经委、全国总工会关于加强安全生产和劳动安全监察工作报告的通知》（国发〔1983〕85 号文）中提出："在安全第一、预防为主的思想指导下，搞好安全生产，是经济管理、生产管理部门和企业领导的本职工作，也是不可推卸的责任。"1987 年，在全国劳动安全监察会议上，进一步明确提出"安全第一、预防为主"的方针。2002 年颁布实施的《安全生产法》首次以法律条文的形式，将"安全第一、预防为主"确定为我国安全生产工作的基本方针。

2005 年，中共中央第十六届五中全会通过的《中共中央关于制定十一五规划的建议》指出："坚持安全第一、预防为主、综合治理，落实安全生产责任制，强化企业安全生产责任，健全安全生产监管体制，严格安全执法，加强安全生产设施建设。"把"综合治理"列入安全生产方针。2014 年，修订颁布的《安全生产法》第三条规定"安全生产工作应当以人为本，坚持安全发展，坚持安全第一、预防为主、综合治理的方针，强化和落实生产经营单位的主体责任，建立生产经营单位负责、职工参与、政府监管、行业自律和社会监督的机制"，又以法律条文的形式，将"安全第一、预防为主、综合治理"确定为我国安全生产工作新的基本方针。

2. 内涵

（1）安全第一

安全第一是指在生产经营活动中，在处理保证安全与实现生产经营活动的其他各项目标的关系上，要始终把安全特别是从业人员和其他人员的人身安全放在首要位置，实行"安全优先"的原则。在确保安全的前提下，努力实现生产经营的其他目标。当安全工作与其他活动发生冲突与矛盾时，其他活动要服从安全，绝不能以牺牲人的生命、健康、财产损失为代价换取发展和效益。安全第一，体现了以人为本的思想，是预防为主、综合治理的统帅，没有安全第一的思想，预防为主就失去了思想支撑，综合治理就失去了整治依据。

（2）预防为主

预防为主就是把预防生产安全事故的发生放在安全生产工作的首位。预防为主是安全生产的方针的核心和具体体现，是实施安全生产的根本途径，也是实现安全第一的根本途径。只有把安全生产的重点放在建立事故隐患预防体系上，超前防范，才能有效避免和减少事故，实现安全第一。对于安全生产管理，主要不是在发生事故后去组织抢救，进行事故调查，找原因、追责任、堵漏洞，而是要谋事在先，尊重科学，探索规律，采取有效的事前控制措施，千方百计预防事故的发生，做到防患于未然，将事故消灭在萌芽状态。虽然人类在生产活动中还不可能完全杜绝安全事故的发生，但只要思想重视，预防措施得当，绝大部分事故特别是重大事故是可以避免的。

（3）综合治理

综合治理就是综合运用法律、经济、行政手段，从发展规划、行业管理、安全投入、科技进步、经济政策、教育培训、安全文化以及责任追究等方面着手，建立安全生产长效机制。综合治理，秉承"安全发展"的理念，从遵循和适应安全生产的规律出发，运用法律、经济、行政等手段，多管齐下，并充分发挥社会、职工、舆论的监督作用，形成标本兼治、齐抓共管的格局。综合治理，是一种新的安全管理模式，它是保证"安全第一，预防为主"的安全管理目标实现的重要手段和方法，只有不断健全和完善综合治理工作机制，才能有效贯彻安全生产方针。将"综合治理"纳入安全生产方针，标志着对安全生产的认识上升到一个新的高度，是贯彻落实科学发展观的具体体现。

1.2.4　安全生产工作机制

《安全生产法》规定安全生产工作要建立"生产经营单位负责、职工参与、政府监管、行业自律和社会监督"的机制。建立这一工作机制，目的是形成安全生产齐抓共管的合力。

1. 生产经营单位负责

生产经营单位是生产经营活动的主体，必然是安全生产工作的实施者、落实者和承担者。因此，要抓好安全生产工作就必须落实生产经营单位的安全生产主体责任。具体来讲，生产经营单位应当依照法律、法规规定履行安全生产法定职责和义务，依法依规加强安全生产，加大安全投入，健全安全管理机构，加强对从业人员的培训，保持安全设施设备的完好有效。

2. 职工参与

职工参与，就是通过安全生产教育提高广大职工的自我保护意识和安全生产意识，有权对本单位的安全生产工作提出建议。对本单位安全生产工作中存在的问题，有权提出批评、检举和控告，有权拒绝违章指挥和强令冒险作业。应充分发挥工会、共青团、妇联组织的作用，依法维护和落实生产经营单位职工对安全生产的参与权与监督权，鼓励职工监督举报各类安全隐患，对举报者予以奖励。

3. 政府监管

政府监管就是要切实履行政府监管部门安全生产管理和监督职责。健全完善安全生产综合监管与行业监管相结合的工作机制，强化安全生产监管部门对安全生产的综合监管，全面落实行业主管部门的专业监管、行业管理和指导职责。各部门要加强协作，形成监管合力，在各级政府统一领导下，严厉打击违法生产、经营等影响安全生产的行为，对拒不执行监管监察指令的生产经营单位，要依法依规从重处罚。

4. 行业自律

行业自律主要是指行业协会等行业组织要自我约束，一方面各个行业要遵守国家法律、法规和政策，另一方面行业组织要通过行规行约制约本行业生产经营单位的行为。通过行业自律，促使相当一部分生产经营单位能从自身安全生产的需要和保护从业人员生命健康的角度出发，自觉开展安全生产工作，切实履行生产经营单位的法定职责和社会责任。

5. 社会监督

社会监督就是要充分发挥社会监督的作用，任何单位和个人有权对违反安全生产的行为进行检举和控告。发挥新闻媒体的舆论监督作用。有关部门和地方要进一步畅通安全生产的社会监督渠道，设立举报电话，接受人民群众的公开监督。

1.3 我国水利工程建设安全生产状况

1.3.1 水利工程建设安全生产的特点和难点

1. 水利工程建设安全生产的特点

水利工程建设是水利安全监督管理的重点，也是水利安全生产事故的高发领域。

水利工程建设一般具有工程量大、投资大、工期长、技术紧密等特点，由于水利工程建设施工中存在的危险有害因素较多，其安全管理主要呈现以下几方面的特点。

（1）自然环境复杂、恶劣，潜在的安全风险大

水利工程建设选址一般是交通不便的乡镇山区，施工环境受气象、地形等自然条件影响。大多是露天作业，大约 50％工作量属高处作业，易发生高空坠落等伤亡事故。在地处山区的水利工程建设中，还会受到滑坡、坍塌等事故的威胁，现场安全控制难度很大。

（2）施工作业分散，工作强度大

水利工程建设地域分布面广、线路长，人员流动和施工场地变化频繁。在施工过程中，机械设备还不能完全代替人工，现场工人手工操作较多，体能消耗很大，劳动时间和劳动强度都相对较高，容易发生生产安全事故。

（3）施工现场多工种同时作业，作业交叉频繁

在水利工程建设期需在有效的场地和空间上集中大量的人力、物资、机具，涉及多工种同时间、同地点、多水平、立体交叉作业，且多种施工机械或设备同时运行，极易发生生产安全事故。

（4）存在项目分包、转包现象，安全生产管理难度大大增加

在目前的水利工程建设中，存在大量工程分包、转包现象。由于分（转）包单位施工人员的安全生产管理水平参差不齐，容易出现违章作业和冒险盲干。如何加强对分包单位及作业人员的安全管理，保证安全生产是当前水利工程建设安全管理面临的难点之一。

水利工程建设项目的这些特点，决定了水利工程建设项目安全管理工作的复杂性。由于水利工程建设施工危险区域及危险因素较多，使得水利工程建设项目安全管理工作也呈现出点多面广、头绪多、任务重的特点。除了常规性的安全管理工为水利工程建设营造一个安全的工作环境，针对工程建设项目的具体特点加强和改善安全管理，避免事故以及由此引起的人员伤亡和经济损失。

2. 水利水电工程安全生产的难点

水利工程施工管理系统组成十分复杂，影响因素多变。工程施工管理主要难点如下：

（1）涉及面广

水利工程施工管理工作涉及工业、水利、电力、交通、建设、环保等诸多领域。

（2）涉及学科广

水利工程施工管理工作涉及地质、气象、园林、经济、法律、管理等学科。

（3）涉及法律、法规多

水利工程施工管理涉及《合同法》等，同时涉及水利、电力、交通、土地、矿山、建设等相关部门的法律法规。

（4）地区差异大

全国各地存在不同的社会经济环境，一个市、一个乡都存在不同的社会经济环境。不同地区水利工程建设施工环境因管理体系完善程度不同、管理水平不同、人员素质不同等诸多因素而存在较大差异。

（5）缺少统一的量化标准

由于水利工程施工管理表现形式不一样，人们难以准确判定施工管理过程是否符合相关法规要求和施工现场安全目标需求，给施工管理工作带来一定的难度。

（6）施工点多、面广、线长

水利工程施工具有点多、面广、工期长，大量使用非专业化劳务队伍，而且施工场地复杂，施工条件较差等特点。因此，在水利工程建设施工过程中必须坚持树立"安全第一，预防为主，综合治理"，在当前倡导"以人为本"安全理念的指引下，坚持安全管理的主动性、防护针对性的原则。水利工程的安全生产是一项系统工程，我们更应该紧紧依靠科技进步，提升安全管理水平，实施长效管理。

1.3.2 水利工程建设工程安全生产发展情况

一个时期以来，党中央、国务院高度重视安全生产工作，对存在的主要矛盾和突出问题，从法制建设、管理体制、财政投入等方面相继采取了一系列措施。近年来，习近平总书记等中央领导同志针对安全生产作出了一系列重要指示，要求"要始终把人民生命安全放在首位"，"发展决不能以牺牲人的生命为代价，这必须作为一条不可逾越的红线"；要深刻汲取用生命和鲜血换来的教训，筑牢科学管理的安全防线，要坚持预防为主、标本兼治，健全制度，落实责任，对安全隐患实行"零容忍"，切实维护人民群众的生命安全等，这些充分体现了党和政府对安全生产的高度重视。

1. 健全安全生产监督管理组织机构

国家在面对压缩编制、减少行政开支等诸多挑战的同时，为了加强安全生产监督管理队伍建设，克服困难成立了国家安全生产监督总局，形成了国家、省市、地市、县和乡镇安全生产监督管理网络。组织建设是安全生产双基工作的重点，是安全生产"三项建设"的主要内容。国家水利部已于2010年成立"安全监督司"，负责全国水利行业的安全生产监督管理工作。2018年国家机构改革，安全监督司与其他相关部门组成监督司，负责全国水利行业的安全生产监督管理工作。2016年12月份，山东省水利厅成立了"水政与安全监督处"，指导全省水利行业安全生产工作，负责水利安全生产综合监督管理，承担重点水利工程安全生产监督管理工作；组织实施水利工程项目与安全设施同步落实制度，开展水利工程项目安全标准化建设；组织或参与重大水利安全事故的调查处理；组织开展水利工程稽查。

2. 完善安全生产法律法规体系

2001年4月国务院颁布了《国务院关于特大安全生产事故行政责任追究的规定》；

2002 年 6 月颁布了《安全生产法》，2014 年 8 月通过了《安全生产法修订案》；2003 年 2 月颁布了《特种设备安全监察条例》，2009 年进行了修订，2013 年上升为《特种设备安全法》；2003 年 4 月颁布了《工伤保险条例》（国务院令第 375 号）；2003 年 11 月颁布了《建设工程安全生产管理条例》；2004 年 1 月颁布了《关于进一步加强安全生产工作的决定》（国发〔2004〕2 号）；2005 年 6 月，颁布了《水利工程建设安全生产管理规定》（水利部令第 26 号）；2007 年 4 月颁布了《生产安全事故报告和调查处理条例》（国务院令第 493 号）、2010 年 7 月颁布了《国务院关于进一步加强企业安全生产工作的通知》（国发〔2010〕23 号）、2011 年 11 月颁布了《国务院关于坚持科学发展安全发展促进安全生产形势持续稳定好转的意见》（国发〔2011〕40 号）、2011 年 12 月颁布了《国务院关于加强和改进消防工作的意见》（国发〔2011〕46 号）。

3. 水利施工安全技术标准得到丰富

近年来，国家行业编制、修订和颁布实施了一大批安全生产技术规范标准。水利部根据《关于下达 2003 年第四批中央水利基建前期工作投资计划的通知》（水规计〔2003〕540）的安排，按照《水利技术标准编写》SL 1—2002 的要求，对原能源部、水利部于 1988 年 7 月 1 日颁布的《水利水电建筑安装安全技术工作规程》SD 267—88 进行了修订。原标准经过修订后，分为以下四个标准，即：《水利水电工程施工通用安全技术规程》SL 398—2007、《水利水电工程土建施工安全技术规程》SL 399—2007、《水利水电工程机电设备安装安全技术规程》SL 400—2016、《水利水电工程施工作业人员安全操作规程》SL 401—2007。

这四个标准在内容上各有侧重、互为补充，形成一个相对完整的水利水电工程建筑安全技术标准体系，在处理解决实际问题时，四个标准应相互配套使用。2015 年 5 月水利部颁发了《水利水电工程施工安全防护技术规范》SL 714—2015；2015 年 7 月水利部颁发了《水利水电工程施工安全管理导则》SL 721—2015。

4. 加大了安全生产违法违规行为的处罚力度

每逢重大特大事故，国务院领导亲赴现场指挥救援，或做出重要指示，对安全生产的处罚力度不断加大。

（1）加大了处罚力度。2006 年 6 月国家对《刑法》进行修正，形成《刑法修正案》，进一步调整和明确了因"安全生产设施或者安全生产条件不符合国家规定"、"在生产、作业中违反有关安全管理的规定"和"强令他人违章冒险作业"而发生重大伤亡事故或者造成其他严重后果等安全生产典型违法行为，并新增设了对于不报或者谎报事故行为的刑罚规定，同时加大了对强令他人违章冒险作业情节等特别恶劣行为的处罚力度，由"处三年以上七年以下有期徒刑"调整为"处五年以上有期徒刑"。新《安全生产法》进一步加大了对安全生产违法行为的责任追究力度，例如大幅提高对事故责任单位的罚款金额：一般事故罚款 20 万至 50 万，较大事故 50 万至 100 万，重大事故 100 万至 500 万，特别重大事故 500 万至 1000 万；特别重大事故的情节特别严重的，罚款 1000 万至 2000 万。

（2）规范了惩罚制度。例如，印发颁布了《安全生产违法行为行政处罚办法》（安监总局令第 15 号、《安全生产领域违法违纪行为政纪处分暂行规定》（监察部、安监总局令第 11 号）、《安全生产行政处罚自由裁量适用规则（试行）》（安监总局令第 31 号）、《安全生产监管监察职责和行政执法责任追究的暂行规定》（安监总局令第 24 号令）、《生产安全事故报告和调查处理条例罚款处罚暂行规定》（安监总局令第 42 号）和《关于进一步加强危害生产安全刑事案件审判工作的意见》（法发〔2011〕20 号）。

（3）落实了严厉制裁。大家记忆犹新的是，2008 年奥运会后，国内连续发生几起恶性生产和食品安全责任事故，在国内外造成了特别恶劣的影响，一大批高官和管理人员被问责、免职或引咎辞职。2008 年 9 月 8 日，山西省临汾市襄汾县新塔矿业有限公司尾矿库发生特别重大溃坝事故，共造成 276 人死亡，共有 51 人被移送司法机关，追究刑事责任，62 人受到党纪政纪处理。山西省省长孟学农因临汾"9.8"特别重大尾矿库溃坝事故引咎辞职，副省长张建民被免职；2008 年，国家质量监督检验检疫总局局长李长江因三鹿婴幼儿问题奶粉事件引咎辞职。三鹿集团董事长田文华以生产、销售伪劣产品罪，被石家庄市中院一审判处无期徒刑，有的涉案人付出了生命的代价。因青岛市"11.22"中石化东黄输油管道泄漏爆炸特别重大事故，15 人被移交司法机关追究刑事责任，包括青岛市市长、中石化集团公司董事长在内容 48 名党政企事业单位官员受到党纪、政纪处分。

（4）加大死亡人员的经济赔偿额度，根据《关于进一步加强企业安全生产工作的通知》（国发〔2010〕23 号），对因生产安全事故造成的职工死亡，其一次性工亡补助金标准调整为按全国上一年度城镇居民人均可支配收入的 20 倍计算，发放给工亡职工近亲属。目前，每伤亡一名员工将造成 90 到 200 万不等的直接损失。

（5）实行安全生产资格否决制度，一是实行严格的企业负责人职业资格否决制度，根据《安全生产法》规定，对重大、特别重大事故负有主要责任的企业主要负责人，5 年内不得担任本行业企业的厂长、经理、矿长，情节严重的终身不得担任。对重大、特别重大事故负有主要责任的单位负责人、项目负责人、总监理工程师、专职安全员，终身不得担任本行业的相应职务；对较大事故负有主要责任的，5 年内不得担任本行业的相应职务。

1.3.3　水利工程建设安全生产事故情况

1. 近年来水利安全生产事故统计情况

水利正处在黄金发展期，同时也是事故易发期，水利工程建设、农村水电和勘测设计领域的坍塌、淹溺、高处坠落、机械伤害等事故时有发生。经过统计，全国水利行业事故情况如下：2008年水利行业发生死亡事故20起、死亡26人；2009年水利行业发生死亡事故32起、死亡43人；2010年水利行业发生死亡事故31起、死亡42人；2011年水利行业发生死亡事故14起、死亡26人；2012年水利行业发生死亡事故15起、死亡22人；2013年水利行业发生死亡事故15起、死亡24人；2014年水利行业发生死亡事故15起、死亡22人。2015年水利行业发生死亡事故6起、死亡10人；2016年水利行业发生死亡事故10起、死亡17人；2017年水利行业发生死亡事故11起、死亡15人。

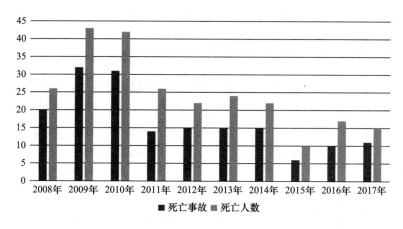

图1-1 2008～2017年全国水利安全事故起数统计示意图

2009年发生了3起较大事故，分别是湖北恩施州建始县野三河水电站"2.16"瓦斯爆炸事故，江西上饶县大碑水电站"4.16"淹溺事故和湖南浏阳市杨家潭水电站"7.11"淹溺事故。分别造成了不同程度的人员伤亡，给人民群众的生产生活和生命财产安全造成严重威胁。2起重大涉险事故，分别是江西吉安县功阁水电站闸门漫顶事故以及海南省万宁市博冯水库溃坝事故。2010年，发生4起较大事故，分别是贵州织金县自强水电站坍塌事故，广东清远市连南县大麦山丰水坑水电站火药爆炸事故，陕西省安塞县集雨窖试点工程坍塌事故，以及西藏自治区桑日县巴玉水电站淹溺事故。2011年，发生3起较大事故，分别是广东省云安县水圳坍塌事故，湖南省慈利县兴达水电站塌方事故，以及河南省信阳市出山店勘探作业触电事故。2012年，发生2起较大事故，8月25日，湖北省建始县红瓦屋电站七里扁引水隧洞施工过程中发生瓦斯爆炸事故，造成3人死亡。9月22日，在新疆库尔勒市一处输水工程施工中，竖井电梯钢绳断裂掉至井下103米处，造成3人当场死亡，1人受重伤。2013年，6起较大事故：①2月15日7时许，山西省临汾市洪洞县曲亭水库左岸灌溉洞出现大流量漏水，16日10时许，水库坝体塌陷贯通过水，造成直接经济损失4763.45万元。②6月8日，江西省赣州市会昌县禾坑口水电站第一孔泄洪闸门启闭排架横梁施工浇筑时脚手架发生坍塌，导致现场施工人员4人死亡，3人受伤。③8月13日，江西省遂川县高倚四级水电站在施工过程中发生隧洞塌方事故,造成4人死亡,1人受伤。项目法人单位为遂川江新华水电开发有限公司,施工单位为江西省水利水电建设有限公司。④10月15日,青海省湟水北干渠2分干8号隧洞工程进行验收前准备工作,在使用柴油发电机清理隧洞积水时,发生人员中毒窒息死亡事故,造成4人死亡。⑤11月17日,新疆吉勒布拉克水电站导流洞封堵闸门发生失稳事故,水库蓄水经导流洞迅速下泄,造成哈巴河县3个乡居民的房屋、牲畜等财产以及水利、交通等设施损失,1978户、7954人受灾。⑥11月29日上午约9时20分,广东省化州市长湾河坝后电站1号水轮机例行检修过程中,发生4名检修人员沼气中毒,其中1名检修人员当场死亡,另外3名检修人员抢救无效死亡。

2014年,2起较大事故:①6月4日,广西贺州市大田水电站施工区域遇大暴雨天气,发电引水隧道1号支洞洞外雨水向洞内倒灌,采取搬运柴油发电机到隧洞中发电抽水,5日7时左右,3名施工人员进洞中毒,经抢救无效死亡。②7月24日,山西省阁西垣沿黄提水灌溉工程施工现场,5名焊接工人在作业时发生土方坍塌,造成1人被埋,其他4人在施救过程中发生二次塌方,导致3人经抢救无效死亡。

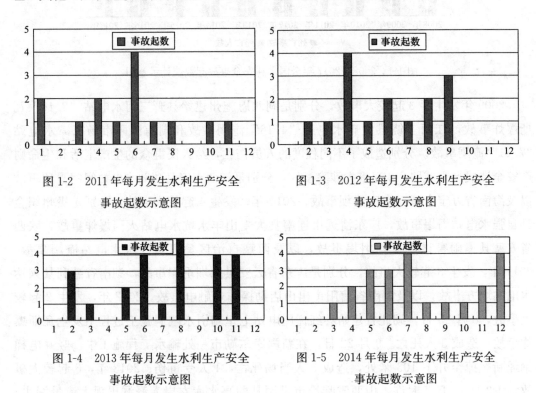

图1-2　2011年每月发生水利生产安全
事故起数示意图

图1-3　2012年每月发生水利生产安全
事故起数示意图

图1-4　2013年每月发生水利生产安全
事故起数示意图

图1-5　2014年每月发生水利生产安全
事故起数示意图

2. 水利安全生产事故原因分析

2011年中共中央、国务院出台了《关于加快水利改革发展的决定》(中发〔2011〕1号),召开了中央水利工作会议,水利迎来跨越式发展,但水利安全生产也面临新挑战，水利防范抵御事故灾害的能力仍然脆弱。当前，水利施工安全生产事故多发的原因是多方面的，既有客观原因，也有主观原因。

（1）客观因素：

1）"十二五"时期及"十三五"水利投资将超过 4 万亿元，172 项节水供水重大水利项目实施，水利建设任务十分繁重。事故发生概率增加，安全生产压力加大；

2）目前全国已建成江河堤防 41.37 万公里，各类水库 9.8 万多座、水闸 26.84 万多座、泵站 42.47 万多座、水电站 4.67 万多座，水利工程安全隐患多，运行管理风险大，安全生产不稳定因素增多；

3）极端天气和气象灾害频发，水利保障能力不足，因自然灾害引发事故的灾难风险加大。

（2）主观因素：

1）部分领导对安全生产思想认识不高、重视不够，安全生产责任不落实；

2）有些地方安全机构不健全、安全制度不完善、安全监督不到位、安全教育不深入、不普及；

3）施工生产现场安全管理薄弱，对基层、现场的安全生产监管存在层层衰减现象；

4）一些工程项目对排查出的安全隐患整改不认真、不全面、不彻底；

5）有的水利工程建设和运行人员安全意识不强，安全生产知识贫乏，保护生命意识薄弱，甚至不顾生命危险违章作业，冒险蛮干。

按照现代安全生产理论分析，导致水利水电施工生产安全事故主要有四个：一是环境的不安全条件，二是管理上存在的缺陷，三是物的不安全状态，四是人的不安全行为。结合前述分析来看，造成水利水电施工安全生产事故多发的原因虽然是多方面的，既有客观原因，也有主观原因，但是主要是主观原因，即管理上的缺陷和人的不安全行为。从近年事故案例分析看，百分之九十九的事故是责任事故，每起事故都有人被追究责任甚至是刑事责任，首先追究的是事故直接责任人责任，其次是项目负责人的责任，再其次是企业领导责任、专职安全员责任和监理人员责任。例如上海静安区胶州路"11.15"火灾事故，54 名事故责任人被严肃处理，其中 26 名责任人被移送司法机关依法追究刑事责任，28 名责任人受到党纪、政纪处分。

被追究事故责任人，普遍存在安全认识不足、安全知识匮乏、法律意识淡薄的问题，导致企业和建筑施工现场安全生产管理不到位，使得工程项目安全生产问题突出、事故隐患较多，最终爆发事故。企业负责人、项目负责人的安全责任尤其重大，必须熟悉和了解国家有关安全生产的法律、法规、规章以及方针、政策，项目负责人在组织施工过程中，还要具有一定组织协调管理能力，掌握必要安全管理知识、熟悉安全技术标准，才能够较好地组织、领导、检查施工现场的安全生产工作，及时消除安全隐患，防止事故发生。

1.3.4 全国水利安全生产面临的形势

1. 国民经济持续较快发展，同时也出现了生产安全事故多发的情况

（1）国民经济持续较快发展，国家经济实力、综合国力和国际地位显著提高。

（2）全国安全生产形势比较严峻，煤矿、交通运输、火灾、危险化学品、烟花爆竹、建筑施工等恶性事故时有发生。

2. 国家和水利部对安全生产高度重视，采取一系列举措加强安全生产工作

（1）中央领导同志多次对安全生产工作作出重要指示批示

1）习近平总书记关于安全生产的重要指示

发展决不能以牺牲人的生命为代价，这必须作为一条不可逾越的红线，要始终把人民生命安全放在首位。建立党政同责、一岗双责、齐抓共管的安全生产责任体系。

2）李克强总理关于安全生产的批示

安全生产是人命关天的大事，是不能踩的"红线"。安全生产既是攻坚战也是持久战，要树立以人为本、安全发展理念，创新安全管理模式，落实企业主体责任，提升监管执法和应急处置能力。坚持预防为主、标本兼治，经常性开展安全检查，搞好预案演练，建立健全长效机制。

（2）十八届三中全会《关于全面深化改革若干重大问题的决定》提出：深化安全生产管理体制改革，建立隐患排查治理体系和安全预防控制体系，遏制重特大安全事故。2014年8月31日，全国人大常委会审议通过了修改后的《安全生产法》，并于12月1日起施行。2015年3月5日第12届全国人大3次会议上，政府工作报告指出：人的生命最为宝贵，要采取更坚决措施，全方位强化安全生产。

国务院每年召开会议研究部署安全生产工作，专门下发《关于进一步加强企业安全生产工作的通知》《关于坚持科学发展安全发展促进安全生产形势持续稳定好转的意见》《安全生产十二五规划》等多个文件，提出了新形势下加强安全生产的一系列政策措施和安全生产奋斗目标。

（3）水利安全生产监管职责和要求进一步明确。

行业主管部门直接监管，安全监管部门综合监管，地方政府属地监管。坚持管行业必须管安全，管业务必须管安全，管生产经营必须管安全。

（4）水利安全生产监管工作力度不断加大。

2015年，企业安全保障能力和政府安全监管能力明显提升，各行业（领域）安全生产状况全面改善，安全监管监察体系更加完善，各类事故死亡总人数下降10%以上，较大和重大事故起数下降15%以上，特别重大事故起数下降50%以上，全国安全生产保持稳定好转态势。2020年，我国安全生产状况实现根本性好转，亿元国内生产总值死亡率、十万人死亡率等指标达到或者接近世界中等发达国家水平。

3. 全国安全生产总体稳定、持续好转的发展态势与依然严峻的现状并存

（1）全国的安全生产保持总体稳定，持续好转的发展态势，实现四个显著下降：

1）事故总量显著下降；

2）事故死亡人数显著下降；

3）重特大事故显著下降；

4）反映安全发展状况的主要相对指标显著下降。

（2）近年全国事故总量偏大，较大和重特大安全事故仍然多发、频发，安全生产形势依然严峻。

2014 年虽然各类事故起数和死亡人数继续保持下降趋势，同比分别下降 3.5％和 4.9％。但是全国仍发生各类事故 29.8 万起，有 6.6 万人失去了生命，总量仍然很大。特别是火灾、油气、交通运输等重特大事故造成人民群众生命财产重大损失和不良社会影响，给我们敲响了警钟。

考 试 习 题

一、单项选择题（每小题有 4 个备选答案，其中只有 1 个是正确选项。）

1. 危险是指系统中存在导致发生不期望后果的可能性超过了人们的承受程度，一般用（　　）表示危险的程度。

A. 可能性　　　　　B. 风险度　　　　　C. 损害度　　　　　D. 严重性

正确答案：B

2. 危险源是指可能导致（　　）和（或）健康损害的根源、状态或行为，或其组合。

A. 人身伤害　　　B. 环境破坏　　　C. 设备损坏　　　　D. 事故隐患

正确答案：A

3. 在生产经营活动中存在可能导致事故发生的物的危险状态、人的不安全行为和管理上的缺陷是指（　　）。

A. 危险　　　　　B. 事故隐患　　　C. 危险因素　　　　D. 重大危险源

正确答案：B

4. 安全生产责任制度是安全生产制度体系中最基础、最重要的制度，其实质是（　　）。

A. 安全生产重于泰山　　　　　　B. 安全生产，人人有责

C. 制定并落实安全管理制度　　　D. 管生产必须管安全

正确答案：B

5. 四不伤害原则是不伤害自己、不伤害他人、保护他人不受伤害、（　　）。

A. 不被他人伤害　　B. 不伤害群众　　C. 不伤害领导　　　D. 不被宠物伤害

正确答案：A

6. 当前，我国安全生产工作的基本方针是（　　）。

A. 安全第一，预防为主，综合治理　　　B. 安全第一，预防为主

C. 生产必须安全，安全为了生产　　　　D. 安全责任重于泰山

正确答案：A

7. 安全生产方针的核心和具体体现是（　　）。

A. 安全第一　　　B. 预防为主　　　C. 综合治理　　　D. 科技兴安

正确答案：B

8. 当前，从全国建筑施工生产安全事故统计看，所占比例最高的是（　　）。

A. 高处坠落事故　　B. 各类坍塌事故　　C. 物体打击事故　　D. 起重伤害事故

正确答案：A

9. （　　）这是企业各级领导在生产过程中必须坚持的原则。

A. 安全第一　　　　　　　　　　B. 管生产必须管安全

C. 预防为主　　　　　　　　　　D. 综合治理

正确答案：B

二、多项选择题（每小题有5个备选答案，其中至少有2个是正确选项。）

1. 安全生产管理就是运用人力、物力和财力等有效资源，利用（　　）等措施，实现安全生产的活动。

A. 计划　　　　　B. 组织　　　　　C. 指挥　　　　　D. 协调

E. 控制

正确答案：ABCDE

2. 企业的安全文化建设主要包括以下哪些内容（　　）。

A. 通过宣传活动，提高各层次人员的安全意识

B. 通过教育培训，提高职工的安全素质

C. 通过制度建设，统一职工的安全行为

D. 通过全员参与，营造安全文化氛围

E. 通过设备改进，减少生产安全事故发生

正确答案：ABCD

3. 下列哪些属于安全生产基本要素（　　）。

A. 安全法规　　　B. 安全责任　　　C. 安全文化　　　D. 安全科技

E. 安全投入

正确答案：ABCDE

4. 在生产安全事故调查处理中，坚持的四不放过原则是指（　　）。

A. 事故原因没有查清不放过　　　　B. 责任人员没有受到处理不放过

C. 职工群众没有受到教育不放过　　　　D. 防范措施没有落实不放过

E. 事故单位未受到处理不放过

正确答案：ABCD

5. 根据当前我国安全生产工作机制，安全生产工作需要（　　）。

A. 政府监管　　　　　　　　　　　　B. 社会监督

C. 生产经营单位负责、职工参与　　　D. 国际合作

E. 行业自律

正确答案：ABCE

三、判断题（答案 A 表示说法正确，答案 B 表示说法不正确。）

1. 安全与危险构成一对矛盾体，它们相伴存在。

正确答案：A

2. 按照系统安全工程的观点，安全是指系统中人员免遭不可承受危险的伤害。

正确答案：A

3. 安全生产主要包括对人的安全管理、对物的安全管理两个方面。

正确答案：B

4. 根据安全发展理念，社会发展必须把安全作为基础前提和保障，绝不能以牺牲人的生命健康换取一时的发展。

正确答案：A

5. 三同步原则是指企业在规划和实施自身发展时，安全生产要与之同步规划，同步组织实施，同步运作投产。

正确答案：A

6. 五同时原则是解决生产管理中安全与生产统一的一项重要原则。

正确答案：A

7. 管生产必须管安全是安全生产工作可以不坚持的原则。

正确答案：B

8. 生产经营单位是生产经营活动的主体，是安全生产工作的实施者、落实者和承担者。

正确答案：A

9. 职工对本单位安全生产工作中存在的问题，有权提出批评、检举和控告，有权拒绝违章指挥和强令冒险作业。

正确答案：A

第 2 章　水利工程建设安全生产责任

本 章 要 点

水利工程建设涉及多个单位，明确并有效落实工程参建各方的安全生产责任，对促进施工现场的安全管理，及时发现和整改现场隐患，避免生产安全事故的发生，有着重要意义。明确水利工程建设参建各方的安全生产责任，建立一个既有明确的任务、职责和权限，又能互相协调、互相促进的安全生产责任体系，是实现水利工程建设各项生产活动安全运行的有力保障。

水利工程建设安全生产管理，必须坚持"安全第一，预防为主，综合治理"的方针。本章主要介绍了项目法人（或者建设单位，下同）、施工单位、建设监理单位、勘察（测）单位、设计单位及其他与水利工程建设安全生产有关的单位，必须遵守的安全生产法律、法规和本规定，保证水利工程建设安全生产，依法承担的安全生产责任。

2.1　项目法人的安全生产责任

水利工程建设安全生产主要是指水利工程施工中的安全生产，施工现场的安全生产主要由施工单位负责。但因项目法人的特殊地位和作用，其行为活动对工程施工的安全生产有着重大影响。其主要安全责任如下：

1. 依法组织建设

(1) 项目法人应当将水利工程中的拆除工程和爆破工程发包给具有相应水利水电工程施工资质等级的施工单位。在对施工投标单位进行资格审查时，应当对投标单位的主要负责人、项目负责人以及专职安全生产管理人员是否经水行政主管部门安全生产考核合格进行审查。有关人员未经考核合格的，不得认定投标单位的投标资格。

(2) 项目法人不得对勘察、设计、施工、工程监理等单位提出不符合建设工程安全生产法律、法规和强制性标准规定的要求，不得压缩合同约定的工期。

(3) 项目法人不得明示或者暗示施工单位购买、租赁、使用不符合安全施工要求的安全防护用具、机械设备、施工机具及配件、消防设施和器材。

2. 提供工程资料

项目法人应当向施工单位提供施工现场及施工可能影响的毗邻区域内供水、排水、供电、供气、供热、通讯、广播电视等地下管线资料，气象和水文观测资料，拟建工程可能影响的相邻建筑物和构筑物、地下工程的有关资料，并保证有关资料的真实、准确、完整，满足有关技术规范的要求。对可能影响施工报价的资料，应当在招标时提供。

3. 保证安全生产投入

项目法人不得调减或挪用批准概算中所确定的水利工程建设有关安全作业环境及安全施工措施等所需费用。工程承包合同中应当明确安全作业环境及安全施工措施所需费用。

4. 报送安全措施资料

（1）项目法人应当组织编制保证安全生产的措施方案，并自开工报告批准之日起15日内报有管辖权的水行政主管部门、流域管理机构或者其委托的水利工程建设安全生产监督机构（以下简称安全生产监督机构）备案。建设过程中安全生产的情况发生变化时，应当及时对保证安全生产的措施方案进行调整，并报原备案机关。

保证安全生产的措施方案应当根据有关法律法规、强制性标准和技术规范的要求并结合工程的具体情况编制，应当包括以下内容：

1）项目概况；

2）编制依据；

3）安全生产管理机构及相关负责人；

4）安全生产的有关规章制度制定情况；

5）安全生产管理人员及特种作业人员持证上岗情况等；

6）生产安全事故的应急救援预案；

7）工程度汛方案、措施；

8）其他有关事项。

（2）应当在拆除工程或者爆破工程施工15日前，将下列资料报送水行政主管部门、流域管理机构或者其委托的安全生产监督机构备案：

1）施工单位资质等级证明；

2）拟拆除或拟爆破的工程及可能危及毗邻建筑物的说明；

3）施工组织方案；

4）堆放、清除废弃物的措施；

5）生产安全事故的应急救援预案。

2.2　施工单位的安全生产责任

《中华人民共和国安全生产法》将生产经营单位的安全生产责任放在了更加突出的位置。在水利工程建设领域，施工单位作为施工现场安全生产活动的主要承担者，应当明确并严格落实安全生产法律法规规定的各项安全生产责任。

2.2.1 施工单位的安全生产责任

1. 资质资格管理

（1）施工单位从事水利工程的新建、改建、扩建、加固和拆除等活动，应当具备国家规定的注册资本、专业技术人员、技术装备和安全生产等条件，依法取得相应等级的资质证书，并在其资质等级许可的范围内承揽工程。

（2）施工单位应当依法取得安全生产许可证后，方可从事水利工程施工活动。

（3）施工单位的主要负责人、项目负责人、专职安全生产管理人员应当经水行政主管部门安全生产考核合格后方可任职。

（4）垂直运输机械作业人员、安装拆卸工、爆破作业人员、起重信号工、登高架设作业人员等特种作业人员，必须按照国家有关规定经过专门的安全作业培训，并取得特种作业操作资格证书后，方可上岗作业。

2. 安全管理机构

施工单位应当依法设置安全生产管理机构，按照国家有关规定配备专职安全生产管理人员，施工现场必须有专职安全生产管理人员。专职安全生产管理人员负责对安全生产进行现场监督检查。发现生产安全事故隐患，应当及时向项目负责人和安全生产管理机构报告；对违章指挥、违章操作的，应当立即制止。

3. 安全制度化建设

施工单位应当及时辨识、获取法律法规和技术标准，并严格遵守，在此基础上，主要负责人应当结合实际，组织制定本单位的安全生产规章制度和操作规程，并在实际工作中贯彻执行。健全安全生产责任制及安全教育培训制度，将安全操作规程与岗位紧密联系。

4. 安全投入保障

施工单位在工程报价中应当包含工程施工的安全作业环境及安全施工措施所需费用。对列入建设工程概算的上述费用，应当用于施工安全防护用具及设施的采购和更新、安全施工措施的落实、安全生产条件的改善，不得挪作他用。施工单位必须依法参加工伤保险，为从业人员缴纳保险费；根据情况为从事危险作业的职工办理意外伤害保险，支付保险费。

5. 安全教育培训

施工单位应当对管理人员和作业人员每年至少进行一次安全生产教育培训，其教育培训情况记入个人工作档案。安全生产教育培训考核不合格的人员，不得上岗。

施工单位在采用新技术、新工艺、新设备、新材料时，应当对作业人员进行相应的安全生产教育培训。

6. 安全技术管理

施工单位应当在施工组织设计中编制安全技术措施和施工现场临时用电方案，对下列达到一定规模的危险性较大的工程应当编制专项施工方案，并附具安全验算结果，经施工单位技术负责人签字以及总监理工程师核签后实施，由专职安全生产管理人员进行现场监督：

(1) 基坑支护与降水工程；

(2) 土方和石方开挖工程；

(3) 模板工程；

(4) 起重吊装工程；

(5) 脚手架工程；

(6) 拆除、爆破工程；

(7) 围堰工程；

(8) 其他危险性较大的工程。

对前款所列工程中涉及高边坡、深基坑、地下暗挖工程、高大模板工程的专项施工方案，施工单位还应当组织专家进行论证、审查。

7. 机械设备及防护用品管理

(1) 施工单位采购、租赁安全防护用具、机械设备、施工机具及配件，应确保具有生产（制造）许可证、产品合格证，并在进入施工现场前进行查验。

(2) 施工单位应当按照有关规定组织分包单位、出租单位和安装单位对进场的施工设备、机具及配件进行进场验收、检测检验、安装验收，验收合格的方可使用。

(3) 施工单位应当按照有关规定办理起重机械和整体提升脚手架、模板等自升式架设设施使用登记手续。

(4) 施工现场的安全防护用具、机械设备、施工机具及配件须安排专人管理，确保其可靠的安全使用性能。

(5) 施工单位应当向作业人员提供安全防护用具和安全防护服装。

8. 度汛管理

施工单位在建设有度汛要求的水利工程时，应当根据项目法人编制的工程度汛方案、措施制定相应的度汛方案，报项目法人批准；涉及防汛调度或者影响其他工程、设施度汛安全的，由项目法人报有管辖权的防汛指挥机构批准。

9. 现场安全防护

(1) 施工单位对因建设工程施工可能造成损害的毗邻建筑物、构筑物和地下管线等，应当采取专项防护措施。

(2) 施工单位应根据施工阶段、场地周围环境、季节以及气候的变化，采取相应的安全施工措施。暂时停止施工时，应当做好现场防护。

(3) 施工单位应按要求设置施工现场临时设施，不得在尚未竣工的建筑物内设置员工集体宿舍，并为职工提供符合卫生标准的膳食、饮水、休息场所。

（4）施工单位应当在危险部位设置明显的安全警示标志。

10. 事故报告与应急救援

（1）施工单位发生生产安全事故，应当按照国家有关伤亡事故报告和调查处理的规定，及时、如实地向负责安全生产监督管理的部门以及水行政主管部门或者流域管理机构报告；特种设备发生事故的，还应当同时向特种设备安全监督管理部门报告。接到报告的部门应当按照国家有关规定，如实上报。实行施工总承包的建设工程，由总承包单位负责上报事故。

（2）施工单位应当根据水利工程施工的特点和范围，对施工现场易发生重大事故的部位、环节进行监控，制定施工现场生产安全事故应急救援预案。实行施工总承包的，由总承包单位统一组织编制水利工程建设生产安全事故应急救援预案，工程总承包单位和分包单位按照应急救援预案，各自建立应急救援组织或者配备应急救援人员，配备救援器材、设备，并定期组织演练。

11. 环境保护

施工单位应当遵守有关环境保护法律、法规的规定，在施工现场采取措施，防止或者减少粉尘、废气、废水、固体废物、噪声、振动和施工照明对人和环境的危害和污染。在城市市区内的建设工程，应当对施工现场采取封闭管理措施。

2.2.2 总分包单位的安全责任界定

水利工程建设实行施工总承包的，由总承包单位对施工现场的安全生产负总责。总承包单位和分包单位对分包工程的安全生产承担连带责任。

分包单位应当服从总承包单位的安全生产管理，分包单位不服从管理导致生产安全事故的，由分包单位承担主要责任。

总承包单位与分包单位应签订安全生产协议，或在分包合同中明确各自的安全生产方面的权利、义务。

2.3 监理单位的安全生产责任

建设监理单位和监理人员应当按照法律、法规和工程建设强制性标准实施监理，并对水利工程建设安全生产承担监理责任。

1. 安全监理措施的制定

监理单位应当编制包括安全监理内容的项目监理规划，明确安全监理的范围、内容、工作程序和制度措施，以及人员配备计划和职责等。对危险性较大的单项工程编制安全监理实施细则，明确安全监理的方法、措施和控制要点，以及对施工单位安全技术措施的检查方案。

2. 安全资料及资质资格审查

（1）审查施工总承包单位和分包单位企业资质和安全生产许可证；

（2）审查施工总承包单位分包工程情况；

（3）审查施工单位现场安全生产规章制度的建立情况；

（4）审查施工单位项目负责人、专职安全生产管理人员和特种作业人员的职业资格；

（5）审查施工组织设计中的安全技术措施或专项施工方案的编制、审核、审批及专家论证情况；

（6）核查施工现场起重机械和整体提升脚手架、模板等自升式架设设施的备案、安装、验收手续。

3. 安全监督检查

（1）检查施工现场安全管理机构的建立及专职安全生产管理人员配备情况；

（2）监督施工单位落实安全技术措施，及时制止违规施工作业；

（3）监督施工单位落实安全防护、文明施工措施情况，并签认所发生的费用；

（4）巡视检查危险性较大的单项工程专项施工方案实施情况；

（5）督促施工单位进行安全自查，并对自查情况进行抽查；

（6）参加项目法人组织的安全生产检查；

（7）发现存在事故隐患，应签发监理通知单要求施工单位整改。

4. 安全生产情况报告

（1）施工组织设计中的安全技术措施或专项施工方案未经监理单位审查签字认可，施工单位擅自施工的，监理单位应及时下达工程暂停令，并将情况及时书面报告项目法人；

（2）在实施监理过程中，发现存在严重安全事故隐患的，应要求施工单位暂时停止施工，并及时报告项目法人；施工单位拒不整改或者不停止施工的，应及时向有关主管部门报告。

2.4　勘察、设计及其他有关单位的安全责任

勘察设计以及设备租赁、安装等单位在水利工程建设的不同阶段承担着与职责对应的安全生产责任，切实落实这些责任对保证施工安全至关重要。

2.4.1　勘察单位的安全责任

（1）勘察（测）单位应当按照法律、法规和工程建设强制性标准进行勘察（测），提供的勘察（测）文件必须真实、准确，满足水利工程建设安全生产的需要。

（2）勘察（测）单位在勘察（测）作业时，应当严格执行操作规程，采取措施保

证各类管线、设施和周边建筑物、构筑物的安全。

（3）勘察（测）单位和有关勘察（测）人员应当对其勘察（测）成果负责。

2.4.2　设计单位的安全责任

（1）设计单位应当按照法律、法规和工程建设强制性标准进行设计，并考虑项目周边环境对施工安全的影响，防止因设计不合理导致生产安全事故的发生。

（2）设计单位应当考虑施工安全操作和防护的需要，对涉及施工安全的重点部位和环节在设计文件中注明，并对防范生产安全事故提出指导意见。

（3）采用新结构、新材料、新工艺以及特殊结构的水利工程，设计单位应当在设计中提出保障施工作业人员安全和预防生产安全事故的措施建议。

（4）设计单位和有关设计人员应当对其设计成果负责。

（5）设计单位应当参与与设计有关的生产安全事故分析，并承担相应的责任。

2.4.3　其他有关单位的安全责任

（1）机械设备、施工机具及配件提供单位应当按照安全施工的要求配备齐全有效的保险、限位等安全设施和装置，并确保产品具有生产（制造）许可证、产品合格证。

（2）机械设备和机具出租单位应当对出租的设备及机具的安全性能进行检测；在签订租赁协议时，应当出具检测合格证明；禁止出租检测不合格的机械设备和施工机具及配件；按合同约定承担出租期间的使用管理和维护保养义务。

（3）安装单位在施工现场安装、拆卸施工起重机械和整体提升脚手架、模板等自升式架设设施须具有相应资质，编制拆装方案、制定安全施工措施，并由专业技术人员现场监督。安装单位应当在上述架设设施安装完毕后进行自检，出具自检合格证明，并向施工单位进行安全使用说明，办理验收手续并签字。

（4）检验检测机构对检测合格的施工起重机械和整体提升脚手架、模板等自升式架设设施，应当出具安全合格证明文件，并对检测结果负责。

2.5　政府有关部门的监督管理责任

政府监管是安全生产工作的重要组成部分，水行政主管部门和流域管理机构按照分级管理权限，负责水利工程建设安全生产的监督管理。水行政主管部门或者流域管理机构委托的安全生产监督机构，负责水利工程施工现场的具体监督检查工作。

（1）贯彻、执行有关安全生产的法律、法规、规章、政策和技术标准，制定地方有关水利工程建设安全生产的规范性文件。

（2）监督、指导本行政区域内所管辖的水利工程建设安全生产工作，组织开展对本行政区域内所管辖的水利工程建设安全生产情况的监督检查。

（3）组织、指导本行政区域内水利工程建设安全生产监督机构的建设工作以及有关的水利水电工程施工单位的主要负责人、项目负责人和专职安全生产管理人员的安全生产考核工作。

（4）水行政主管部门、流域管理机构或者其委托的安全生产监督机构依法履行安全生产监督检查职责时，有权采取下列措施：

1）要求被检查单位提供有关安全生产的文件和资料；

2）进入被检查单位施工现场进行检查；

3）纠正施工中违反安全生产要求的行为；

4）对检查中发现的安全事故隐患，责令立即排除；重大安全事故隐患排除前或者排除过程中无法保证安全的，责令从危险区域内撤出作业人员或者暂时停止施工。

（5）各级水行政主管部门和流域管理机构应当建立举报制度，及时受理对水利工程建设生产安全事故及安全事故隐患的检举、控告和投诉；对超出管理权限的，应当及时转送有管理权限的部门。举报制度应当包括以下内容：

1）公布举报电话、信箱或者电子邮件地址，受理对水利工程建设安全生产的举报；

2）对举报事项进行调查核实，并形成书面材料；

3）督促落实整顿措施，依法做出处理。

考 试 习 题

一、单项选择题（每小题有 4 个备选答案，其中只有 1 个是正确选项。）

1. 水利工程建设施工单位应当在（　　）的领导下开展安全生产管理工作。

A. 企业主要负责人　　　　　　　　　B. 项目负责人

C. 企业技术负责人　　　　　　　　　D. 企业专职安全管理人员

正确答案：A

2. 水利工程建设施工单位必须依法参加工伤保险，为（　　）缴纳保险费。

A. 农民工　　　　B. 固定工　　　　C. 合同工　　　　D. 以上均包括

正确答案：D

3. 水利工程建设施工单位采购、租赁安全防护用具、机械设备、施工机具及配件，应确保具有（　　）、产品合格证，并在进入施工现场前进行查验。

A. 生产（制造）许可证　　　　　　　B. 出厂证明

C. 检测报告　　　　　　　　　　　　D. 说明书

正确答案：A

4. 水利工程建设总承包单位对分包工程的安全生产承担（　　）责任。

A. 全部   B. 主要   C. 部分   D. 连带

正确答案：D

5. 水利工程建设分包单位应当服从水利工程建设总承包单位的安全生产管理，分包单位不服从管理导致生产安全事故的，由分包单位承担（   ）责任。

A. 全部   B. 主要   C. 次要   D. 连带

正确答案：B

6. 水利工程建设监理单位在实施监理过程中，发现存在严重安全事故隐患的，应要求暂时停止施工，并及时报告（   ）。

A. 项目法人   B. 施工单位   C. 总承包单位   D. 分包单位

正确答案：A

7. 下列有关水利工程建设监理单位安全监督检查内容叙述不正确的是（   ）。

A. 检查施工现场安全管理机构的建立及专职安全生产管理人员配备情况

B. 监督水利工程建设施工单位落实安全技术措施，及时制止违规施工作业

C. 监督水利工程建设施工单位落实成本控制、工程进度措施情况

D. 巡视检查危险性较大的单项工程专项施工方案实施情况

正确答案：C

8. 在施工现场安装、拆卸施工起重机械和整体提升脚手架、模板等自升式架设设施时，（   ）应当编制拆装方案、制定安全施工措施。

A. 项目法人   B. 安装单位   C. 施工总承包单位   D. 出租单位

正确答案：B

二、多项选择题（每小题有5个备选答案，其中至少有2个是正确选项。）

1. 水利工程建设项目法人应当向施工单位提供施工现场及毗邻区的哪些相关资料（   ），并保证资料的真实、准确、完整。

A. 供水、排水、供电、供气、供热等地下管线资料

B. 通信、广播电视等地下管线资料

C. 反映场地绿化现状的资料

D. 气象和水文观测资料

E. 相邻建筑物和构筑物、地下工程的有关资料

正确答案：ABDE

2. 在水利工程建设施工单位中，需要取得安全生产考核合格证书的是（   ）。

A. 企业主要负责人   B. 项目负责人

C. 项目技术负责人   D. 专职安全生产管理人员

E. 特种作业人员

正确答案：ABD

3. 关于水利工程建设施工单位的安全技术管理，下列叙述正确的是（　　）。

A. 水利工程建设施工单位应当在施工组织设计中编制安全技术措施

B. 水利工程建设施工单位对危险性较大的单项工程编制专项施工方案，并按照有关规定审查、论证和实施

C. 水利工程建设施工单位应根据有关规定对项目、班组和作业人员分级进行安全技术交底

D. 水利工程建设施工单位应当定期进行技术分析，改造、淘汰落后的施工工艺、技术和设备，推行先进、适用的工艺、技术和装备

E. 水利工程建设施工单位经过项目法人的同意可以使用国家明令淘汰、禁止使用的危及生产安全的工艺、设备

正确答案：ABCD

4. 水利工程建设施工单位应当在施工现场采取措施，防止或者减少（　　）对人和环境的危害和污染。

A. 粉尘　　　　　　B. 废气　　　　　　C. 废水　　　　　　D. 噪声

E. 施工照明

正确答案：ABCDE

三、判断题（答案 A 表示说法正确，答案 B 表示说法不正确。）

1. 水利工程建设项目法人可将建设工程发包给具有一定实力的，但未取得安全生产许可证的施工单位。

正确答案：B

2. 水利工程建设项目法人不得明示或者暗示施工单位购买、租赁、使用不符合安全施工要求的安全防护用具、机械设备、施工机具及配件、消防设施和器材。

正确答案：A

3. 水利工程建设施工单位申请领取建筑工程施工许可证时，应当将施工合同中约定的安全防护、文明施工措施费用支付计划提交建设主管部门。

正确答案：B

4. 水利工程建设施工单位可以将依法承揽的工程转包给具备同等安全生产条件的建筑施工企业。

正确答案：B

5. 水利工程建设施工单位不得在尚未竣工的建筑物内设置员工集体宿舍。

正确答案：A

6. 施工单位对列入建设工程概算的安全作业环境及安全施工措施费用，实行专款专用，不得挪作他用。

正确答案：A

7. 水利工程建设施工单位使用的被派遣劳动者，其岗位安全教育培训应由原派遣单位组织。

正确答案：B

8. 检验检测机构对检测合格的施工起重机械和整体提升脚手架、模板等自升式架设设施，应当出具安全合格证明文件，并对检测结果负责。

正确答案：A

第 3 章　施工企业安全生产管理

本 章 要 点

本章系统性地介绍了水利水电工程施工企业（包含施工项目部）的安全生产目标管理、安全生产管理机构与人员配备、安全费用管理、安全生产规章制度、安全教育培训、安全文化建设、事故隐患排查和治理、重大危险源管理、职业健康管理、应急管理、事故管理以及企业安全生产标准化建设等内容。

安全生产管理是水利水电工程施工企业管理的重要组成部分，是实现建设工程安全生产的根本保障。实现安全生产管理，需要建立健全水利水电工程施工企业安全生产管控体系，落实组织、经济、技术、管理等措施，规范企业安全管理行为，有效消除施工过程中人的不安全行为、物的不安全状态和管理上的缺陷，达到安全生产的目标。

3.1　安全生产目标管理

安全生产目标管理是水利水电工程施工企业以及内部各部门围绕安全生产的总目标，层层确立各自的目标，有效组织措施并严格考核的一种管理制度。

3.1.1　安全生产目标管理的流程

安全生产目标管理是目标管理在安全管理方面的应用，它是指企业内部各个部门以及职工，从上到下围绕企业安全生产的总目标，层层展开各自的目标，确定行动方针，安排安全工作进度，制定、实施有效的组织措施，并对安全成果严格考核的一种管理制度。

安全生产目标管理全过程流程图如图 3-1 所示。

3.1.2　安全生产目标制定

制定安全生产总目标，是安全目标管理的第一步，也是安全目标管理的核心。总目标设定是否合适，关系到安全目标管理的成败，影响着员工参与管理的积极性，这是一个十分重要的环节。

水利水电工程施工企业应建立安全生产目标管理制度，明确目标与指标的制定、分解、实施、考核等内容。水利水电工程施工企业应根据项目安全生产实际，组织制

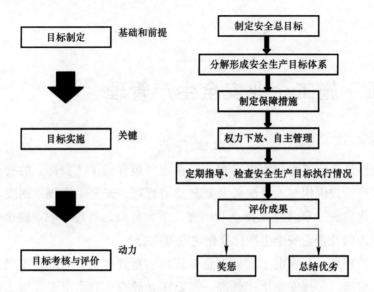

图 3-1　安全生产目标管理全过程流程图

定包括人员伤亡、机械设备安全、交通安全、火灾事故及职业病等控制目标、安全生产隐患治理目标以及安全生产管理目标等安全生产总目标和年度目标。

1. 安全生产目标制定的依据

（1）国家与上级主管部门的安全工作方针、政策及下达的安全指标；

（2）本企业的中、长期安全工作规划；

（3）工伤事故和职业病统计资料和数据；

（4）企业安全工作及劳动条件的现状及主要问题；

（5）企业的经济条件及技术条件。

2. 安全生产目标的主要内容

（1）生产安全事故控制目标；

（2）安全生产投入目标；

（3）安全生产教育培训目标；

（4）安全生产事故隐患排查治理目标；

（5）重大危险源监控目标；

（6）应急管理目标；

（7）文明施工管理目标；

（8）人员、机械、设备、交通、消防、环境和职业健康等方面的安全管理控制指标等。

3. 安全生产目标制定的要求

安全生产目标应尽可能量化，便于考核。目标制定应考虑下列因素：

（1）国家的有关法律、法规、规章、制度和标准的规定及合同约定；

（2）水利行业安全生产监督管理部门的要求；

（3）水利行业的技术水平和项目特点；

（4）采用的工艺和设施设备状况等。

安全生产目标应经单位主要负责人审批，并以文件的形式发布。

3.1.3　目标实施

水利水电工程施工企业应制定安全生产目标管理计划，其内容包括：安全生产目标值、保证措施、完成时间、责任人等，保证措施应力求量化便于实施与考核。水利水电工程施工企业的安全生产目标管理计划应经监理单位审核，项目法人同意，并由项目法人与施工单位签订安全生产目标责任书。

水利水电工程施工企业按所属基层单位和部门在安全生产中的职能，分解年度安全生产目标，逐级签订安全生产目标责任书，制定并落实安全目标保证措施，实行分级控制。

1. 安全生产目标的分解

水利水电工程施工企业安全生产总目标制定以后，必须按层次逐级进行目标的分解落实，将总目标从上到下层层展开，纵向、横向或时序上分解到各管理层、职能部门及相关人员，形成自下而上层层保证的目标体系。

目标分解如图 3-2 所示：

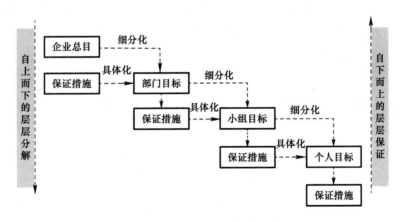

图 3-2　目标分解图

目标分解的结果对目标的实现和管理绩效产生重要影响，因此必须具有科学性、合理性。目标分解的形式通常有以下三种：

（1）纵向分解。安全目标的纵向分解是指将总目标自上而下逐级分解为每个管理层次直至每个人的分目标。企业安全总目标可分解为部门级、班组级及个人安全目标。

（2）横向分解。安全目标的横向分解是指将目标在同一层次上分解为不同部门的分目标。企业安全目标可分解为安全管理部门、质量部门、技术部门等的安全目标。

（3）时序分解。按时间顺序分解总目标是将总目标按时间顺序分解为各个时期的分目标，如年度安全生产目标、季度安全生产目标、月安全生产目标等。

在实际应用中，上述三种方法往往是综合应用，形成三维立体目标。一个企业的安全总目标既要横向分解到各个职能部门，又要纵向分解到班组和个人，还要在不同年度和季度有各自的分目标。

2. 安全生产目标的实施

实施目标应与经济挂钩，每个分目标都要有具体的保证措施、责任承担者及相应的权重系数，一般保证措施由下级站在本部门的立场上，根据本部门的现状，按部门、设备、环境、工种、人员等进行展开，找出实际本部门目标的问题点，然后采取措施制定本部门的活动计划，以确保目标实现。只有下级的保证措施做好了，分目标实现了，才有可能实现总目标。因此，目标是由上而下的层层分解，保证措施是由下而上层层保证。

在目标管理中，上级对下级部门不是监督、干涉，下级部门也不必时时向上级请示，时时汇报工作情况。但是，"放权"不等于撒手不管。上级要对下级目标的实施状况进行管理，定期深入下级部门，了解和检查目标完成情况，交换意见，对下级工作进行必要的具体指导。特别是出现与上下左右部门有联系、易扯皮的问题，更要发挥领导作用，进行协调，以保证目标管理顺利实施。另外，在目标管理实施过程中，执行者若遇到自己不能独立解决的问题，对全过程有影响的问题时，也要及时向上级部门汇报，使上级及时了解情况，尽快帮助解决，保证目标管理实施连续性。

3.1.4 目标考核

为了提高安全目标管理的效能，目标在实施过程中应对安全生产目标的执行情况进行监督、检查，及时纠偏、调整安全生产目标实施计划，并对安全生产目标的完成效果进行考核奖惩，总结经验，为下一个目标管理循环做好准备。考核是评价的前提，是有效实现目标的重要手段。目标考核是领导和群众依据考核标准对目标的实施成果客观的测量过程，能调动员工参与安全管理的积极性，推动安全工作的开展。

水利水电工程施工企业每季度应对本企业安全生产目标完成情况进行自查，自查报告应报监理单位、项目法人备案。水利水电工程施工企业每季度应对内部各部门和管理人员安全生产目标完成情况进行考核，并根据考核结果按照考核办法进行奖惩。

目标考核一般可用打分法，其步骤分为确定各目标项目得分比重、给各目标项目打分、综合评定。根据我国的实际情况，安全目标管理的成果考评应与安全工作的考核评价结合起来进行。有些企业不仅把这两者统一起来，还把其他目标项目也纳入了安全工作考核评价的范围，把这些目标项目的目标值作为安全工作的考评指标，并给出标准分数，确定评分标准。在考核评价时，根据实际达标情况逐项打分，所有项目得分的总和，就是安全工作考评的得分，实际上也就是目标成果的总分。

在具体操作过程中，常采用按目标管理考评得分结果，划分不同档次，如优、良、中、差的方法发放活动工资、设立安全风险抵押金、奖励考核成绩优秀的集体和个人、对考评成绩不佳单位和个人予以警告等方式进行。

安全目标管理的三个阶段，目标设立、目标实施、考核与评价是相互联系、相互制约的。制定目标是进行目标管理的基础和前提，目标制定的不合理，各方面的工作做得再好也无济于事；但若指定了合理的目标，而不加以实施，等于一张白纸；完成目标后不加以考核评价，就难于分出优劣，考核却不奖惩，就很难调动员工的积极性，考核也将等于零，最终不能使目标很好地、持久的执行下去。

3.2　安全生产管理机构与人员配备

为了加强安全生产工作的组织领导，水利水电工程施工企业及其下属单位应建立安全生产委员会或安全生产领导小组，负责组织、研究、部署本单位安全生产工作，专题研究重大安全生产事项，制定、实施、加强和改进本企业安全生产工作的措施。安全生产委员会或安全生产领导小组是企业安全生产工作的最高权力机构。为体现安全生产工作行政首长负责制的要求，安全生产委员会或安全生产领导小组应由本企业的主要负责人牵头，分管安全生产的负责人、安全生产管理部门及相关部门负责人、安全生产管理人员、工会代表以及从业人员代表组成。当机构或人员变动时，应及时调整。安全生产委员会或安全生产领导小组的成立和调整均应以文件形式发布。

3.2.1　安全生产管理机构设置

安全生产管理机构是指企业内部设置的专门负责安全生产管理事务的独立的职能部门。水利水电工程施工企业应按照《建筑施工企业安全生产管理机构设置及专职安全生产管理人员配备办法》（建质〔2008〕91 号）等文件的规定设置安全生产管理机构，配备专、兼职安全生产管理人。专职安全生产管理人员专门负责安全生产管理，不再兼任其他工作。水利水电工程施工企业设置安全生产管理机构和配备安全生产管理人员都应以文件方式予以明确。

《水利工程建设安全生产管理规定》（水利部令第 26 号）第二十条规定，施工单位应当设立安全生产管理机构，按照国家有关规定配备专职安全生产管理人员。施工现场必须有专职安全生产管理人员。专职安全生产管理人员负责对安全生产进行现场监督、检查。发现生产安全事故隐患，应当及时向项目负责人和安全生产管理机构报告；对违章指挥、违章操作的，应当立即制止。

《水利水电工程施工安全管理导则》SL 721—2015 规定，水利水电工程施工企业应当成立安全生产领导小组，设置安全生产管理机构，配备专职安全生产管理人员，并报项目法人备案。

水利水电工程施工企业安全生产管理机构负责人依据企业安全生产实际，适时修订企业安全生产规章制度，调配各级安全生产管理人员，监督、指导并评价企业各部门或分支机构的安全生产管理工作，配合有关部门进行事故的调查处理等。

水利水电工程施工企业安全生产管理机构工作人员负责安全生产相关数据统计、安全防护和劳动保护用品配备及检查、施工现场安全督查等。

3.2.2 安全生产管理机构职责

水利水电工程施工企业安全生产委员会或安全生产领导小组应每季度召开一次会议，并形成会议纪要，印发相关单位，其应主要履行下列职责：

（1）贯彻国家有关法律、法规、规章、制度和标准，建立完善施工安全管理制度；

（2）组织制定安全生产目标管理计划，建立健全项目安全生产责任制；

（3）部署安全生产管理工作，决定安全生产重大事项，协调解决安全生产重大问题；

（4）组织编制施工组织设计、专项施工方案、安全技术措施计划、事故应急救援预案和安全生产费用使用计划；

（5）组织安全生产绩效考核等。

水利水电工程施工企业安全生产管理机构应主要履行下列职责：

（1）贯彻执行国家有关法律、法规、规章、制度、标准；

（2）组织或参与拟订安全生产规章制度、操作规程和生产安全事故应急救援预案，制定安全生产费用使用计划，编制施工组织设计、专项施工方案、安全技术措施计划，检查安全技术交底工作；

（3）组织重大危险源监控和生产安全事故隐患排查治理提出改进安全生产管理的建议；

（4）负责安全生产教育培训和管理工作，如实记录安全生产教育和培训情况；

（5）组织事故应急救援预案的演练工作；

（6）组织或参与安全防护设施、设施设备、危险性较大的单项工程验收；

（7）制止和纠正违章指挥、违章作业和违反劳动纪律的行为；

（8）负责项目安全生产管理资料的收集、整理、归档，按时上报各种安全生产报表和材料；

（9）统计、分析和报告生产安全事故，配合事故的调查和处理等。

水利水电工程施工企业应每周由项目负责人主持召开一次安全生产例会，分析现场安全生产形势，研究解决安全生产问题。各部门负责人、各班组长、分包单位现场负责人等参加会议。会议应作详细记录，并形成会议纪要。

3.2.3　安全管理人员配备

《中华人民共和国安全生产法》（主席令第十三号）第十九条规定，矿山、建筑施工单位和危险物品的生产、经营、储存单位，应当设置安全生产管理机构或者储备专职安全生产管理人员。

水利水电工程施工企业主要负责人，是指对本企业日常生产经营活动和安全生产工作全面负责有生产经营决策权的人员，包括企业法定代表人、经理、企业分管安全生产工作副经理等，主要负责人依法对本企业安全生产工作全面负责。水利水电工程施工企业应当建立健全安全生产责任制度和安全生产教育培训制度，制定安全生产规章制度和操作规程，保证本单位建立和完善安全生产条件所需资金的投入，对所承担的水利工程进行定期和专项安全检查，并做好安全检查记录。

水利水电工程施工企业项目负责人，是指由企业法定代表人授权，负责水利水电工程项目施工管理的负责人。

水利水电工程施工企业专职安全生产管理人员，是指在企业专职从事安全生产管理工作的人员，包括企业安全生产管理机构的负责人及其工作人员和施工现场专职安全员。

水利水电工程施工企业安全生产管理人员要能较好地履行所规定的安全生产管理职责，必须达到一定的学历，具备一定的安全生产专业知识和实际工作经验，熟悉所服务的水利水电工程施工企业的工艺、设备、作业人员和经营管理情况，经水行政主管部门安全生产考核合格后方可任职。另外，由于安全生产管理人员要经常深入现场进行安全检查和隐患及事故调查、分析，其身心健康状况应良好，不得有妨碍其履行职责的生理和心理疾患。

施工现场专职安全生产管理人员负责施工现场安全生产巡视督查，并做好记录。发现现场存在安全隐患时，应及时向企业安全生产管理机构和工程项目负责人报告；对违章指挥、违章操作的，应立即制止。

1. 水利水电工程施工企业专职安全生产管理人员配备

《建筑施工企业安全生产管理机构设置及专职安全生产管理人员配备办法》（建质〔2008〕91 号）第八条规定，建筑施工企业安全生产管理机构专职安全生产管理人员的配备应满足下列要求，并应根据企业经营规模、设备管理和生产需要予以增加：

（1）建筑施工总承包资质序列企业：特级资质不少于 6 人；一级资质不少于 4 人；二级和二级以下资质企业不少于 3 人。

（2）建筑施工专业承包资质序列企业：一级资质不少于 3 人；二级和二级以下资质企业不少于 2 人。

（3）建筑施工劳务分包资质序列企业：不少于2人。

（4）建筑施工企业的分公司、区域公司等较大的分支机构（以下简称分支机构）应依据实际生产情况配备不少于2人的专职安全生产管理人员。

2. 水利工程建设项目专职安全管理人员配备

水利水电工程施工企业应当按以下标准在项目部配备专职安全管理人员：

（1）总承包单位

《建筑施工企业安全生产管理机构设置及专职安全生产管理人员配备办法》（建质〔2008〕91号）第十三条规定，总承包单位配备项目专职安全生产管理人员应当满足下列要求：

1）建筑工程、装修工程，按照建筑面积配备：

① 1万 m^2 以下的工程不少于1人；

② 1万～5万 m^2 的工程不少于2人；

③ 5万 m^2 及以上的工程不少于3人，且按专业配备专职安全生产管理人员。

2）土木工程、线路管道、设备安装工程，按照工程合同价配备：

① 5000万元以下的工程不少于1人；

② 5000万～1亿元的工程不少于2人；

③ 1亿元及以上的工程不少于3人，且按专业配备专职安全生产管理人员。

（2）分包单位

《建筑施工企业安全生产管理机构设置及专职安全生产管理人员配备办法》（建质〔2008〕91号）第十四条规定，分包单位配备项目专职安全生产管理人员应当满足下列要求：

1）专业承包单位，应配置至少1人，并根据所承担的分部分项工程的工程量和施工危险程度增加。

2）劳务分包单位

① 施工人员在50人以下的，应配备1名专职安全生产管理人员；

② 50人～200人的，应配备2名专职安全生产管理人员；

③ 200人及以上的，应配备3名及以上专职安全生产管理人员，并根据所承担的分部分项工程施工危险实际情况增加，不得少于工程施工人员总人数的5‰。

（3）采用新技术、新工艺、新材料或致害因素多、施工作业难度大的工程项目，项目专职安全生产管理人员的数量应当根据施工实际情况适度增加。

（4）建筑施工企业应当实行建设工程项目专职安全生产管理人员委派制度。

3.3 安全费用管理

《建设工程安全生产管理条例》（国务院令第393号）规定："施工单位对列入建设

工程概算的安全作业环境及安全施工措施所需费用，应当用于施工安全防护用具及设施的采购和更新、安全施工措施的落实、安全生产条件的改善，不得挪作他用。"水利水电工程施工企业应当建立健全安全生产费用管理制度，保证本企业安全生产条件所需资金的投入，落实安全生产费用的提取、使用和管理。

3.3.1　安全生产费用的提取

根据《企业安全生产费用提取和使用管理办法》（财企〔2012〕16 号）的要求，建设工程施工企业以建筑安装工程造价为计提依据，水利水电工程安全费用提取标准为2.0%。水利水电工程施工企业应按规定提取安全生产所需的费用，并列入工程造价，在竞标时，不得删减，列入标外管理。总包单位应当将安全费用按比例直接支付分包单位并监督使用，分包单位不再重复提取。

根据《水利水电工程施工安全管理导则》SL 721—2015 的要求，水利工程建设项目招标文件中应包含安全生产费用项目清单，明确投标方应按有关规定计取，单独报价，不得删减。水利水电工程施工企业应根据现行标准，按照招标文件要求结合自身的施工技术水平、管理水平对增加的安全生产项目进行报价。总承包单位实行分包的，分包合同中应明确分包工程的安全生产费用，由总承包单位监督使用。

3.3.2　安全生产费用的使用

水利水电工程施工企业应建立安全生产费用管理制度，制度应明确安全费用使用、管理的程序、职责及权限等。

水利水电工程施工企业应当保证安全生产条件所需资金的投入，按规定及时足额使用安全生产费用，企业法定代表人是安全投入管理的第一责任人，对由于安全生产所必需的资金投入不足而导致的后果承担责任。

（1）编制使用计划

1）水利水电工程施工企业各管理层应根据安全生产管理需要，编制安全生产费用使用计划，明确费用使用的项目、类别、额度、实施单位及责任者、完成期限等内容，并应经审核批准后执行。

2）水利水电工程施工企业各管理层相关负责人必须在其管辖范围内，按专款专用、及时足额的要求，组织实施安全生产费用使用计划。

（2）使用范围

水利水电工程施工企业安全生产费用不得挪作他用，应当按照以下范围使用：

1）完善、改造和维护安全防护设施设备支出，包括施工现场临时用电系统、洞口、临边、机械设备、高处作业防护、交叉作业防护、防火、防爆、防尘、防毒、防雷、防台风、防地质灾害、地下工程有害气体监测、通风、临时安全防护等设施设备支出；

 2）配备、维护、保养应急救援器材、设备支出和应急演练支出；

 3）开展重大危险源和事故隐患评估、监控和整改支出；

 4）安全生产检查、咨询、评价和标准化建设支出；

 5）配备和更新现场作业人员安全防护用品支出；

 6）安全生产宣传、教育、培训支出；

 7）安全生产新技术、新装备、新工艺、新标准的推广应用支出；

 8）安全设施及特种设备检测检验支出；

 9）安全生产信息化建设及相关设备支出；

 10）其他与安全生产直接相关的支出。

3.3.3　安全生产费用的管理

水利水电工程施工企业应在项目开工前编制安全生产费用使用计划，经监理单位审核报项目法人同意执行。水利水电工程施工企业提取的安全费用应专门核算，建立安全费用使用台账，台账应按月度统计，年度汇总。水利水电工程施工企业应按照安全生产措施计划和安全生产费用使用计划开展安全生产工作、使用安全生产措施费用。并在施工月报中反映安全生产工作开展情况、危险源监测管理情况、事故隐患排查治理情况、现场安全生产状况和安全生产费用使用情况。

水利水电工程施工企业应当明确安全生产费用的使用范围、管理程序、监督程序，每年完成后应及时总结项目和费用的完成情况。

（1）水利水电工程施工企业各管理层应建立安全生产费用分类使用台账，并定期统计上报上一级管理层。

（2）水利水电工程施工企业各管理层应定期对下一级管理层安全生产费用使用计划的实施情况进行监督审查和考核。

（3）水利水电工程施工企业各管理层应对安全生产费用管理情况进行年度汇总分析，并及时调整安全生产费用的比例。

3.4　安全生产规章制度

3.4.1　安全生产规章制度

1. 安全生产规章制度的编制

（1）编制目的

安全生产规章制度是水利水电工程施工企业规章制度中的一个重要组成部分，水利水电工程施工企业安全生产规章制度是国家安全生产方针、政策和安全法规在企业中的延伸和具体化，是企业规章制度的重要组成部分。水利水电工程施工企业有了科学的、健全的安全管理规章制度，才能有序地、协调地实现安全的目标。

建立健全安全生产规章制度，形成用制度管理安全生产的机制，通过制度规范企业领导、管理人员直至全体员工的行为，做到安全管理有章可循，同时要求采取确保制度的有效落实，做到有章必循，有法可依，违法必究，确保企业生产的安全，是搞好安全管理工作的基础。

（2）编制依据

1）依据《中华人民共和国安全生产法》和国家相关法律法规；

2）依据行业规范、标准和地方政府的法规、标准；

3）依据生产过程的危险有害因素辨识和事故教训；

4）依据国内外先进的安全管理方法。

（3）编制计划

制度的名称、编制的目的、主要内容、责任部门、进度安排。

（4）编制流程

起草、会签、审核、签发、发布五个步骤。

制度发布后，要组织相关人员学习、培训、考试，考试合格方能上岗。

（5）制度内容

1）工作内容；

2）责任人（部门）的职责与权限；

3）基本工作程序及标准。

（6）安全生产规章制度体系的建立

水利水电工程施工企业应建立但不限于下列安全生产规章制度：

1）安全生产目标管理制度；

2）安全生产责任制度；

3）安全生产考核奖惩制度；

4）安全生产费用管理制度；

5）意外伤害保险管理制度；

6）安全技术措施审查制度；

7）用工管理、安全生产教育培训制度；

8）安全防护用品、设施安全管理制度；

9）生产设备、设施安全管理制度；

10）分包（供）方管理制度；

11）安全作业管理制度；

12) 安全生产事故隐患排查治理制度；

13) 危险物品和重大危险源管理制度；

14) 安全例会、技术交底制度；

15) 危险性较大的单项工程管理制度；

16) 文明施工、环境保护制度；

17) 消防安全、社会治安管理制度；

18) 职业卫生、健康管理制度；

19) 应急管理制度；

20) 事故管理制度；

21) 安全生产档案管理制度等。

3.4.2 安全生产责任制

《中华人民共和国安全生产法》（主席令第十三号）第四条明确规定："生产经营单位必须…建立、健全安全生产责任制…"。

安全生产责任制是水利水电工程施工企业各项安全生产规章制度的核心，是行政岗位责任制和经济责任制度的重要组成部分，也是最基本的安全管理制度。安全生产责任制按照"安全第一、预防为主、综合治理"的方针和"管生产同时必须管安全"的原则，将各级负责人员、各职能部门及其工作人员和各岗位生产工人在职业安全健康方面应做的事情和应负的责任加以明确规定的一种制度。

水利水电工程施工企业应建立健全以主要负责人为核心的安全生产责任制，明确各级负责人、各职能部门和各岗位的责任人员、责任范围和考核标准。

水利水电工程施工企业制定的安全生产责任制应经监理单位审核报项目法人备案。监理、设计及其他有关参建单位制定的安全生产责任制应报项目法人备案。

水利水电工程施工企业的安全生产责任制应以文件形式印发。

水利水电工程施工企业每季度应对各部门、人员安全生产责任制落实情况进行检查、考核，并根据考核结果进行奖惩。

水利水电工程施工企业应根据评审情况更新并保证安全生产责任制的适宜性，更新后的安全生产责任制应按规定进行备案并以文件形式重新印发。

1. 安全生产责任制的制定程序

水利水电工程施工企业在制定安全生产责任制时，建议采用图 3-3 所示的程序。

2. 安全生产责任制的制定注意事项

(1) 安全生产责任制在编制时应遵循"管生产同时必须管安全"，"谁管理、谁主管，谁审批、谁负责"的基本原则。

(2) 安全生产责任制应满足"纵向到底，横向到边；人人有责，监督考核；责

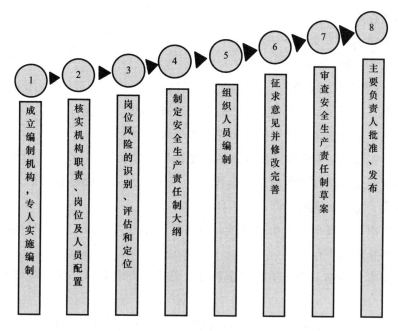

图 3-3　安全生产责任制的制定程序性

任无盲区，管理无死角"的基本要求，从主要负责人到全体员工，要覆盖企业的所有方面。

（3）安全生产责任制应真正落实到实处，建立配套的监督管理、奖惩处罚和责任追究制度，将安全生产责任制度作为事故责任追究、承担法律责任的基本依据。

3.4.3　三类人员安全生产职责

1. 主要负责人的安全生产职责

水利水电工程施工企业主要负责人是企业安全生产工作的第一责任人，依法对本企业安全生产工作全面负责，其职责主要包括：

（1）贯彻执行国家法律、法规、规章、制度和标准，建立健全安全生产责任制，组织制定安全生产管理制度、安全生产目标计划、生产安全事故应急救援预案；

（2）保证安全生产费用的足额投入和有效使用；

（3）组织安全教育和培训，依法为从业人员办理保险；

（4）组织编制，落实安全技术措施和专项施工方案；

（5）组织危险性较大的单项工程、重大事故隐患治理和特种设备验收；

（6）组织事故应急救援演练；

（7）组织安全生产检查，制定隐患整改措施并监督落实；

（8）及时、如实报告生产安全事故组织生产安全事故现场保护与抢救工作，组织、配合事故的调查等。

2. 项目负责人的安全生产职责

水利水电工程施工企业的项目负责人是建设工程项目安全生产的第一责任人,应当由取得相应执业资格的人员担任,对建设工程项目的安全施工负责。其主要职责包括:

(1) 贯彻、执行国家有关安全生产的方针政策和法规、规范;

(2) 落实本单位安全生产责任制和安全生产规章制度;

(3) 建立工程项目安全生产保证体系,配备与工程项目相适应的安全管理人员;

(4) 保证安全防护和文明施工资金投入,为作业人员提供必要的个人劳动保护用具和符合安全、卫生标准的生产、生活环境;

(5) 落实本单位安全生产检查制度,对违反安全技术标准、规范和操作规程的行为及时予以制止或纠正;

(6) 落实本单位施工现场消防安全制度,确定消防责任人,按照规定配备消防器材、设施;

(7) 落实本单位安全教育培训制度,组织岗前和班前安全生产教育;

(8) 落实本单位制定的和组织制定安全技术措施,按规定程序进行安全技术交底;

(9) 使用符合要求的安全防护用具及机械设备,定期组织检查、维修、保养,保证安全防护设施有效,机械设备安全使用;

(10) 组织对施工现场易发生重大事故的部位和环节进行监控;

(11) 按照本单位或总承包单位制定的施工现场生产安全事故应急救援预案,建立应急救援组织或者配备应急救援人员、器材、设备等,并组织演练;

(12) 发生事故后,积极组织抢救人员,采取措施防止事故扩大,同时保护好事故现场,按照规定的程序及时如实报告,积极配合事故的调查处理。

3. 专职安全生产管理人员的安全生产职责

水利水电工程施工企业安全生产管理机构专职安全生产管理人员在施工现场检查过程中具有以下职责:

(1) 组织或参与制定安全生产各项管理规章制度,操作规程和生产安全事故应急救援预案;

(2) 协助施工单位主要负责人签订安全生产目标责任书并进行考核;

(3) 参与编制施工组织设计和专项施工方案,制定并监督落实重大危险源安全管理和重大事故隐患治理措施;

(4) 协助项目负责人开展安全教育培训、考核;

(5) 负责安全生产日常检查,建立安全生产管理台账;

(6) 制止和纠正违章指挥,强令冒险作业规程和劳动纪律的行为;

(7) 编制安全生产费用使用计划并监督落实;

（8）参与或监督班前安全活动和安全技术交底；

（9）参与事故应急救援演练；

（10）参与安全设施设备、危险性较大的单项工程、重大事故隐患治理验收；

（11）及时报告生产安全事故，配合调查处理；

（12）负责安全生产管理资料收集、整理和归档等。

3.4.4　安全操作规程

《中华人民共和国安全生产法》（主席令第十三号）第十七条规定……（二）组织制定本单位安全生产规章制度和操作规程；……

《建设工程安全生产管理条例》（国务院令第 393 号）第二十一条规定……施工单位应当……制定安全生产规章制度和操作规程，……

根据各个岗位生产特点，在充分识别、评价岗位存在的安全风险、危险有害因素，有针对性地提出控制措施的基础上，编制岗位安全操作规程，规范从业人员的操作行为。岗位安全操作规程可以组织熟悉岗位作业的操作人员和专业技术人员，按照作业前、作业中、作业后的作业顺序中存在的安全风险进行编制。

《水利水电工程施工通用安全技术规程》SL 398—2007、《水利水电工程土建施工安全技术规程》SL 399—2007、《水利水电工程机电设备安装安全技术规程》SL 400—2016、《水利水电工程施工作业人员安全操作规程》SL 401—2007 等四个规程规定了水利水电工程施工的基本安全技术要求，是水利水电工程施工企业管理和操作人员必须学习掌握的基本内容。

水利水电工程施工企业应根据作业、岗位、工种特点和设备安全技术要求，引用或编制齐全、完善、适用的岗位安全操作规程。岗位安全操作规程应发放到相关班组、岗位，并对员工进行培训和考核并报监理单位备案。

3.5　安全教育培训

安全教育培训是加强水利水电工程施工企业安全生产基础建设，提高安全管理水平和从业人员安全素质，防止违章指挥、违规作业和违反劳动纪律行为，减少生产安全事故的根本性举措。

《中华人民共和国安全生产法》（主席令第十三号）第二十五条规定："生产经营单位应当对从业人员进行安全生产教育和培训，保证从业人员具备必要的安全生产知识，熟悉有关的安全生产规章制度和安全操作规程，掌握本岗位的安全操作技能，了解事故应急处理措施，知悉自身在安全生产方面的权利和义务。未经安全生产教育和培训合格的从业人员，不得上岗作业。"

3.5.1　安全管理人员教育培训的要求及主要内容

水利水电工程施工企业的主要负责人、项目负责人、专职安全生产管理人员必须取得省级以上水行政主管部门颁发的安全生产考核合格证书，方可参与水利水电工程投标，从事施工管理工作。

1. 安全管理人员教育培训的要求

主要负责人、项目负责人、专职安全生产管理人员初次安全培训时间不少于 32 学时，每年再培训时间不少于 12 学时。

2. 安全管理人员教育培训的主要内容

（1）主要负责人安全生产教育培训应包括下列内容：

1）国家安全生产方针、政策和有关安全生产的法律、法规、规章；

2）安全生产管理基本知识、安全生产技术；

3）重大危险源管理、重大生产安全事故防范、应急管理及事故管理的有关规定；

4）职业危害及其预防措施；

5）国内外先进的安全生产管理经验；

6）典型事故和应急救援案例分析；

7）其他需要培训的内容等。

（2）安全生产管理人员安全生产教育培训应包括下列内容：

1）国家安全生产方针、政策和有关安全生产的法律、法规、规章及标准；

2）安全生产管理、安全生产技术、职业卫生等知识；

3）伤亡事故统计、报告及职业危害防范、调查处理方法；

4）危险源管理、专项方案及应急预案编制、应急管理及事故管理知识；

5）国内外先进的安全生产管理经验；

6）典型事故和应急救援案例分析；

7）其他需要培训的内容等。

3.5.2　从业人员、相关方的安全教育培训要求及主要内容

1. 特种作业人员安全教育培训的要求及内容

《特种作业人员安全技术培训考核管理规定》（国家安监总局令第 30 号，第 63、80 号令修订）规定，特种作业是指容易发生事故，对操作者本人、他人的安全健康及设备、设施的安全可能造成重大危害的作业。特种作业的范围由特种作业目录规定。特种作业人员，是指直接从事特种作业的从业人员。

特种作业人员必须经专门的安全技术培训并考核合格，取得《中华人民共和国特种作业操作证》（以下简称特种作业操作证）后，方可上岗作业。

特种作业操作证有效期为 6 年，在全国范围内有效。特种作业操作证每 3 年复审 1 次。

特种作业人员在特种作业操作证有效期内，连续从事本工种 10 年以上，严格遵守有关安全生产法律法规的，经原考核发证机关或者从业所在地考核发证机关同意，特种作业操作证的复审时间可以延长至每 6 年 1 次。

特种作业操作证申请复审或者延期复审前，特种作业人员应当参加必要的安全培训并考试合格。

特种作业人员安全培训时间不少于 8 个学时，主要培训内容为法律、法规、标准、事故案例和有关新工艺、新技术、新装备等知识。

2. 新员工安全教育培训的要求及内容

水利水电工程施工企业对新进场的员工，必须进行企业、项目、班组三级安全教育培训，经考核合格后，方能允许上岗。三级安全教育培训应包括下列主要内容：

（1）企业级安全教育培训：国家和地方有关安全生产法律、法规、规章、制度、标准、企业安全管理制度和劳动纪律、从业人员安全生产权利和义务等。教育培训的时间不得少于 15 学时；

（2）项目安全教育培训：工地安全生产管理制度、安全职责和劳动纪律、个人防护用品的使用和维护、现场作业环境特点、不安全因素的识别和处理、事故防范等。教育培训的时间不得少于 15 学时；

（3）班组安全教育培训：本工种的安全操作规程和技能、劳动纪律、安全作业与职业卫生要求、作业质量与安全标准、岗位之间衔接配合注意事项、危险点识别、事故防范和紧急避险方法等。培训教育的时间不得少于 20 学时。

3. 其他人员安全教育培训的要求及内容

（1）新工艺、新技术、新材料、新装备、新流程安全教育培训

水利水电工程施工企业在采用新工艺、新技术、新材料、新装备、新流程投入使用前，对有关管理、操作人员进行有针对性的安全技术和操作技能培训，主要内容有：

1）新技术、新工艺、新设备、新材料的特点、特性和使用方法；

2）新技术、新工艺、新设备、新材料投产使用后可能导致的新的危害因素及其防护方法；

3）新产品、新设备的安全防护装置的特点和使用；

4）新技术、新工艺、新设备、新材料的安全管理制度及安全操作规程；

5）采用新技术、新工艺、新设备、新材料应注意的事项。

（2）转场、转岗和复岗安全教育培训

水利水电工程施工企业作业人员进入新的岗位或者新的施工现场前，应当接受安全生产教育培训。未经教育培训或者教育培训考核不合格的人员，不得上岗作业。

1）转场安全教育培训

"转场"是指作业人员从原来工作岗位转入另一个工程项目工作岗位。建设工程地理位置、结构形式、气候条件、施工环境千差万别，施工现场安全生产状况也存在很大差异。作业人员进入新的施工现场前，必须根据新的施工作业特点接受有针对性的安全生产教育，熟悉安全生产规章制度，了解工程作业特点和安全生产注意事项，并经考核合格后方可上岗。

转场安全教育内容有：

① 本工程项目安全生产状况及施工条件。

② 施工现场中危险部位的防护措施及典型事故案例。

③ 本工程项目的安全管理体系、规定及制度。

2）转岗安全教育培训

"转岗"是指作业人员进入新的岗位。建筑施工工序间的作业环境、设备操作均有较大差别。因此，施工单位在作业人员进入新的岗位、从事新的工种作业前，必须进行有针对性的安全教育培训，熟悉新岗位的安全操作规程和注意事项，掌握安全操作技能，并经考核合格方可上岗。属于特种作业人员的，还必须按照有关规定取得特种作业操作资格证书后，方可上岗作业。

转岗安全教育主要内容是：

① 新工作岗位或生产班组安全生产概况、工作性质和职责；

② 新工作岗位必要的安全知识。各种机具设备及安全防护设施的性能、作用和安全防护要求；

③ 新工作岗位、新工种的安全技术操作规程；

④ 新工作岗位易发生事故及有毒有害的地方；

⑤ 新工作岗位个体防护用品的使用和保管。

总之，要确保每一个变换工种的职工在重新上岗工作前，熟悉并掌握将要工作岗位的安全技能要求。

3）复岗安全教育培训

"复岗"是指作业人员离开原作业岗位六个月以上，又回到原作业岗位。教育内容应当具有针对性。

① 伤后的复岗安全教育

对发生的事故作全面分析，找出主要原因，作出预防对策，进而对复岗者进行安全意识教育、岗位操作技能教育、预防措施和安全对策教育等。

② 休假后复岗安全教育

职工休假容易造成情绪波动、身体疲乏、精神分散等，在复杂的施工环境中容易产生不安全行为，导致事故发生。因此，要根据复岗者的具体情况进行教育。

③ 复岗后转场安全教育

复岗后不能在原施工现场作业的，除进行离岗教育外，还应进行转场安全教育。

（3）每年对在岗的作业人员进行不少于 12 学时的经常性安全生产教育和培训。

4. 外协队伍的安全教育培训要求及主要内容

（1）各用工单位使用的外协施工队伍，必须接受三级安全教育，经过考试合格方可上岗作业，未经安全教育或考试不合格者，严禁上岗作业。

（2）外协施工队伍施工人员上岗作业前的三级安全教育，分别由项目部、施工作业队、班组负责组织实施，总学时不得少于 24 学时。

（3）外协施工队伍人员上岗前须由项目部劳资部门负责将外协施工人员名单提供给安全部门，由安全部门负责组织安全生产教育，授课时间不得少于 8 学时。

（4）项目部必须在外协队伍进场后，由负责劳务的人员组织并及时将注册名单提交现场安全管理人员，由现场安全管理人员负责对外协施工队伍进行安全生产教育，时间不得少于 8 学时。

5. 外来人员的安全教育培训要求及主要内容

水利水电工程施工企业应对进入企业从事服务和作业活动的承包商、供应商的从业人员和接收的中等职业学校、高等学校实习生，进行入场安全教育培训，并保存记录。

外来人员进入作业现场前，应由作业现场所在企业对其进行安全教育培训，并保存记录。主要内容包括：外来人员入场有关安全规定、可能接触到的危害因素、所从事作业的安全要求、作业安全风险分析及安全控制措施、职业病危害防护措施、应急知识等。

企业应对进入企业检查、参观、学习等外来人员进行安全教育，主要内容包括：安全规定、可能接触到的危险有害因素、职业病危害防护措施、应急知识等。

3.5.3　安全教育培训记录、档案管理、监督的要求

1. 制定安全培训计划

确定了与企业职业健康安全方针一致的安全培训指导思想后，企业必须依据年度承接任务的情况编制企业的安全教育与培训计划。安全教育培训计划要确定培训内容，培训的对象和时间，对培训的经费作出概算。

安全教育培训主要的内容涉及以下几个方面：

（1）通用安全知识培训

1）法律法规的培训，企业在对使用的法律法规作出评价后，应开展法律法规的专门培训；

2）安全基础知识培训；

3）企业安全生产规章制度和操作规程培训、同行业或本企业历史事故的培训。

（2）专项安全知识培训

1）岗位安全培训；

2）分阶段的危险源专项培训。

内容确定后，应确定培训的对象和时间，一般来说，培训对象方面主要分为管理人员、特殊工种人员、一般性操作工人；培训的时间可分为定期（如管理人员和特殊工种人员的年度培训）和不定期培训（如一般性操作工人的安全基础知识培训、企业安全生产规章制度和操作规程培训、分阶段的危险源专项培训等）。

培训的内容、对象和时间确定后，安全教育和培训计划还应对培训的经费做出概算，这也是确保安全教育和培训计划实施的物质保障。

2. 选择安全培训方式

目前安全教育和培训的教学方法，主要是沿袭传统的课堂教学方法，"教师讲，学员听"，如果是对于管理人员，一般具有丰富实践经验，有的员工在某些问题上的见解，不一定不如某些教师，因此，应积极研究和推广交互式教学等现代培训方法。从培训手段看，目前多数还是授课的传统手段，运用多媒体技术开展培训的不太普遍。从解决行业内较大的培训需求和培训资源相对不足的矛盾看，采取多媒体技术开展培训，大范围开展培训势在必行。

特别是对于一般性操作工人的安全基础知识培训方面，应遵循易懂、易记、易操作、趣味性的原则，建议采用发放图文并茂的安全知识小手册，播放安全教育多媒体教程的方式增加培训效果。

安全教育多媒体培训系统可采用计算机和投影相结合的方式在工人进场时进行，通过采用多媒体教育的方式，在最大程度上使安全教育与培训工作寓教于乐，针对一般性操作工人的特殊情况，取得最大的培训效果。

另外，班组班前活动作为安全教育与培训的重要补充，应予以充分重视，班组成员通过了解当日存在的危险源及采取的相应措施、并作为自己在施工时的指南，当天作业完后由班组长牵头对本组工人当日安全施工情况进行安全讲评。

3. 安全培训考核

考核是评价培训效果的重要环节，依据考核结果，可以评定员工接受培训的认知的程度和采用的教育与培训方式的适宜程度，也是改进安全与培训效果的重要输入信息。

考核的形式一般主要有以下几种：

1）书面形式开卷，适宜普及性培训的考核，如针对一般性操作工人的安全教育培训；

2）书面形式闭卷，适宜专业性较强的培训，如管理人员和特殊工种人员的年度考核。

3）计算机联考，将试卷用计算机程序编制好，并放在企业局域网上，公司管理人员或特殊工种人员可以通过在本地网或通过远程登录的方式在计算机上答题，这种模式一般适用于公司管理人员和特殊工种人员。计算机联考便于培训档案管理，具有到期提醒功能。

4. 建立培训档案

培训档案的管理是安全教育与培训的重要环节，通过建立培训档案，在整体上对培训的人员的安全素质作必要的跟踪和综合评估，在招收员工时可以与历史数据进行比对，比对的结果可以作为是否录用或发放安全上岗证的重要依据。培训档案可以使用计算机程序进行管理，并通过该程序完成以下功能：个人培训档案录入、个人培训档案查询、个人安全素质评价、企业安全教育与培训综合评价。

5. 评估安全培训效果

开展安全培训效果的评估的目的在于为改进安全教育与培训的诸多环节提供信息输入，评估的内容主要从间接培训效果、直接培训效果和现场培训效果三个方面来进行，间接培训效果主要是在培训完后通过问卷的方式对培训采取的方式、培训的内容、培训的技巧方面进行评价，直接培训效果的评价依据主要为考核结果，以参加培训的人员的考核分数来确定安全教育与培训的效果，现场培训效果主要是在生产过程中出现的违章情况和发生的安全事故的频数来确定。

3.6　安全文化建设

水利水电工程施工企业安全文化是企业生产经营过程中逐步形成的、凝结起来的一种文化氛围，是企业全体员工的安全观念、安全意识、安全态度，是员工对生命安全和健康价值的理解和领会，以及所认同的安全原则和接受的安全生产或安全生活的行为方式。

水利水电工程施工企业安全文化建设以提高企业全员的安全素质为主要任务，通过创造一种良好的安全人文氛围和协调的人、环关系，对人的观念、意识、态度、行为等形成从无到有的影响，逐步形成全体员工所认同并遵守的、带有本企业价值观、愿景、宗旨的安全理念，引导全体从业人员养成好的安全行为习惯，树立良好的安全态度。从而对人的不安全行为产生控制作用，达到减少人为事故的效果。

3.6.1　安全文化建设模式

根据《企业安全文化建设导则》AQ/T 9004—2008 规定，水利水电工程施工企业在安全文化建设过程中，应充分考虑自身内部的和外部的文化特征，引导全体员工的安全态度和安全行为，实现在法律和政府监管要求之上的安全自我约束，通过全员参与，实现企业安全生产水平持续进步。

水利水电工程施工企业安全文化建设的总体模式如图 3-4 所示。

3.6.2 水利水电工程施工企业安全文化建设

1. 水利水电工程施工企业要围绕以下四个核心内容开展安全文化建设

（1）构建安全文化理念体系，提高职工安全文化素质。

（2）构建安全文化制度体系，把安全文化融入企业管理全过程

（3）构建安全文化行为体系，培养良好的安全行为规范。

（4）构建安全文化物质体系，创造好的工作环境。

图 3-4　水利水电工程施工企业安全文化建设的总体模式

2. 企业安全文化建设基本要素所表示的主要工作

（1）安全承诺

建立安全价值观、安全愿景、安全使命和安全目标等。

（2）行为规范与程序

建立清晰界定的组织结构、安全职责体系和必要的程序，有效控制与安全相关的所有活动和全体员工的行为。

（3）安全行为激励

建立激励机制，运用奖罚（正负激励）措施推动安全生产工作。

（4）安全信息传播与沟通

综合利用各种传播途径和方式，有效传播安全信息，确保企业与政府监管机构和相关方、各级管理者与员工、员工相互之间的沟通。

（5）自主学习与改进

建立有效的安全学习模式，使企业安全绩效得到持续改进。

（6）安全事务参与

让员工和分包方参与安全事务，使其对安全作出贡献。

（7）审核与评估

对自身安全文化建设情况进行定期的全面审核与评估，以便给予及时的控制和改进。

（8）推进与保障

由企业负责人组织制定推动本企业安全文化建设的长期规划和阶段性计划，并提供充分的资源与必要的保障条件。

3. 安全文化建设的载体

（1）文学艺术，如安全文艺、安全文学等；

（2）宣传教育，如编写企业文化宣讲材料，对安全法律法规、方针、目标的宣传，对事故及防范措施的宣传教育等；

（3）科学技术，如安全科学的普及，发展安全科学技术；

（4）管理，如采用行政管理手段、法制管理手段、经济管理手段等，推行现代的安全管理模式；

（5）安全文化活动，如安全生产月（周）活动、安全文艺晚会、安全电视节目、安全表彰会、安全技能演练活动、安全宣传活动、安全文化知识竞赛、安全建议征集活动等。

3.7　事故隐患排查和治理

安全生产事故隐患，是指生产经营单位违反安全生产法律、法规、规章、标准、规程和安全生产管理制度的规定，或者因其他因素在生产经营活动中存在可能导致事故发生的物的危险状态、人的不安全行为和管理上的缺陷。

隐患分为两类，一类是"违反"型隐患，所有违法、违标、违规等行为和状态均视为事故隐患。将各种"违反"的概念规定为事故隐患，为在安全生产管理领域增强对遵守各种规定的"执行力"奠定了坚实的基础。另一类是由于某些因素而引起的三种现实表现：物的危险状态、人的不安全行为和管理上的缺陷。企业与生产经营相关的所有场所、所有环境、所有人员、所有设备等都会发生物、人、管理方面的缺陷。

水利部关于印发《水利工程生产安全重大事故隐患判定标准（试行）》的通知（水安监〔2017〕344 号）规定，事故隐患排查治理是水利建设各参建单位和运行管理单位安全生产工作的重点，科学判定隐患级别是排查治理的基础。水利建设各参建单位和运行管理单位是事故隐患判定工作的主体，要根据有关法律法规、技术标准和判定标准对排查出的事故隐患进行科学合理判定。对于判定出的重大事故隐患，有关单位要立即组织整改，不能立即整改的，要做到整改责任、资金、措施、时限和应急预案"五落实"。重大事故隐患及其整改进展情况需经本单位负责人同意后报有管辖权的水行政主管部门。水利工程生产安全重大事故隐患判定分为直接判定法和综合判定法，应先采用直接判定法，不能用直接判定法的，采用综合判定法判定。

3.7.1　生产安全事故隐患排查

水利水电工程施工企业是事故隐患排查的责任主体，应建立健全事故隐患排查制度，逐级建立并落实从主要负责人到每个从业人员的事故隐患排查责任制。

水利水电工程施工企业主要负责人对本企业的事故隐患排查治理工作全面负责，

任何单位和个人发现重大事故隐患，均有权向项目主管部门和安全生产监督机构报告。

水利水电工程施工企业应根据事故隐患排查制度开展事故隐患排查，排查前应制定排查方案，明确排查的目的、范围和方法。企业应采用定期综合检查、专项检查、季节性检查、节假日检查和日常检查等方式开展隐患排查，并将排查出的事故隐患及时书面通知有关单位，定人、定时、定措施进行整改，并按照事故隐患的等级建立事故隐患信息台账。

1. 事故隐患排查治理职责

《安全生产事故隐患排查治理暂行规定》（总局令第 16 号）第二章规定，生产经营单位应当依照法律、法规、规章、标准和规程的要求从事生产经营活动，严禁非法从事生产经营活动。生产经营单位是事故隐患排查、治理和防控的责任主体，应当履行的事故隐患排查治理职责为：

（1）建立健全事故隐患排查治理和建档监控等制度，逐级建立并落实从主要负责人到每个从业人员的隐患排查治理和监控责任制。

（2）保证事故隐患排查治理所需的资金，建立资金使用专项制度。

（3）定期组织安全生产管理人员、工程技术人员和其他相关人员排查本企业的事故隐患。对排查出的事故隐患，应当按照事故隐患的等级进行登记，建立事故隐患信息档案，并按照职责分工实施监控治理。

（4）建立事故隐患报告和举报奖励制度，鼓励、发动职工发现和排除事故隐患，鼓励社会公众举报。对发现、排除和举报事故隐患的有功人员，应当给予物质奖励和表彰。

（5）将项目、场所、设备发包、出租的，应当与承包、承租单位签订安全生产管理协议，并在协议中明确各方对事故隐患排查、治理和防控的管理职责。生产经营单位对承包、承租单位的事故隐患排查治理负有统一协调和监督管理的职责。

（6）安全监管监察部门和有关部门的监督检查人员依法履行事故隐患监督检查职责时，生产经营单位应当积极配合，不得拒绝和阻挠。

（7）生产经营单位应当每季、每年对本单位事故隐患排查治理情况进行统计分析，并分别于下一季度 15 日前和下一年 1 月 31 日前向安全监管监察部门和有关部门报送书面统计分析表。统计分析表应当由生产经营单位主要负责人签字。对于重大事故隐患，生产经营单位除依照前款规定报送外，应当及时向安全监管监察部门和有关部门报告。

（8）对于一般事故隐患，由生产经营单位（车间、分厂、区队等）负责人或者有关人员立即组织整改。对于重大事故隐患，由生产经营单位主要负责人组织制定并实施事故隐患治理方案。

（9）在事故隐患治理过程中，应当采取相应的安全防范措施，防止事故发生。事故隐患排除前或者排除过程中无法保证安全的，应当从危险区域内撤出作业人员，并疏散可能危及的其他人员，设置警戒标志，暂时停产停业或者停止使用；对暂时难以停产或者停止使用的相关生产储存装置、设施、设备，应当加强维护和保养，防止事故发生。

（10）应当加强对自然灾害的预防。对于因自然灾害可能导致事故灾难的隐患，应当按照有关法律、法规、标准和本规定的要求排查治理，采取可靠的预防措施，制定应急预案。在接到有关自然灾害预报时，应当及时向下属单位发出预警通知；发生自然灾害可能危及生产经营单位和人员安全的情况时，应当采取撤离人员、停止作业、加强监测等安全措施，并及时向当地人民政府及其有关部门报告。

（11）地方人民政府或者安全监管监察部门及有关部门挂牌督办并责令全部或者局部停产停业治理的重大事故隐患，治理工作结束后，有条件的生产经营单位应当组织本单位的技术人员和专家对重大事故隐患的治理情况进行评估；其他生产经营单位应当委托具备相应资质的安全评价机构对重大事故隐患的治理情况进行评估。

经治理后符合安全生产条件的，生产经营单位应当向安全监管监察部门和有关部门提出恢复生产的书面申请，经安全监管监察部门和有关部门审查同意后，方可恢复生产经营。

2. 事故隐患排查的方式

隐患排查的组织方式主要有综合检查、专业专项检查、季节性检查、节假日检查、日常检查等。

（1）综合检查。综合性安全检查是以落实岗位安全责任制为重点、各专业共同参与的全面检查，主要查安全监督组织、安全思想、安全活动、安全规程、制度的执行等。水利水电工程施工企业应至少每两月自行组织一次安全生产综合检查。

（2）专业专项检查。专业专项检查主要是对锅炉、压力容器、电气设备、机械设备、安全装备、监测仪器、危险物品、运输车辆等系统分别进行的专业检查，及在装置开、停机前，新装置竣工及试运转等时期进行的专项安全检查。

（3）季节性检查。季节性检查是根据各季节特点开展的专项检查。春季安全大检查以防雷、防静电、防解冻跑漏为重点；夏季安全大检查以防暑降温、防食物中毒、防台风、防洪防汛为重点秋季安全大检查以防火、防冻保温为重点；冬季安全大检查以防火、防爆、防煤气中毒、防冻、防凝、防滑为重点。

（4）节假日检查。节假日检查主要是节前对安全、保卫、消防、机械设备、安全设备设施、备品备件、应急预案等进行的检查，特别是对节日干部、检维修队伍的值班安排和原辅料、备品备件、应急预案的落实情况等应进行重点检查。

（5）日常检查。包括现场安全规程执行情况，安全措施是否行，安全工器具是否合格，作业人员是否符合要求、有无违章规作业，检查现场安全情况，作业现场安全措施是否正确完备，作业环境是否符合有关规定要求。

3. 事故隐患排查的主要内容

隐患排查的范围包括所有与施工有关的所有场所、环境、人员和设备设施。就某一次隐患排查而言，应包括本次排查目的、限定范围内的所有场所、所有环境、所有人员、所有设备。

4. 重大事故隐患报告的内容

《安全生产事故隐患排查治理暂行规定》（总局令第 16 号）第十四条规定，对于重大事故隐患，生产经营单位除依照前款规定报送外，应当及时向安全监管监察部门和有关部门报告。重大事故隐患报告内容应当包括：

（1）隐患的现状及其产生因素；

（2）隐患的危害程度和整改难易程度分析；

（3）隐患的治理方案。

3.7.2 生产安全事故隐患治理

1. 隐患治理要求

水利水电工程施工企业应建立健全事故隐患治理和建档监控等制度，逐级建立并落实隐患治理和监控责任制。对于危害和整改难度较小，发现后能够立即整改排除的一般事故隐患，应立即组织整改。重大事故隐患治理方案应由水利工程建设项目主要负责人组织制订，经监理单位审核，报项目法人同意后实施。项目法人应将重大事故隐患治理方案报项目主管部门和安全生产监督机构备案。

《安全生产事故隐患排查治理暂行规定》（总局令第 16 号）第十六条　生产经营单位在事故隐患治理过程中，应当采取相应的安全防范措施，防止事故发生。事故隐患排除前或者排除过程中无法保证安全的，应当从危险区域内撤出作业人员，并疏散可能危及的其他人员，设置警戒标志，暂时停产停业或者停止使用；对暂时难以停产或者停止使用的相关生产储存装置、设施、设备，应当加强维护和保养，防止事故发生。

2. 重大事故隐患治理方案

（1）重大事故隐患描述；

（2）治理的目标和任务；

（3）采取的方法和措施；

（4）经费和物资的落实；

（5）负责治理的机构和人员；

（6）治理的时限和要求；

（7）安全措施和应急预案等。

3. 隐患治理措施

（1）治理措施的基本要求

1）能消除或减弱生产过程中产生的危险，有害因素。

2）处置危险和有害物，降低到国家规定的限值内。

3）预防生产装置失灵和操作失误产生的危险、有害因素。

4）能有效地预制重大事故和职业危害的发生。

5）发生意外事故时，能为遇险人员提供自救和互救条件。

（2）工程技术措施

工程技术措施的实施等级顺序是直接安全技术措施、间接安全技术措施、指示性安全技术措施等。选择安全技术措施应遵循的具体原则应按消除、预防、减弱、隔离、连锁、警告的等级顺序进行。

具体如下：

1）消除：尽可能从根本上消除危险、有害因素，如采用无害化工艺技术，生产中以无害物质代替有害物质、实现自动化作业、遥控技术等。

2）预防：当消除危险、有害因素有困难时，可采取预防性技术措施，预防危险、危害的发生，如使用安全阀、安全屏护、漏电保护装置、安全电压、熔断器、防爆膜、事故排放装置等。

3）减弱：在无法消除危险、有害因素和难以预防的情况下，可采取减少危险、危害的措施，如局部通风排毒装置、生产中以低毒性物质代替高毒性物质、降温措施、避雷装置、消除静电装置、减振装置、消声装置等。

4）隔离：在无法消除、预防、减弱的情况下，应将人员与危险、有害因素隔开和将不能共存的物质分开，如遥控作业、安全罩、防护屏、隔离操作室、安全距离、事故发生时的自救装置（如防护服、各类防毒面具）等。

5）连锁：当操作者失误或设备运行一旦达到危险状态时，应通过连锁装置终止危险、危害发生。

6）警告：在易发生故障和危险性较大的地方，配置醒目的安全色、安全标志，必要时设置声、光或声光组合报警装置。

7）个体防护：在易发生危险的作业中，穿戴防护用品，如：戴安全帽、穿防护服等。

（3）安全管理措施

安全管理措施往往能系统性地解决很多普遍和长期存在的隐患，需要在实施隐患治理时，主动地和有意识地研究分析隐患产生原因中的管理因素，发现和掌握其管理规律，除了提高安全意识、加强培训教育和加强安全检查等措施外，更需要通过修订并贯彻执行有关规章制度和操作规程，从根本上解决问题。

事故隐患治理工作要"闭环"管理，按照"排查—发现—评估—报告—治理（控制）—验收—销号"的流程形成闭环管理，消除管理中的缺陷，要求治理措施完成后，水利水电工程施工企业主管部门和人员对其结果进行验证和效果评估。验证就是检查措施的实现情况，是否按方案和计划的要求——落实了；效果评估是对完成的措施是否起到了隐患治理和整改的作用，是彻底解决了问题，还是部分的、达到某种可接受程度的解决，是否真正能做到"预防为主"。当然不可忽略的还有是否隐患的治理措施会带来或产生新的风险。

4. 预测预警

水利水电工程施工企业应采取多种途径及时获取水文、气象等信息，在接到自然灾害预报时，及时发出预警信息。每季、每年对本企业事故隐患排查治理情况进行统计分析，开展安全生产预测预警。

《安全生产事故隐患排查治理暂行规定》（总局令第 16 号）第十七条规定，生产经营单位应当加强对自然灾害的预防。对于因自然灾害可能导致事故灾难的隐患，应当按照有关法律、法规、标准和本规定的要求排查治理，采取可靠的预防措施，制定应急预案。在接到有关自然灾害预报时，应当及时向下属单位发出预警通知；发生自然灾害可能危机生产经营单位和人员安全的情况时，应当采取撤离人员、停止作业、加强检测等安全措施，及时向当地人民政府及其有关部门报告。

3.8 重大危险源管理

《中华人民共和国安全生产法》（主席令第十三号）第一百一十二条规定，重大危险源是指长期地或者临时地生产、搬运、使用或者储存危险物品，且危险物品的数量等于或者超过临界量的单元（包括场所和设施）。

《危险化学品重大危险源辨识》GB 18218—2018 第 3.4 条规定，危险化学品重大危险源指长期或临时地生产、加工、使用或储存危险化学品，且危险化学品的数量等于或超过临界量的单元。

《水利水电工程施工危险源辨识与风险评价导则（试行）》规定水利水电工程施工重大危险源（以下简称重大危险源）是指在水利水电工程施工过程中有潜在能量和物质释放危险的、可能导致人员死亡、健康严重损害、财产严重损失、环境严重破坏，在一定的触发因素作用下可转化为事故的部位、区域、场所、空间、岗位、设备及其位置。

水利水电工程施工企业应依据《中华人民共和国安全生产法》、《危险化学品重大危险源辨识》GB 18218—2018、《建设工程安全生产管理条例》（国务院令第 393 号）、《水利工程建设安全生产管理规定》（水利部第 26 号令）、《水利水电工程施工危险源辨识与风险评价导则》（试行）等相关文件，结合实际情况，建立健全重大危险源管理的规章制度，明确重大危险源辨识、评价、监控、事故应急的职责、方法、流程等要求，做好本企业重大危险源管理和监控工作。

3.8.1　重大危险源辨识与评价

危险源是导致事故的根源、状态或行为。危险源辨识是发现、识别系统中的危险源是否存在并确定其性质的过程，是管理和控制危险源的基础，是从源头抓好安全生产的一项基本工作。只有正确辨识了危险源，才能有的放矢地考虑如何采取措施控制危险源。

1. 危险源辨识的方法

水利水电工程施工企业通常可由安全生产管理部门组织，各部门（基层单位）参加，鼓励员工参与开展危险源辨识工作，以系统地识别危险源的存在并确定其特性，以便进一步对其风险进行评价。危险源辨识通常可采用以下方法：

（1）询问、交谈

通常由安全生产管理部门和工会组织，通过召开职工代表座谈会、走访、调查等形式，收集各部门（基层单位）工作活动中存在的没有得到控制的危险源，再组织评价，确定控制措施。

（2）现场观察

由安全管理人员、工会职工代表对作业现场的观察或检查，发现存在的危险源，再评价风险的大小，确定控制措施。要求从事现场观察的人员应具有安全技术知识，熟悉有关安全法律法规、标准规程。

（3）工作分析法

组成专业组，通过分析组织成员工作任务中所涉及的危害，识别出有关的危险源，再进行评价，确定控制措施。

（4）查阅有关资料和记录

查组织内以往事故记录，可从中发现存在的危险源。

（5）获取外部的信息

从有关类似组织、文献资料、专家咨询等方面获取有关危险源的信息，加以分析研究，确定控制措施。

（6）安全检查表

对于组织已识别的危险源，编写成检查表，列出问题清单，逐一调查填写，通过进行系统的安全检查，发现企业存在的危险源，再进行评价，确定控制措施。

2. 重大危险源辨识对象及范围

根据《水利水电工程施工危险源辨识与风险评价导则（试行）》，水利水电工程施工重大危险源辨识对象及范围包括：

（1）施工作业活动类：明挖施工，洞挖施工，石方爆破，填筑工程，灌浆工程，斜井竖井开挖，混凝土生产工程，脚手架工程，模板工程及支撑体系，金属结构制作、安装及机电设备安装，建筑物拆除、降排水等。

（2）机械设备类：起重吊装及安装拆卸等。

（3）设施、场所类：存弃渣场、基坑、油库油罐区、材料设备仓库、供电系统、隧洞、围堰等。

（4）作业环境类：超标准洪水、粉尘，有毒有害气体及有毒化学品泄漏环境等。

（5）其他。

3. 水利工程重大危险源

根据《水利水电工程施工安全管理导则》SL 714—2015 的相关规定，水利工程施工的重大危险源应主要从下列几方面考虑：

（1）高边坡作业

1）土方边坡高度大于 30m 或地质缺陷部位的开挖作业；

2）石方边坡高度大于 50m 或滑坡地段的开挖作业。

（2）深基坑工程

1）开挖深度超过 3m（含）的深基坑作业；

2）开挖深度虽未超过 3m，但地质条件、周围环境和地下管线复杂，或影响毗邻建筑（构筑）物安全的深基坑作业。

（3）洞挖工程

1）断面大于 $20m^2$ 或单洞长度大于 50m 以及地质缺陷部位开挖；

2）不能及时支护的部位，地应力大于 20MPa 或大于岩石强度的 1/5 或埋深大于 500m 部位的作业；

3）洞室临近相互贯通时的作业；当某一工作面爆破作业时，相邻洞室的施工作业。

（4）模板工程及支撑体系

1）工具式模板工程：包括滑模、爬模、飞模工程；

2）混凝土模板支撑工程：搭设高度 5m 及以上；搭设跨度 10m 及以上；施工总荷载 $10kN/m^2$ 及以上；集中线荷载 $15kN/m^2$ 及以上；

3）承重支撑体系：用于钢结构安装等满堂支撑体系。

（5）起重吊装及安装拆卸工程

1）采用非常规起重设备、方法，且单件起吊重量在 10kN 及以上的起重吊装工程；

2）采用起重机械进行安装的工程；

3）起重机械设备自身的安装、拆卸作业。

（6）脚手架工程

1）搭设高度 24m 以上的落地式钢管脚手架工程；

2）附着式整体和分片提升脚手架工程；

3）悬挑式脚手架工程；

4）吊篮脚手架工程；

5）自制卸料平台、移动操作平台工程；

6）新型及异型脚手架工程；

（7）拆除爆破工程

1）围堰拆除作业；爆破拆除作业；

2）可能影响行人、交通、电力设施、通信设施或其他建、构筑物安全的拆除作业；

3）文物保护建筑、优秀历史建筑或历史文化风貌区控制范围的拆除作业。

（8）储存、生产和供给易燃易爆、危险品的设施、设备及易燃易爆、危险品的储运，主要分布于工程项目的施工场所：

1）油库（储量：汽油 20t 及以上；柴油 50t 及以上）；

2）炸药库（储量：炸药 1t）；

3）压力容器（P_{max} 不小于 0.1MPa 和 V 不小于 100m^3）；

4）锅炉（额定蒸发量 1.0t/h 及以上）；

5）重件、超大件运输。

（9）人员集中区域及突发事件

1）人员集中区域（场所、设施）的活动；

2）可能发生火灾事故的居住区、办公区、重要设施、重要场所等。

（10）其他

1）开挖深度超过 16m 的人工挖孔桩工程；

2）地下暗挖、顶管作业、水下作业工程及存在上下交叉的作业；

3）截流工程、围堰工程；

4）变电站、变压器；

5）采用新技术、新工艺、新材料、新设备及尚无相关技术标准的危险性较大的单项工程；

6）其他特殊情况下可能造成生产安全事故的作业活动、大型设备、设施和场所等。

4. 重大危险源分级

水利工程施工重大危险源应按发生事故的后果分为下列四级：

（1）可能造成特别重大安全事故的危险源为一级重大危险源；

（2）可能造成重大安全事故的危险源为二级重大危险源；

（3）可能造成较大安全事故的危险源为三级重大危险源；

（4）可能造成一般安全事故的危险源为四级重大危险源。

5. 重大危险源评价

水利水电工程施工重大危险源评价按层次可分为总体评价、分部评价及专项评价，按阶段可划分为预评价、施工期评价。预评价对象有：物质仓储区，设施、场所，危险环境，待开工的施工作业；施工期评价对象有：生产、施工作业。

水利水电工程施工重大危险源评价宜选用安全检查表法、预先危险性分析法、作业条件危险性评价法（LEC），作业条件—管理因子危险性评价法（LECM）或层次分析法。不同阶段、层次应采用相应的评价方法，必要时可采用不同评价方法相互验证。

安全检查表法适用于施工期评价，作业条件危险性评价法（LEC）、作业条件—管理因子危险性评价法（LECM）适用于各阶段评价，预先危险性分析法适用于预评价，层次分析法适用于施工过程风险评价。

3.8.2 重大危险源监控和管理

《中华人民共和国安全生产法》（主席令第十三号）第三十七条规定，生产经营单位对重大危险源应当登记建档，进行定期检测、评估、监控，并制定应急预案，告知从业人员和相关人员在紧急情况下应当采取的应急措施。

生产经营单位应当按照国家有关规定将本单位重大危险源及有关安全措施、应急措施报有关地方人民政府安全生产监督管理部门和有关部门备案。

1. 重大危险源登记建档与备案

水利水电工程施工企业应在开工前，对施工现场危险设施或场所组织进行重大危险源辨识，并将辨识成果及时报监理单位和项目法人。经过辨识确定的各级危险源，责任单位应当逐项进行登记，有关辨识、评价和控制过程资料应当归档备案。

水利水电工程施工企业要对本企业的各类危险源逐项进行登记，建立危险源管理档案，并按照国家和地方有关部门和本办法规定的危险源和登记申报的具体要求，每个项目开工前，将有关材料报送至建设单位备案。

水利水电工程施工企业应根据项目重大危险源管理制度制定相应管理办法，并报监理单位、项目法人备案。

水利水电工程施工企业应针对重大危险源制定防控措施并应登记建档。

2. 重大危险源的监控

（1）明确重大危险源管理的责任部门和责任人，严格落实分级管控措施；

（2）对重大危险源的安全状况进行定期检查、评估和监控，并做好记录；

（3）安排专人巡视，并如实记录监控情况；

（4）在重大危险源现场设置明显的安全警示标志和警示牌，警示牌内容应包括危险源名称、地点、责任人员、可能的事故类型、控制措施等。

3. 重大危险源的管理

（1）按照国家有关规定，定期对重大危险源的安全设施和安全监测监控系统进行检测、检验并进行经常性维护、保养，保证安全设施和安全监测监控系统有效、可靠运行。维护、保养、检测应做好记录，并由有关人员签字；

（2）组织对重大危险源的管理人员进行培训，使其了解重大危险源的危险特性，熟悉重大危险源安全管理规章制度，掌握安全操作技能和应急措施；

（3）制定重大危险源事故应急预案，建立应急救援组织或配备应急救援人员、必要的防护装备及应急救援器材、设备、物资，并保障其完好和方便使用；

（4）将重大危险源可能发生的事故后果和应急措施等信息，以适当方式告知可能受影响的单位、区域及人员；

（5）对可能导致安全事故的险情，按规定进行上报；

（6）根据施工进展加强重大危险源的日常监督检查，对危险源实施动态的辨识、评价和控制。

3.9　职业健康管理

3.9.1　常见职业危害因素及可能导致的职业病

1. 水利水电工程常见的职业危害因素

水利工程建设项目施工中的职业危害主要有粉尘、毒物、红外、紫外辐射、噪声、振动及高温。施工中受辐射、噪声、振动危害的主要有电焊工、风钻工、模板校平工、推土机、混凝土平板振动器等操作工种；受粉尘危害的工种主要有掘进工、风钻工、炮工、混凝土搅拌机司机、水泥上料工、钢模板校平工、河砂运料上料工等；受有毒物质影响的工种有驾驶员、汽修工、焊工、放炮工等。

水利工程建设项目施工中接触的粉尘主要是岩尘、电焊尘、水泥尘等。吸入人体的粉尘有 97%～98% 可通过人体呼吸道的清除功能排出体外，余下的沉积于肺内。粉尘对人体健康最普遍且严重的危害是引起各种尘肺病，其次是粉尘沉着症、粉尘性支气管炎、肺炎、支气管哮喘以及中毒等病症。

此外，由于水利工程施工多为野外作业，自然环境恶劣，还易受到蚊虫叮咬、野物袭击等其他有害因素的危害，此时除注意个体防护外还应根据具体情况选择合适的防护措施。

以上职业危害因素可以多种并存，加重危害程度，如施工过程中的振动与噪声的共同作用，可加重听力损伤；粉尘在高温环境下可增加肺通气量，增加粉尘吸入，对人体产生不利影响。

2. 粉尘引起的职业病

生产性粉尘的种类繁多，理化性状不同，对人体所造成的危害也是多种多样。就其病理性质可概况如下几种：

（1）全身中毒性。例如铅、锰、砷化物等粉尘；

（2）局部刺激性。例如生石灰、漂白粉、水泥、烟草等粉尘；

（3）变态反应性。例如大麻、黄麻、面粉、羽毛、锌烟等粉尘；

（4）光感应性。例如沥青粉尘；

（5）感染性。例如破烂布屑、兽毛、谷粒等粉尘有时附有病菌；

（6）致癌性。例如铬、镍、砷、石棉及某些光感应性和放射性物质粉尘尘肺，如矽尘、矽酸盐尘。

其中以尘肺的危害最为严重，至 2000 年我国已发生各种尘肺病例近 60 万人，死亡近 13 万人，尚有隐患 40 余万人。

尘肺是由于吸入生产性粉尘引起的以肺的纤维化为主的职业病。由于粉尘的性质、成分不同，对肺所造成的损害，引起纤维化程度也有所不同，从病因上分析，可将尘肺分为六类，矽肺（吸入含有游离二氧化硅粉尘）、硅酸盐肺、炭尘肺、金属尘肺、混合性尘肺、有机尘肺。

2002 卫生部与劳动保障部联合发布的《职业病目录》（卫法监发〔2002〕108 号）公布的职业病名单中，列出了十二种法定尘肺，即矽肺、煤工尘肺、尘肺、炭黑尘肺、石棉肺、滑石尘肺、水泥尘肺、云母尘肺、陶工尘肺、铝尘肺、电焊工尘肥、铸工尘肺。2013 年卫生计生委等 4 部门关于印发《职业病分类和目录》的通知（国卫疾控发〔2013〕48 号，将《职业病目录》修订为《职业病分类和目录》。

3.9.2　职业危害预防措施

1. 防尘措施

防尘措施可分为以湿式作业为主的防尘措施和在干法生产条件下采取的密闭、通风、除尘措施两种。

（1）湿式作业

湿式作业防尘的特点是：防尘效果可靠，易于管理，已为厂矿广泛应用，如石粉厂的水磨石英、陶瓷厂、玻璃厂的原料水辗、湿法拌料，机械制造工业中的水力清砂、水爆清砂等。

（2）密闭、通风、除尘系统

干法生产（粉碎、拌料等）容易造成粉尘飞扬，可采取密闭、通风、除尘的办法，但首先必须对生产过程进行改革，理顺生产流程，实现机械化生产的条件下，才使密闭、通风、除尘的措施有了基础，在手工生产、流程紊乱的情况下，密闭、通风、除尘设备是无法奏效的。密闭、通风、除尘系统是由密闭设备、吸尘罩、通风管、除尘器等几个部分组成。

工程建设施工现场粉尘防护措施：

1）混凝土搅拌站，木加工、金属切削加工、锅炉房等产生粉尘的场所，必须装置除尘器或吸尘罩，将尘粒捕捉后送到储仓内或经过净化后排放，以减少对大气的污染；

2）施工和作业现场经常洒水、控制和减少灰尘飞扬；

3）采取综合防尘措施或采用低尘的新技术、新工艺、新设备，使作业场所的粉尘浓度不超过国家的卫生标准。

在水利工程实践中，人们总结了以下防尘措施：

1）钻孔采取湿式作业或采取干式捕尘措施，不打干钻。

2）水泥储存、运送、混凝土拌和等作业采取隔离、密封措施。

3）密闭容器、构件及狭窄部位进行电焊作业时加强通风，并佩戴防护电焊烟尘的防护用品。

4）地下洞室施工配置强制通风设施，确保洞内粉尘、烟尘、废气及时排出。

5）作业人员配备防尘口罩等防护用品。

6）在砂石加工系就等重点排放源安装袋式除尘器，洒水防尘。

2. 防毒措施

控制工业毒物应掌握下列几条原则：

（1）控制与消除有毒物质，用无毒或低毒物质代替有毒或高毒物质：改革生产工艺、生产设备，尽量将手工操作变为机械化、密闭化、自动化和遥控化操作。

（2）降低生产性毒物的浓度，意处有毒物质与人体接触；对生产过程中无法避免的有毒物质，通过安装合理的通风、排毒设备，使毒物得到有效控制。

（3）生产过程使用密闭、通风排毒系统

系统由密闭罩、通风管、净化装置和通风机构成。其设计原理和原则与时尘的密闭、通风、除尘系统基本上是相同的。

（4）个体防护

接触毒物作业工人的个体防护有特殊意义，毒物侵入人体的途径，除呼吸道外，还有口腔、皮肤。因此，应根据毒物的特性，选择有效的个人防护用品。凡是接触毒物的作业都应规定有针对性的个人健康制度，必要时应列入操作规程，如不准在作业场所吸烟、吃东西，班后洗澡、不准将工作服带回家中等。这不仅是为了保护操作者自身，而且也是避免家庭成员、特别是儿童间接受害。

（5）根据国家有关标准结合职工数量和工作性质建立合理的卫生投设施，设置盥洗设备。教育职工养成良好卫生习惯。

（6）对从事有毒作业的职工进行定期体检，定期监测作业环境中的有毒有害物质浓度，保证有毒有害物质浓度在国家允许范围内。

（7）严格遵守安全操作规程，避免中毒事件的发生。

基于以上原则，控制工业毒物的措施有：

（1）生产工艺改革

生产过程的密闭化、自动化是解决毒物危害的根本途径，用无毒、低毒物质代替剧毒物质是从根本上解决毒物危害的首选办法。但不是所有毒物都能找到无毒、低毒的代替物，因此在生产过程中控制毒物的卫生工程技术措施就很重要了。例如，在水利工程施工过程中，可采用先进放炮地方式并减少炸药用量来控制放炮过程中产生的粉尘和毒物。

（2）密闭、通风净化系统

系统由密闭罩、通风管、净化装置和通风机构成。整个系统必须注意安全、防火、防爆问题；正确的选择气体的净化和回收利用，防止二次污染，防止环境污染。

（3）局部排气罩

就地密闭，就地排出，就地净化，是通风防毒工程的一个重要的技术准则。排气罩就是实施毒源控制，防止毒物扩散的具体技术装置。

1）密闭罩

在工艺条件允许的情况下，尽可能将毒源密闭起来，然后通过通风管将含毒空气吸出，送往净化装置，若通风量不足，密闭罩内保持不了负压状态，则毒物可能溢出罩外，起不到控制作用。

2）开口罩

在生产工艺操作不可能采取密闭罩排气时，可按生产设备和操作的特点，设计开口式的排气罩，开口螺按结构形式，分为上 $1\sim7$ 吸罩、侧吸罩和下吸罩。

开口罩的排气量是由毒物的种类、毒源扩散状态和开口罩吸入速度场的特性所决定的。

3）伞形罩

伞形罩是一种典型的上吸罩，罩口是否有吸入效果，可用发烟剂来检查，检查时，注意观察烟气被吸入罩口的范围，判断是否将排出物吸入罩内。

4）通风橱

通风橱是密闭与侧吸罩相结合的一种特殊排气罩。可以将产有害物的操作和设备完全放在通风橱内，通风橱排风量的设计，关键在于保证操作小门具备必要的吸入风速。一般对无毒有害物吸入风速可在 $0.25\sim0.37\text{m/s}$，有毒，有危险的有害物或极毒、少量放射性有害物必须在 $0.5\sim0.6\text{m/s}$ 以上。

（4）排出气体的净化

工业排气的无害化排放，是通风防毒工程必须遵守的重要准则，根据输送介质特性和生产工艺的不同，有害气体的净化方法也有所不同，大致分为洗涤法、吸附法、袋滤法、静电法、燃烧法和高空排放法。确定净化方案的原则是：

1）设计前必须确定有害物质的成分、含量、毒性等理化指标。

2）确定有害物质的净化目标和综合利用方向，应符合卫生标准和环境保护标准的规定。

3）净化设备的工艺特性，必须与有害介质的特性相一致。

4）落实防火、防爆的特殊要求。

（5）个体防护

属于作业场所的保护用品有防护眼服装、防尘口罩和防毒面具：

1）防护服装

包括防护服、鞋、帽、眼镜、手套等。为防止毒物经皮肤侵入人体或提伤人体，对防护服装的选择，设计应有利防毒、轻便、耐用，不影响体温调节。有专用柜存放，禁止穿防护服去食堂、浴室、宿舍等。经常清洗、保持健康，必要时进行化学处理。

2）防毒口罩和防毒面具

防毒口罩和防毒面具属呼吸防护器，种类很多，防护原理可分为过滤式和隔离式两大类。

① 过滤式，将空气中的有害物质过滤净化，达到防护目的。在作业场所空气中有害物质的浓度不很高的情况下，佩戴此类防护器。这类防护器分为机械过滤式和化学过滤式两种。

② 隔离式，佩戴者呼吸所需的空气（氧气），不直接从现场空气中吸取，而是从另外的供气系统供给。按照供气的方式可分为自给式与输入式两种。

3. 防红外线、紫外线措施

（1）红外辐射的防护

红外辐射防护的重点是对眼睛的保护，严禁裸眼直视强光源。生产操作中应戴绿色防扩镜，镜片中应含有氧化亚铁或其他可滤过红外线的成分。

（2）紫外辐射的防护

水利工程建设中的紫外辐射主要来自于电焊作业，操作者必须佩戴专用的防护面罩、防护眼镜以及防护手套，皮肤不得裸露。电焊工工作时应用可移动的屏障围住作业区，以免周围其他人受照射。在操作中与助手要密切配合，防止助手猝不及防遭受照射。

因此，在水利工程金属焊接和热切割作业中，应注意以下几点：

1）焊工应按规定正确穿戴工作鞋、防护手套等劳动防护用品；

2）从事电焊工作时，必须使用镶有滤光镜片的面罩；气焊、气割作业时，必须佩戴有色眼镜，防止火花灼伤眼睛；

3）作业场所要加强通风排尘，防止有害气体和粉尘积聚；

4）夏季炎热季节作业时，要采取防暑降温措施，加强通风。

4. 防止噪音危害措施

控制生产性噪声的措施如下：

（1）消除或减弱引起噪声的振动，主要应在设计、制造生产工具或机械过程中，尽力采取消声措施，如将金属铆接改为焊接、锤击成型改为液压成型等。为了防止地板和墙壁的振动，机器设备不可直接安装在地板上，而应装在隔绝的物质上，如空气层、橡皮、软木、砂石等与房屋地基隔开。

（2）消除或减少噪声、振动的传播，如消声、吸声、隔声、隔振、阻尼。

（3）加强个人防护和健康监护，对吊车司机、汽车司机，应有良好的弹簧坐垫以减少振动对机体的影响。加强个人防护，常用的有耳塞、耳罩、防声帽等。

水利工程施工过程中对噪声职业危害的防护措施主要有：

（1）在筛分楼、破碎车间、制砂车间、空压机站、水泵房、拌和楼等生产性噪声危害作业场所设隔音值班室，作业人员佩戴防噪耳塞、耳罩或防噪声的头盔等防护用品。

（2）对木工机械、风动工具、喷砂除锈、锻造、铆焊等临时性噪声危害严重的作业人员，配备防噪耳塞、耳罩或防噪声的头盔等防护用品。

5. 防止振动危害措施

防止振动危害的措施主要有：

（1）控制振动源。应在设计、制造生产工具和机械时采用减振措施，使振动降低到对人体无害的水平。

（2）改革工艺，采用减振和隔振等措施。如采用焊接等新工艺代替铆接工艺；采用水力清砂代替风铲清砂；工具的金属部件采用塑料或橡胶材料，减少撞击振动。

（3）限制作业时间和振动强度。

（4）改善作业环境，加强个体防护及健康监护。

6. 防暑降温措施

解决高温作业危害的根本出路在于实现生产过程的自动化，现在的防暑降温措施，主要是隔热、通风和个体防护。

（1）隔热

用隔热材料（耐火、保温材料、水等）将各种热的炉体包起来，降低热源的表面温度，减少向车间散热和辐射热。

（2）通风

1）自然通风利用通风天窗的自然通风对高温车间的散热有特殊意义。有组织的自然通风系统所形成的大量风量带走了大量热量，在效果上、经济上是机械通风无法比拟的，已列入高温车间设计规范。

2）机械通风高温车间一般选择全面送人式或全面排出式的机械通风。

（3）个体防护

高温作业工人的防护服、帽、鞋、手套、眼镜等主要是为了防辐射热的。由于高温作业工人大量排汗，特别是每当暑季供应清凉饮料是有特殊意义的，并在饮料中适当的补充盐分和水溶性维生素。

水利工程施工过程中可从以下几方面减少高温作业的危害：

1）合理调整作息时间，避开中午高温时间工作，严格控制工人加班加点，工作时间要适当缩短。保证工人有充足的休息和睡眠时间。

2）对容器内和高温条件下的作业场所，要采取措施，搞好通风和降温。

3）对露天作业集中和固定场所，应搭设歇凉棚，防止热辐射，并要经常洒水降温。高温。高温、高处作业的工人，需经常进行健康检查，发现有作业禁忌症者应及时调离高温和高处作业岗位。

4）要及时供应合乎卫生要求的茶水、清凉含盐饮料、绿豆汤等。

5）要经常组织医护人员深入现场进行巡回医疗和预防工作。重视年老体弱、患过中暑者和血压较高的工人身体情况的变化。

6）及时给职工发放防暑降温的急救药品和劳动保护用品。

3.9.3　职业危害申报

根据 2018 年 12 月 29 日第十三届全国人民代表大会常务委员会第七次会议《关于修改〈中华人民共和国劳动法〉等七部法律的决定》第四次修正）的《职业病防治法》第十六条　国家建立职业病危害项目申报制度。

用人单位工作场所存在职业病目录所列职业病的危害因素的，应当及时、如实向所在地卫生行政部门申报危害项目，接受监督。

职业病危害因素按照《职业病危害因素分类目录》确定，职业病危害项目申报工作实行属地分级管理的原则。用人单位申报职业病危害项目时，应当提交《职业病危害项目申报表》和下列文件、资料：

（1）用人单位的基本情况；

（2）工作场所职业病危害因素种类、分布情况以及接触人数；

（3）法律、法规和规章规定的其他文件、资料。

职业病危害项目申报同时采取电子数据和纸质文本两种方式。

用人单位应当首先通过"职业病危害项目申报系统"进行电子数据申报，同时将《职业病危害项目申报表》加盖公章并由本单位主要负责人签字后，按照本办法第四条和第五条的规定，连同有关文件、资料一并上报所在地设区的市级、县级卫生行政部门。

3.9.4 职业卫生"三同时"管理要求

《中华人民共和国职业病防治法》（中华人民共和国主席令〔2011〕第 52 号、〔2016〕第 48 号修订、〔2017〕81 号修订、〔2018〕24 号修订）第十七条规定，新建、扩建、改建建设项目和技术改造、技术引进项目（以下统称建设项目）可能产生职业病危害的，建设单位在可行性论证阶段应当进行职业病危害预评价。

第十八条规定，建设项目的职业病防护设施所需费用应当纳入建设项目工程预算，并与主体工程同时设计，同时施工，同时投入生产和使用。建设项目的职业病防护设施设计应当符合国家职业卫生标准和卫生要求；建设项目在竣工验收前，建设单位应当进行职业病危害控制效果评价。建设项目的职业病防护设施应当由建设单位负责依法组织验收，验收合格后，方可投入生产和使用。卫生行政部门应当加强对建设单位组织的验收活动和验收结果的监督核查。

3.9.5 建设过程中的职业健康管理

1. 作业场所管理

施工单位对存在职业危害的场所应加强管理，并遵守下列规定：

（1）指定专人负责职业健康的日常监测，维护监测系统处于正常运行状态；

（2）对存在粉尘、有害物质、噪声、高温等职业危害因素的场所和岗位，应制定专项防控措施，并按规定进行专门管理和控制；明确具有职业危害的有关场所和岗位，制定专项防控措施，进行专门管理和控制；

（3）制定职业危害场所检测计划，定期对职业危害场所进行检测，并将检测结果公布、归档；

（4）对可能发生急性职业危害的工作场所，应设置报警装置、标识牌、应急撤离通道和必要的泄险区，制定应急预案，配置现场急救用品、设备；

（5）施工区内起重设施、施工机械、移动式电焊机及工具房、水泵房、空压机房、电工值班房等应符合职业卫生、环境保护要求；

（6）定期对危险作业场所进行监督检查，并做好记录。

2. 作业人员管理

施工单位应对从事危险作业的人员加强职业健康管理，并遵守下列规定：

（1）严格劳动保护用品的发放和使用管理；

（2）不得安排未成年工从事接触职业危害的作业；不得安排孕期、哺乳期的女职工从事对本人婴儿有害的作业；

（3）根据职业危害类别，进行上岗前、在岗期间、离岗时的职业健康检查；

（4）为相关岗位作业人员建立职业健康监护档案；

（5）不得安排未经上岗前职业健康检查的作业人员从事接触职业病危害因素的作业；不得安排有职业禁忌的作业人员从事其所禁忌的作业；

（6）按规定给予职业病患者及时的治疗、疗养；

（7）按规定及时为从业人员办理工伤保险和人身意外伤害保险等。

3. 作业环境管理

施工单位应为从业人员提供符合职业健康要求的工作环境和条件，并遵守下列规定：

（1）配备符合国家或者行业标准的劳动防护用品；

（2）对现场急救用品、设备和防护用品进行经常性检维修、检测；

（3）设置与职业危害防护相适应的卫生设施；

（4）施工现场的办公、生活区与作业区分开设置，并保持安全距离；

（5）膳食、饮水、休息场所等应符合卫生标准；

（6）在生产生活区域设置卫生清洁设施和管理保洁人员等。

4. 职业危害因素检测

水利水电工程施工企业应制定职业危害场所检测计划，定期对职业危害场所进行检测，并将检测结果存档。

《中华人民共和国职业病防治法》（中华人民共和国主席令〔2011〕第 52 号，〔2016〕第 48 号修订、〔2017〕第 81 号修订、〔2018〕24 号修订）第二十六条规定，用人单位应当实施由专人负责的职业病危害因素日常监测，并确保监测系统处于正常运行状态。用人单位应当按照国务院卫生行政部门的规定，定期对工作场所进行职业病危害因素检测、评价。检测、评价结果存入用人单位职业卫生档案，定期向所在地卫生行政部门报告并向劳动者公布。发现工作场所职业病危害因素不符合国家职业卫生标准和卫生要求时，用人单位应当立即采取相应治理措施，仍然达不到国家职业卫生标准和卫生要求的，必须停止存在职业病危害因素的作业；职业病危害因素经治理后，符合国家职业卫生标准和卫生要求的，方可重新作业。

5. 防护设备设施和个人防护用品

水利水电工程施工企业应在可能发生急性职业危害的有毒、有害工作场所，设置报警装置，制定应急处置预案，配置现场急救用品，指定专人负责保管防护器具，并定期校验和维护，确保其处于正常状态。

《中华人民共和国职业病防治法》（中华人民共和国主席令〔2011〕第 52 号，〔2016〕第 48 号修订、〔2017〕第 81 号修订、〔2018〕24 号修订）第二十二条规定，用人单位必须采用有效的职业病防护设施，并为劳动者提供个人使用的职业病防护用品。用人单位为劳动者个人提供的职业病防护用品必须符合防治职业病的要求；不符合要求的，不得使用。

第二十五条规定，对可能发生急性职业损伤的有毒、有害工作场所，用人单位应当设置报警装置，配置现场急救用品、冲洗设备、应急撤离通道和必要的泄险区。对职业病防护设备、应急救援设施和个人使用的职业病防护用品，用人单位应当进行经常性的维护、检修，定期检测其性能和效果，确保其处于正常状态，不得擅自拆除或者停止使用。

6. 履行告知义务

《中华人民共和国职业病防治法》（中华人民共和国主席令〔2011〕第 52 号，〔2016〕第 48 号修订、〔2017〕第 81 号修订、〔2018〕24 号修订）第二十四条规定，产生职业病危害的用人单位，应当在醒目位置设置公告栏，公布有关职业病防治的规章制度、操作规程、职业病危害事故应急救援措施和工作场所职业病危害因素检测结果。对产生严重职业病危害的作业岗位，应当在其醒目位置，设置警示标识和中文警示说明。警示说明应当载明产生职业病危害的种类、后果、预防以及应急救治措施等内容。

第三十三条规定，用人单位与劳动者订立劳动合同（含聘用合同，下同）时，应当将工作过程中可能产生的职业病危害及其后果、职业病防护措施和待遇等如实告知劳动者，并在劳动合同中写明，不得隐瞒或者欺骗。

劳动者在已订立劳动合同期间因工作岗位或者工作内容变更，从事与所订立劳动合同中未告知的存在职业病危害的作业时，用人单位应当依照前款规定，向劳动者履行如实告知的义务，并协商变更原劳动合同相关条款。

第五十五条规定，医疗卫生机构发现疑似职业病病人时，应当告知劳动者本人并及时通知用人单位。

7. 职业健康监护

《中华人民共和国职业病防治法》（中华人民共和国主席令〔2011〕第 52 号，〔2016〕第 48 号修订、〔2017〕第 81 号修订、〔2018〕24 号修订）第三十五条规定，对从事接触职业病危害的作业的劳动者，用人单位应当按照国务院卫生行政部门的规定组织上岗前、在岗期间和离岗时的职业健康检查，并将检查结果书面告知劳动者。用人单位不得安排未经上岗前职业健康检查的劳动者从事接触职业病危害的作业；不得安排有职业禁忌的劳动者从事其所禁忌的作业；对在职业健康检查中发现有与所从事的职业相关的健康损害的劳动者，应当调离原工作岗位，并妥善安置；对未进行离岗前职业健康检查的劳动者不得解除或者终止与其订立的劳动合同。

第三十六条规定，用人单位应当为劳动者建立职业健康监护档案，并按照规定的期限妥善保存。劳动者离开用人单位时，有权索取本人职业健康监护档案复印件，用人单位应当如实、无偿提供，并在所提供的复印件上签章。

8. 职业卫生培训

《中华人民共和国职业病防治法》（中华人民共和国主席令〔2011〕第 52 号，〔2016〕

第 48 号修订、〔2017〕第 81 号修订、〔2018〕24 号修订）第三十五条规定，用人单位的主要负责人和职业卫生管理人员应当接受职业卫生培训，遵守职业病防治法律、法规，依法组织本单位的职业病防治工作。用人单位应当对劳动者进行上岗前的职业卫生培训和在岗期间的定期职业卫生培训，普及职业卫生知识，督促劳动者遵守职业病防治法律、法规、规章和操作规程，指导劳动者正确使用职业病防护设备和个人使用的职业病防护用品。

9. 职业危害事故的应急救援、报告与处理

《中华人民共和国职业病防治法》（中华人民共和国主席令〔2011〕第 52 号，〔2016〕第 48 号修订、〔2017〕第 81 号修订、〔2018〕24 号修订）第三十八条规定发生或者可能发生急性职业病危害事故时，用人单位应当立即采取应急救援和控制措施，并及时报告所在地卫生行政部门和有关部门。对遭受或者可能遭受急性职业病危害的劳动者，用人单位应当及时组织救治、进行健康检查和医学观察，所需费用由用人单位承担。

3.10　应急管理

应急管理是为了预防、控制及消除紧急事件，减少事故对人员伤害、财产损失和环境破坏的程度而进行的计划、组织、指挥、协调和控制的活动。应急管理是对紧急事件的全过程管理，贯穿于事故发生前、中、后的各个过程，充分体现了"预防为主，常备不懈"的应急思想。

3.10.1　应急管理的过程

1. 应急管理的四个阶段

应急管理是一个动态的过程，包括预防、准备、响应和恢复四个阶段。尽管在实际情况中，这些阶段往往是交叉的，但每一阶段都有自己明确的单独目标，并且成为下个阶段内容的一部分。预防、准备、响应和恢复的相互关联，构成了重大事故应急管理的循环过程。

事故应急管理的阶段如图 3-5 所示。

（1）应急预防

应急预防是从应急管理的角度，为预防事故发生或恶化而做的预防性工作，避免应急行动的盲目性。预防是应急管理的首要工作，把事故消除在萌芽状态是应急管理的最高境界。在应急管理中预防有两层含义：一是事故的预防工作，即通过安全管理和安全技术等手段，尽可能地防止事故的发生，实现本质安全化；二是在假定事故必然发

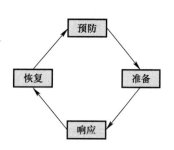

图 3-5　应急管理四个阶段

生的前提下，通过预先采取的预防措施，来达到降低或减缓事故的影响或后果严重程度。任何企业都应该在生产过程中对预防工作引起高度的重视，防患于未然。

水利水电工程施工企业应当根据工程建设的施工特点和范围，加强对施工现场易发生重大事故的部位、环节进行监控，配备救援器材、设备，并定期组织演练。

对可能导致重大质量与安全事故后果的险情，项目法人和施工等知情单位应当按项目管理权限立即报告流域机构或水行政主管部门和工程所在地人民政府，必要时可越级上报至水利部工程建设事故应急指挥部办公室；对可能造成重大洪水灾害的险情，项目法人和施工单位等知情单位应当立即报告所在地防汛指挥部，必要时可越级上报至国家防汛抗旱总指挥部办公室。

项目法人、各级水行政主管部门接到可能导致水利工程建设重大质量与安全事故的信息后，及时确定应对方案，通知有关部门、单位采取相应行动预防事故发生，并按照预案做好应急准备。

水利部工程建设事故应急指挥部办公室接到可能导致水利工程建设重大质量与安全事故信息后，密切关注事态进展，及时给予指导协调，并按照预案做好应急准备工作。

（2）应急准备

准备又称预备，是应急管理过程中的一个极其关键的过程，它是针对可能发生的事故，为迅速有效地开展应急行动而预先所做的各种准备。其目标是保障重大事故应急救援所需的应急能力，主要集中在发展应急操作计划及系统上。

（3）应急响应

针对发生的事故，有关组织或人员采取的应急行动。

应急响应是在出现事故险情、事故发生状态下，在对事故情况进行分析评估的基础上，有关组织或人员按照应急救援预案立即采取的应急救援行动。包括事故的报警与通报、人员的紧急疏散、急救与医疗、消防和工程抢险措施、信息收集与应急决策和外部求援等。

响应的目的是通过发挥预警、疏散、搜寻和营救以及提供避难所和医疗服务等紧急事务功能，尽可能地抢救受害人员，保护可能受到威胁的人群：尽可能控制并消除事故，最大限度地减少事故造成的影响和损失，维护经济社会稳定和人民生命财产安全。

事故应急救援系统的应急响应程序按过程可分为接警、响应级别确定、应急启动、救援行动、应急恢复和应急结束等几个阶段

1）接警与响应级别确定

接到事故报警后，按照工作程序，对警情做出判断，初步确定相应的响应级别。如果事故不足以启动应急救援体系的最低响应级别，响应关闭。

2）应急启动

应急响应级别确定后，按所确定的响应级别启动应急程序，如通知应急中心有关人员到位、开通信息与通信网络、通知调配救援所需的应急资源（包括应急队伍和物资，装备等）、成立现场指挥部等。

3）救援行动

有关应急队伍进入事故现场后，迅速开展事故侦测、警戒、疏散、人员救助、工程抢险等有关应急救援工作，专家组为救援决策提供建议和技术支持，当事态超出响应级别无法得到有效控制时，向应急中心请求实施更高级别的应急响应。

4）应急恢复

救援行动结束后，进入临时应急恢复阶段。该阶段主要包括现场清理、人员清点和撤离、营戒解除、善后处理和事故调查等。

5）应急结束

执行应急关闭程序，由事故总指挥宣布应急结束。

水利部规定水利工程建设响应程序如下：

水利工程建设质量与安全事故发生后，各级应急指挥部应当根据项目管理权限立即启动应急预案，迅速赶赴事故现场。

水利部直管水利工程建设项目发生安全事故后，水利部工程建设事故应急指挥部在接到事故报告后，应当立即启动应急预案，有关部门和单位按职责认真开展应急处置工作。

启动Ⅰ级应急响应行动时，由水利部工程建设事故应急指挥部指挥长（分管工程建设的副部长）或副指挥长（水利部办公厅主任）率水利部工作组指导事故应急处置和事故调查工作。

启动Ⅱ、Ⅲ级应急响应行动时，由水利部工程建设事故应急指挥部办公室主任（水利部建设与管理司司长）或副主任（水利部建设与管理司分管工程建设的副司长）率水利部工作组指导事故应急处置和事故调查工作。

启动Ⅳ级应急响应行动时，由水利部工程建设事故应急指挥部办公室有关处长率水利部工作组指导事故应急处置和事故调查工作。

地方水行政主管部门负责建设管理的水利工程建设项目（包括跨省、自治区、直辖市的水利工程建设项目）发生全事故后，水利部工程建设事故应急指挥部在接到事故报告后，应当立即启动应急预案，协助和指导地方有关部门和单位按职责认真开展应急处置的工作。

启动Ⅰ、Ⅱ级应急响应行动时，由水利部工程建设事故应急指挥部办公室主任或副主任率水利部工作组协调、指导事故应急处置和事故调查工作。

启动Ⅲ、Ⅳ级应急响应行动时，由水利部工程建设事故应急指挥部办公室有关处长率水利部工作组协调、指导事故应急处置和事故调查工作。

（4）应急恢复

应急恢复是指在事故得到有效控制之后，为使生产、生活、工作和生态环境尽快恢复到正常状态，针对事故造成的设备损坏、厂房破坏、生产中断等后果，采取的设备更新、厂房维修、重新生产等措施。

恢复工作应在事故发生后立即进行，它首先使事故影响地区恢复相对安全的基本状态，然后继续努力逐步恢复到正常状态。要求立即开展的恢复工作包括事故损失评估、事故原因调查、清理废墟等；长期恢复工作包括厂区重建和社区的再发展以及实施安全减灾计划。

水利工程建设安全事故应急处置结束后，根据事故发生区域、影响范围，有关应急处置指挥机构要督促、协调、检查事故善后处置工作。

项目法人及事故发生单位应依法认真做好各项善后工作，妥善解决伤亡人员的善后处理，以及受影响人员的生活安排，按规定做好有关损失的补偿工作。

项目法人应当组织有关部门对事故产生的损失逐项核查，编制损失情况报告上报主管部门并抄送有关单位。

项目法人、事故发生单位及其他有关单位应当积极配合事故的调查、分析、处理和评估等工作。

项目法人应当组织有关单位共同研究，采取有效措施，修复或处理发生事故的工程项目，尽快恢复工程的正常建设。

2. 应急管理四个阶段的工作内容

（1）应急预防阶段工作内容：

风险辨识、评价与控制；

安全规划；

安全研究；

安全法规、标准制定；

危险源监测监控；

事故灾害保险；

税收激励和强制性措施等。

（2）应急准备阶段工作内容

制定应急救援方针与原则；

应急救援工作机制；

编制应急救援预案；

应急救援物资、装备筹备；

应急救援培训、演习；

签订应急互助协议；

建立应急救援信息库等。

（3）应急响应阶段工作内容

启动相应的应急系统和组织；

报告有关政府机构；

实施现场指挥和救援；

控制事故扩大并消除；

人员疏散和避难；

环境保护和监测；

现场搜寻和营救等。

（4）应急恢复阶段工作内容

损失评估；

理赔；

清理废墟；

灾后重建；

应急预案复查；

事故调查。

3.10.2　应急救援体系

1. 基本概念

（1）应急救援

在应急响应过程中，为最大限度地降低事故造成的损失或危害，防止事故扩大，而采取的紧急措施或行动。

应急救援是为预防、控制和消除事故与灾害对人类生命和财产可能造成的损害所采取的反应行动。

应急救援的主要目标是要控制紧急事件的发生与发展，并尽可能地消除事故，将事故对人、财产和环境的破坏减至最低程度。应急救援要做到迅速、准确、有效。

（2）应急预案

应急预案又称应急计划，是针对可能发生的重大事故（件）或灾害为保证迅速、有序、高效地开展应急与救援行动、降低事故损失而预先制定的有关计划或方案。

它是在辨识和评估潜在的重大危险、事故类型、发生的可能性及发生过程、事故后果及影响程度的基础上，对应急机构职责、人员、技术、装备、设施（备）、物资、救援行动及其指挥与协调等方面预先做出的具体安排。应急预案实际上是一个透明和标准化的反应程序，使应急救援活动能按照预先周密的计划和最有效的实施步骤有条不紊地进行。这些计划和步骤是快速响应和有效救援的基本保证。应急预案应该有系统完整的设计、标准化的文本文件、行之有效的操作程序和持续改进的运行机制。

2. 应急救援的基本原则

（1）集中领导、统一指挥的原则。事故的抢险救灾工作必须在应急救援领导指挥中心的统一领导、指挥下展开。应急预案应当贯彻统一指挥的原则。各类事故具有随机性、突发性和扩展迅速、危害严重的特点，因此应急救援工作必须坚持集中领导、统一指挥的原则。在紧急情况下，多头领导会导致一线救援人员无所适从、贻误战机的不利局面。

（2）充分准备、快速反应、高效救援的原则。针对可能发生的事故，应做好充分的准备；一旦发生事故，要快速做出反应，尽可能减少应急救援组织的层次，以利于事故和救援信息的快速传递，减少信息的失真，提高救援的效率。

（3）生命至上的原则。应急救援的首要任务是不惜一切代价，维护人员的生命安全。事故发生后，应当首先保护老弱病残人群、游客顾客以及所有无关人员安全撤离现场，将他们转移到安全地点，并全力抢救受伤人员，以最大的努力减少人员伤亡，确保应急救援人员的安全。

（4）单位自救和社会救援相结合的原则。在确保单位人员安全的前提下，事发单位和相关单位应首先立足自救，与社会教育相结合。单位熟悉自身各方面情况，又身处事故现场，有利于初期事故的救援，将事故消灭在初始状态。单位救援人员即使不能完全控制事态，也可为外部救援赢得时间。事故发生初期，事故单位必须按照本单位的应急预案积极组织抢险救援，迅速组织遇险人员疏散撤离，防止事故扩大。这是单位的法定义务。

（5）分级负责、协同作战的原则。各级地方政府、有关单位应按照各自的职责分工实行分级负责、各尽其能、各司其职，做到协调有序、资源共享、快速反应，建立企业与地方政府、各相关方的应急联动机制，实现应急资源共享，共同积极做好应急救援工作。

（6）科学分析、规范运行、措施果断的原则。科学、准确地分析、预测、评估事故事态发展趋势、后果，科学分析是做好应急救援的前提。依法规范，加强管理，规范运行可以保证应急预案的有效实施。在事故现场，果断决策采取适当、有效地应对措施是保证应急救援成效的关键。

（7）安全抢险的原则。在事故抢险过程中，采取有效措施，确保抢险救护人员的安全，严防抢险过程中发生二次事故；积极采用先进的应急技术及设施，避免次生、衍生事故发生。

3. 应急救援的基本任务

应急救援工作应在预防为主的前提下，贯彻统一指挥、分级负责、区域为主、单位自救和社会救援相结合的原则。其中预防工作是应急救援工作的基础，除了平时做好事故的预防工作，避免或减少事故的发生外，落实好救援工作的各项准备措施，做到预防有准备，一旦发生事故就能及时实施救援。

应急救援的基本任务包括下述几个方面：

（1）立即组织营救受害人员，组织撤离或者采取其他措施保护危害区城内的其他人员。抢救受害人员是事故应急救援的首要任务。在应急救援行动中，快速、有序、有效地实施现场急救与安全转送伤员是降低伤亡率，减少事故损失的关键。由于重大事故发生突然、扩散迅速、涉及范围广、危害大，应及时指导和组织群众采取各种措施进行自我防护，必要时迅速撤离危险区或可能受到危害的区域。在撤离过程中，应积极组织群众开展自救和互救工作。

（2）迅速控制危险源（危险状况），并对事故造成的危害进行检测、监测，测定事故的危害区域和危害性质及危害程度。及时控制造成事故的危险源（危险状况）是应急救援工作的重要任务。只有及时控制住危险源（危险状况），防止事故的继续扩展，才能及时、有效地进行救援。特别是对发生在城市或人口稠密地区的化学品事故，应尽快组织工程抢险队与事故单位技术人员一起及时控制事故继续扩大蔓延。

（3）做好现场清洁和现场恢复，消除危害后果。针对事故对人体、动植物、土壤、水源、空气造成的现实危害和可能的危害，迅速采取封闭、隔离、洗消等技术措施。对事故外溢的有毒有害物质和可能对人与环境继续造成危害的物质，应及时组织人员予以清除，消除危害后果，防止对人的继续危害和对环境的污染，应及时组织人员清理废墟和恢复基本设施，将事故现场恢复至相对稳定的状态。对危险化学品事故造成的危害进行监测、处置，直至符合国家环境保护标准。

（4）查清事故原因，评估危害程度。

4. 应急救援体系构成框架

构建应急救援体系，应贯彻顶层设计和系统论的思想，以事件为中心，以功能为基础，分析和明确应急救援工作的各项需求，在应急能力评估和应急资源统筹安排的基础上，科学地建立规范化、标准化的应急救援体系，保障各级应急救援体系的统一和协调。

水利工程建设应急救援体系主要有组织体系、运作机制、预案体系、保障体系、法规制度等部分组成。

组织体系是水利工程建设应急救援体系的基础，主要包括水利部、地方各级人民政府、流域管理机构、各级水行政主管部门、工程参建单位。

运作机制是水利工程建设应急救援体系的重要保障，目标是加强事故应急救援体系内部的应急管理，明确和规范响应程序，保证应急救援体系运转高效、应急反应灵敏，取得良好的抢救效果。

预案体系是水利工程建设应急救援和事故应急演练的程序保障，是企业事故应急管理的综合性文件，包括综合预案、专项预案、现场预案。

保障体系是水利工程建设应急救援体系的有机组成部分，是体系运转的物质条件和手段，主要包括应急队伍保障、通讯与信息保障、应急物资装备保障、资金保障等。

法规制度是水利工程建设应急救援体系的法制保障，也是开展事故应急活动的依据。

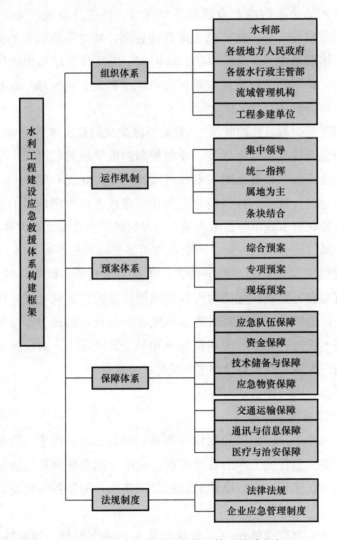

图 3-6　水利工程建设应急救援体系构建框架

（1）应急组织体系

组织体系是水利工程建设应急救援体系的基础之一。通过建立分级的应急救援管理与指挥机构，制定各级应急救援负责人，形成完整的水利工程建设应急救援组织体系。水利工程建设重大安全事故应急组织指挥体系由水利部及流域机构、各级水行政主管部门的水利工程建设重大安全事故应急指挥部、地方各级人民政府、水利工程建设项目法人以及施工等工程参建单位的安全事故应急指挥部组成。

地方各级人民政府是水利工程建设安全事故应急处置的主体，承担处置事故的首要责任。水利部予以协调和指导，水利部所属流域机构、各级水行政主管部门各司其职，积极协调配合，动员力量，有组织地参与事故处置活动。

（2）应急运作机制

水利工程建设事故应急运行机制始终贯穿于事故应急准备、初级反应、扩大应急和应急恢复这四个阶段的应急活动中，应急机制与这四个阶段的应急活动密切相关，涉及事故应急救援的运行机制众多，但最关键、最主要的是集中领导、统一指挥、属地为主、条块结合等机制。

事故现场应当设立由当地政府组建、各应急指挥机构参加的事故现场应急处置指挥机构，实行集中领导、统一指挥。水利工程建设项目法人和施工等工程参建单位在事故现场应急处置指挥机构的统一指挥下，进行事故处置活动。

（3）应急预案体系

水利工程建设应急救援预案体系为三级结构体系，包括：综合预案、专项预案及现场预案。专项预案可根据水利工程建设现场实际情况增加，现场预案应跟专项预案相对应。

水利工程建设应根据现场情况，详细分析现场具体风险（如某处易发生滑坡事故），编制现场应急预案，主要由施工单位编制，监理单位审核，业主备案；分析工程现场的风险类型（如高处坠落），编写专项应急预案，由监理与业主起草，相关领导审核，向各施工单位发布；综合分析现场风险，应急行动、措施和保障等基本要求和程序，编写综合应急预案，由业主单位编写，业主领导审批，向监理单位、业主单位发布。

（4）应急保障体系

应急保障是水利工程建设事故应急救援体系重要的组成部分，是应急救援行动全面展开和顺利进行的强有力的保证。事故应急救援工作能否快速有效地开展依赖于应急保障是否到位。事故应急保障一般包括通讯与信息保障、应急队伍保障、应急物资装备保障、资金保障等。

1）通讯与信息保障

水利工程建设应急通信信息平台是应急体系最重要的基础建设之一。重大生产安全事故发生时，所有预警、报警、警报、报告、求援和指挥等行动的通讯信息交流都要通过应急通信信息平台实现。快速、顺畅、准确的通信信息平台是保证事故应急工作高效、顺利进行的基础。

一般具有的通信工具有：电话（包括手机、可视电话、座机等等）、无线电、电台、传真机、移动通讯、甚至可能通过卫星进行通讯等。

各级应急指挥机构部门及人员通讯方式应当报上一级应急指挥部备案，其中省级水行政主管部门以及国家重点建设项目的项目法人应急指挥部的通讯方式报水利部和流域机构备案。

水利部工程建设事故应急指挥部有关组成单位和人员名单由水利部工程建设事故应急指挥部办公室汇总编印分送各有关单位，需要上报的，报有关部门备案。通信方式发生变化的，应当及时通知水利部工程建设事故应急指挥部办公以便及时更新。

正常情况下，各级应急指挥机构和主要人员应当保持通信设备 24 小时正常畅通，重大质量与安全事故发生后，正常通信设备不能工作时，应立即启动通信应急预案，迅速调集力量抢修损坏的通信设施，启用备用应急通信设备，保证事故应急处置的信息畅通，为事故应急处置和现场指挥提供通信保障。

通讯与信息联络的保密工作、保密范围及相应通信设备应当符合应急指挥要求及国家有关规定。

2）应急队伍保障

各级应急指挥部制应当组织好三支应急救援基本队伍：

① 工程设施抢险队伍，由工程施工等参建单位的人员组成，负责事故现场的工程设施抢险和安全保障工作。

② 专家咨询队伍，由从事科研、勘察、设计、施工、监理、质量监督、安全监督、质量检测等工作的技术人员组成，负责事故现场的工程设施安全性能评价与鉴定，研究应急方案、提出相应应急对策和意见；并负责从工程技术角度对已发事故还可能引起或产生的危险因素进行及时分析预测。

③ 应急管理队伍，由各级水行政主管部门的有关人员组成，负责接收同级人民政府和上级水行政主管部门的应急指令、组织各有关单位对水利工程建设重大质量与安全事故进行应急处置，并与有关部门进行协调和信息交换。

3）应急物资装备保障

① 根据可能突发的重大质量与安全事故性质、特征、后果及其应急预案要求，项目法人应当组织工程有关施工单位配备适量应急机械、设备、器材等物资装备，以保障应急救援调用。

② 重大质量与安全事故发生时，应当首先充分利用工程现场既有的应急机械、设备、器材。同时在地方应急指挥部的调度下，动用工程所在地公安、消防、卫生等专业应急队伍和其他社会资源。

4）资金保障

地方各级应急指挥部应当确保应急处置过程中的资金供给。

5）技术储备与保障

各级应急指挥部应当整合水利工程建设各级应急救援专家并建立专家库，常设专家技术组，根据工程重大质量与安全事故的具体情况，及时派遣或调整现场应急救援专家成员。

各级应急指挥部将组织有关单位对水利工程质量与安全事故的预防、预测、预警、预报和应急处置技术研究，提高应急监测、预防、处置及信息处理的技术水平，增强技术储备。

水利工程重大质量与安全事故预防、预测、预警、预报和处置技术研究和咨询依托有关专业机构。

6）其他保障

建立水利工程建设应根据本事故应急工作的需要确定其他与事故应急救援相关的保障措施，如交通运输保障、治安保障、医疗保障和后勤保障等。

（5）应急法律法规体系

我国高度重视应急管理的立法工作。目前，应急管理的法律和行政法规主要有：《中华人民共和国突发公共事件应对法》《中华人民共和国安全生产法》《中华人民共和国消防法》《危险化学品安全管理条例》《国家突发公共事件总体应急预案》等。

水利工程建设应全面搜集水利工程建设应急管理相关法律法规，并把相关条款对员工和现场人员培训，指导水利工程建设应急体系建设，如《中华人民共和国防洪法》《水库大坝安全管理条例》《中华人民共和国防汛条例》《工程建设安全生产管理条例》《工程建设质量管理条例》《水利工程质量管理规定》《水利工程质量事故处理暂行规定》和《水利工程建设安全生产管理规定》等法律、法规和有关规定。同时，水利工程建设项目根据单位与现场需要，制定本单位的应急救援管理制度，明确职责、任务与相关惩罚，保障公司应急救援体系的有效运行。

3.10.3　应急预案管理

1. 应急预案的类别

根据《生产经营单位生产安全事故应急预案编制导则》GB/T 29639—2013 规定，应急预案分为综合应急预案、专项应急预案和现场处置方案。

综合应急预案，是指水利水电工程施工企业为应对各种生产安全事故而制定的综合性工作方案，是本企业应对生产安全事故的总体工作程序、措施和应急预案体系的总纲。

专项应急预案，是指水利水电工程施工企业为应对某一种或者多种类型生产安全事故，或者针对重要生产设施、重大危险源、重大活动防止生产安全事故而制定的专项性工作方案。

现场处置方案是针对具体的装置、场所或设施、岗位所制定的应急处置措施。现场处置方案应具体、简单、针对性强。现场处置方案应根据风险评估及危险性控制措施逐一编制，做到事故相关人员应知应会，熟练掌握，并通过应急演练，做到迅速反应、正确处置。

2. 应急预案的编制程序

1）概述

应急预案编制程序包括成立应急预案编制工作组、资料收集、风险评估、应急能力评估、编制应急预案和应急预案评审 6 个步骤。

2）成立应急预案编制工作组

水利水电工程施工企业以前有应结合本企业部门职能和分工，成立以主要负责人（或分管负责人）为组长，相关部门人员参加的应急预案编制工作组，明确工作职责和任务分工，制定工作计划，组织开展应急预案编制工作。

3）资料收集

应急预案维制工作组应收集与预案编制工作相关的法律法规、技术标准、应急预案、国内外同行业企业事故资料，同时收集本单位安全生产相关技术资料、周边环境影响、应急资源等有关资料。

4）风险评估

主要内容包括：

① 分析生产经营单位存在的危险因素，确定事故危险源；

② 分析可能发生的事故类型及后果，并指出可能产生的次生、衍生事故；

③ 评估事故的危害程度和影响范围，提出风险防控措施。

5）应急能力评估

在全面调查和客观分析生产经营单位应急队伍、装备、物资等应急资源状况基础上开展应急能力评估，并依据评估结果，完善应急保障措施。

6）编制应急预案

依据水利水电工程施工企业风险评估及应急能力评估结果，组织编制应急预案。应急预案编制应注重系统性和可操作性，做到与相关部门和单位应急预案相衔接。

7）应急预案评审

根据《生产经营单位生产安全事故应急预案编制导则》GB/T 29639—2013 规定，应急预案编制完成后，企业应组织评审。评审分为内部评审和外部评审，内部评审由企业主要负责人组织有关部门和人员进行。外部评审由企业组织外部有关专家和人员进行评审。应急预案评审合格后，由企业主要负责人（或分管负责人）签发实施，并进行备案管理。

3. 应急预案的编制要求

1）符合有关法律、法规、规章和标准的规定；

2）结合本地区、本企业、本部门的安全生产实际情况；

3）结合本地区、本企业、本部门的危险性分析情况；

4）应急组织和人员的职责分工明确，并有具体的落实措施；

5）有明确、具体的应急程序和处置措施，并与其应急能力相适应；

6）有明确的应急保障措施，并能满足本地区、本企业、本部门的应急工作要求；

7）预案基本要素齐全、完整，预案附件提供的信息准确；

8）预案内容与相关应急预案相互衔接。

4. 应急预案的管理要求

应急预案的管理要求包括应急预案备案、培训、演练、修订与更新等

1）应急预案备案

《生产安全事故应急预案管理办法》（国家安监总局令第 88 号）规定：

第二十五条　地方各级安全生产监督管理部门的应急预案，应当报同级人民政府备案，并抄送上一级安全生产监督管理部门。

其他负有安全生产监督管理职责的部门的应急预案，应当抄送同级安全生产监督管理部门。

第二十六条　生产经营单位应当在应急预案公布之日起 20 个工作日内，按照分级属地原则，向安全生产监督管理部门和有关部门进行告知性备案。

中央企业总部（上市公司）的应急预案，报国务院主管的负有安全生产监督管理职责的部门备案，并抄送国家安全生产监督管理总局；其所属单位的应急预案报所在地的省、自治区、直辖市或者设区的市级人民政府主管的负有安全生产监督管理职责的部门备案，并抄送同级安全生产监督管理部门。

第二十七条　生产经营单位申报应急预案备案，应当提交下列材料：

（一）应急预案备案申报表；

（二）应急预案评审或者论证意见；

（三）应急预案文本及电子文档；

（四）风险评估结果和应急资源调查清单。

第二十八条　受理备案登记的负有安全生产监督管理职责的部门应当在 5 个工作日内对应急预案材料进行核对，材料齐全的，应当予以备案并出具应急预案备案登记表；材料不齐全的，不予备案并一次性告知需要补齐的材料。逾期不予备案又不说明理由的，视为已经备案。

对于实行安全生产许可的生产经营单位，已经进行应急预案备案的，在申请安全生产许可证时，可以不提供相应的应急预案，仅提供应急预案备案登记表。

第二十九条　各级安全生产监督管理部门应当建立应急预案备案登记建档制度，指导、督促生产经营单位做好应急预案的备案登记工作。

2）应急预案培训

《生产安全事故应急预案管理办法》（国家安监总局令第 88 号）规定：

第三十条　各级安全生产监督管理部门、各类生产经营单位应当采取多种形式开展应急预案的宣传教育，普及生产安全事故避险、自救和互救知识，提高从业人员和社会公众的安全意识与应急处置技能。

第三十一条　各级安全生产监督管理部门应当将本部门应急预案的培训纳入安全生产培训工作计划，并组织实施本行政区域内重点生产经营单位的应急预案培训工作。

生产经营单位应当组织开展本单位的应急预案、应急知识、自救互救和避险逃生技能的培训活动，使有关人员了解应急预案内容，熟悉应急职责、应急处置程序和措施。

应急培训的时间、地点、内容、师资、参加人员和考核结果等情况应当如实记入本单位的安全生产教育和培训档案。

3）应急预案演练

《生产安全事故应急预案管理办法》（国家安监总局令第 88 号）规定：

第三十二条　各级安全生产监督管理部门应当定期组织应急预案演练，提高本部门、本地区生产安全事故应急处置能力。

第三十三条　生产经营单位应当制定本单位的应急预案演练计划，根据本单位的事故风险特点，每年至少组织一次综合应急预案演练或者专项应急预案演练，每半年至少组织一次现场处置方案演练。

第三十四条　应急预案演练结束后，应急预案演练组织单位应当对应急预案演练效果进行评估，撰写应急预案演练评估报告，分析存在的问题，并对应急预案提出修订意见。

4）应急预案修订与更新

《生产安全事故应急预案管理办法》（国家安监总局令第 88 号）规定：

第三十五条　应急预案编制单位应当建立应急预案定期评估制度，对预案内容的针对性和实用性进行分析，并对应急预案是否需要修订做出结论。

矿山、金属冶炼、建筑施工企业和易燃易爆物品、危险化学品等危险物品的生产、经营、储存企业、使用危险化学品达到国家规定数量的化工企业、烟花爆竹生产、批发经营企业和中型规模以上的其他生产经营单位，应当每三年进行一次应急预案评估。

应急预案评估可以邀请相关专业机构或者有关专家、有实际应急救援工作经验的人员参加，必要时可以委托安全生产技术服务机构实施。

第三十六条　有下列情形之一的，应急预案应当及时修订并归档：

（一）依据的法律、法规、规章、标准及上位预案中的有关规定发生重大变化的；

（二）应急指挥机构及其职责发生调整的；

（三）面临的事故风险发生重大变化的；

（四）重要应急资源发生重大变化的；

（五）预案中的其他重要信息发生变化的；

（六）在应急演练和事故应急救援中发现问题需要修订的；

（七）编制单位认为应当修订的其他情况。

第三十七条　应急预案修订涉及组织指挥体系与职责、应急处置程序、主要处置措施、应急响应分级等内容变更的，修订工作应当参照本办法规定的应急预案编制程序进行，并按照有关应急预案报备程序重新备案。

3.10.4　应急预案培训与演练

1. 应急预案培训

（1）应急预案培训的程序

1）制定应急培训与教育计划

培训计划在整个培训体系中都占有比较重要的地位。一个科学的培训计划应该包含的内容主要有"我们组织培训的目的是什么？培训的对象是谁？培训负责人和培训教师是谁？培训的内容如何确定？培训的时间和期限？培训的场地？培训的方法？如何评价培训的效果？"等八个要素。

① 培训的目的。在进行培训前，一定要明确培训的真正目的，即培训最终要达到的效果，并将培训目的与企业的应急救援要求紧密地结合起来。这样，可以使培训效果更好，针对性更强，使整个培训过程有的放矢。因此，培训计划中要将培训的目的用简洁、明了的语言描述出来，成为培训的纲领。

② 培训的负责人和培训教师。要明确具体的培训负责人，使之全身心地投入到培训的策划和运作中去，避免出现培训组织的失误。另外，在遴选培训讲师时，如公司内部有适当人选，则要优先聘请，如内部无适当人选，再考虑聘请外部讲师。受聘的讲师必须具有广泛的知识、丰富的经验及专业的技术，才能收到受训者的信赖与尊敬；同时，还要有卓越的训练技巧和对教育的执著、耐心与热心。

③ 培训的对象。培训对象，可依照阶层或职能加以区分。阶层大致可分为具体操作组实施人员、应急小组负责人、应急指挥部人员；按职能区分培训又可以分为医疗救护组的急救知识培训、应急救援组的应急措施培训、保卫警戒组的疏救和人质清点培训等。策划培训计划时，首先应该决定培训人员的对象，然后再就培训内容、时间期限、培训场地以及授课讲师。

④ 培训内容。培训内容的拟定，依据先前进行的培训需求的分析理查，再了解应急救援人员的培训需要，即他们不足部分的知识或技能，这些便是我们的培训内容。

⑤ 培训的时间和期限。培训的时间和期限，一般而言，可以根据培训的目的、培训的场地、讲师、受训者的能力及上班时间等因素而决定。一般培训可以以应急救援人员所具有的能力、经验为标准来决定培训期限的长短。选定的培训时间应不影响正

常工作。

⑥ 培训的场地。培训场地的选用可以因培训内容和方式的不同而有区别。大部分情况是在施工现场进行培训，对一些有特殊要求的培训，可在外部机构进行培训。

⑦ 培训的方法。从培训技巧的种类来说，可以划分为讲课型、研讨型、演练型和综合型，而每一类培训技巧中所包含的内容又各有不同。讲课型培训主要是对某一或某几个问题向受训的对象进行讲解，这种培训方法主要用于应急救援培训的早期入门培训；研讨型培训主要是就某一或某几个问题由培训对象进行讨论，通过集体智慧找出解决问题的方法，这种培训方法主要应用于各级应急救援负责人之间的协调问题的培训；演练型培训是针对预案的某一部分或整体进行演练，以便发现问题，解决问题。针对培训不同的对象、内容，所采取的培训方法也有区别。在各种训练方法中，选择哪些方法来实施训练，是培训计划的主要内容之一，也是培训成败的关键因素之一。

⑧ 培训效果的评价。对应急救援人员培训结束后的培训效果的评价，可通过两种方式进行，一是通过各种考核方式和手段，评价受训者的学习效果和学习成绩，主要评价学识有无增进或增进多少，技能有无获得或获得多少。二是在培训结束后，通过考核受训者在演练中或实践中的表现来评价培训的效果。如可对受训者前后的工作能力有没有提高或提高多少，效率有没有提升或提升多少等进行评价。

2）应急培训与教育实施

培训与教育者应按照制定的培训与教育计划，认真组织，精心安排，合理安排时间，充分利用不同方式开展安全生产应急培训与教育工作使参与培训与教育的人员能够在良好的培训氛围中学习、掌握有关应急知识。

3）应急培训与教育效果评价和改进

应急培训与教育完成后，应尽可能进行考核。考核方式可以是考试、口头提问、实际操作等，以便对培训与教育效果进行评价，确保达到预期的培训与教育目的。通过与培训与教育人员交流、考核情况等，如果发现培训与教育中存在一些问题，如培训与教育内容不合适、课时安排不恰当、培训与教育方式需改进等，培训者要认真进行总结，采取措施避免这些问题在以后的培训与教育工作中再次发生，以提高培训与教育工作质量，真正达到应急培训与教育目的。

（2）应急预案培训的要求

对水利工程应急培训的要求如下：

① 要照分级管理的原则，由各级应急指挥机构统一组织培训，上级水行政主管部门负责对下级应急指挥机构有关工作人员进行培训。

② 水利部负责对流域机构、省级水行政主管部门以及国家重点建设项目的项目法人应急指挥机构有关工作人员进行培训。

③ 项目法人应组织工程建设各参建单位人员进行各类安全事故及应急预案教育，对应急救援人员进行上岗前培训和常规性培训。培训工作应结合实际，采取多种形式，定期与不定期相结合，原则上每年至少组织一次。

④ 培训对象包括有关领导和有关应急人员等，培训工作应做到合理规范，保证培训工作质量和实际效果。

（3）应急培训的基本内容

应急培训包括对参与应急行动所有相关人员进行的最低程度的应急培训与教育，要求应急人员了解和掌握如何识别危险、如何采取必要的应急措施、如何启动紧急情况警报系统、如何安全疏散人群等基本操作。

1）报警

① 使应急人员了解并掌握如何利用身边的工具最快最有效地报警，比如用手机电话、寻呼、无线电、网络，或其他方式报警。

② 使应急人员熟悉发布紧急情况通告的方法，如使用警笛、警钟、电话或广播等。

③ 当事故发生后，为及时疏散事故现场的所有人员，应急队员应掌握如何在现场贴发警报标志。

2）疏散

为避免事故中不必要的人员伤亡，应培训与教育足够的应急队员在紧急情况下，现场安全、有序地疏散被困人员或周围人员。对人员疏散的培训可在应急演练中进行，通过演练还可以测试应急人员的疏散能力。

3）火灾应急培训与教育

由于火灾的易发性和多发性，对火灾应急的培训与教育显得尤为重要，要求应急队员必须掌握必要的灭火技术以在着火初期迅速灭火，降低或减小导致灾难性事故的危险，掌握灭火装置的识别、使用、保养、维修等基本技术。由于灭火主要是消防队员的职责，因此，火灾应急培训与教育主要也是针对消防队员开展的。

2. 应急预案演练

（1）应急预案演练的目的

应急演练目的是通过评估应急预案的各部分或整体是否能有效地付诸实施，验证应急预案可能出现的各种紧急情况的适应性，找出应急准备工作中可能需要改善的地方，确保建立和保持可靠的信息渠道及应急人员的协同性，确保所有应急组织都熟悉并能够履行他们的职责，找出需要改善的潜在问题。应急演练有助于：

1）在事故发生前暴露预案和程序的缺点。

2）辨识出缺乏的资源（包括人力和设备）。

3）改善各种反应人员、部门和机构之间的协调水平。

4）在企业应急管理的能力方面获得大众认可和信心。

5）增强应急反应人员的熟练性和信心。

6）明确每个人各自岗位和职责。

7）努力增加企业应急预案与政府、社区应急预案之间的合作与协调。

8）提高整体应急反应能力。

（2）应急预案演练的要求

不同类型的应急演练虽有不同特点，但在策划演练内容、演练情景、演练频次、演练评价方法等方面的共同性要求包括：

1）应急演练必须遵守相关法律、法规、标准和应急预案规定。

2）领导重视、科学计划。开展应急演练工作必须得到有关领导的重视，给予财政等相应支持，必要时有关领导应参与演练过程并扮演与其职责相当的角色。应急演练必须事先确定演练目标，演练策划人员应对演练内容、情景等事项进行精心策划。

3）结合实际、突出重点。应急演练应结合当地可能发生的危险源特点、可能发生事故的类型、地点和气象条件及应急准备工作的实际情况进行。演练应重点解决应急过程中组织指挥和协同配合问题，解决应急准备工作的不足，以提高应急行动的整体效果。

4）周密组织、统一指挥。演练策划人员必须制定并落实保证演练达到目标的具体措施，各项演练活动在同一指挥下实施，参加人员要严守演练现场规则，确保演练过程的安全。演练不得影响生产经营单位的安全正常运行，不得使各类人员承受不必要的风险。

5）由浅入深、分步实施。应急演练应遵守由上而下、先分后合、分步实施的原则、综合性的应急演练应以若干次分练为基础。

6）讲究实效、注重质量的要求。应急演练指导机构应精干，工作程序要简明，各类演练文件要实用，避免一切形式主义的安排，以取得实效为检验实习质的唯一标准。

7）应急演练原则上应避免惊动公众，如必须卷入有限量的公众，则应在公众教育得到普及、条件比较成熟时相机进行。

（3）应急预案演练的类型

应急演练的类型和方式有很多。

1）按演练规模划分，可分为局部性演练、区域性演练和全国性演练

局部性演练针对特定地区，可根据区域特点，选择特定的突发事件，如某种具有区域特性的自然灾害，演练一般不涉及多级协调。

区域性演练针对某一行政区域，演练设定的突发事件可以较为复杂，如某一灾害或事故形成的灾难链，往往涉及多级、多部门的协调。

全国性的演练一般针对较大范围突发事件，如影响了多个区域的大规模传染病，涉及地方与中央及各职能部门的协调。

2）按演练内容与尺度划分，应急演练可分为单项演练和综合演练

单项演练，又称专项演练，是指根据情景事件要素，按照应急预案检验某项或数项应对措施或应急行动的部分应急功能的演练活动。单项演练可以类似部队的科目操练，如模拟某一灾害现场的某项救援设备的操作或针对特定建筑物废墟的人员搜救等，也可以是某一单一事故的处置过程的演练。

综合演练，是指根据情景事件要素，按照应急预案检验包括预警、应急响应、指挥与协调、现场处置与救援、保障与恢复等应急行动和应对措施的全部应急功能的演练活动。综合演练相对复杂，须模拟救援力量的派出，多部门、多种应急力量参与，一般包括应急反应的全过程，涉及大量的信息注入，包括对实际场景的模拟、单项实战演练、对模拟事件的评估等。

3）按演练形式划分，应急演练可分为模拟场景演练、实战演练和模拟与实战相结合的演练

模拟场景演练，又称为桌面演练，是指设置情景事件要素，在室内会议桌面（图纸、沙盘、计算机系统）上，按照应急预案模拟实施预警、应急响应、指挥与协调、现场处置与救援等应急行动和应对措施的演练活动。模拟场景演练以桌面练习和讨论的形式对应急过程进行模拟和演练。

实战演练，又称现场演练，是指选择（或模拟）生产建设某个工艺流程或场所，现场设置情景事件要素，并按照应急预案组织实施预警、应急响应、指挥与协调、现场处置与救援等应急行动和应对措施的演练活动。实战演练可包括单项或综合性的演练，涉及实际的应急、救援处置等。

模拟与实战结合的演练形式是对前面两种形式的综合。

4）按照演练的目的，可分为检验性演练、研究性演练

检验性演练，是指不预先告知情景事件，由应急演练的组织者随机控制，参演人员根据演练设置的突发事件信息，按照应急预案组织实施预警、应急响应、指挥与协调、现场处置与救援等应急行动和应对措施的演练活动。

研究性演练，是指为验证突发事件发生的可能性、波及范围、风险水平以及检验应急预案的可操作性、实用性等而进行的预警、应急响应、指挥与协调、现场处置与救援等应急行动和应对措施的演练活动。

应急演练的形式多样，可以根据需要灵活选择，但要根据演练的目的、目标，选择最恰当的演练方式，并且牢牢抓住演练的关键环节，达到演练效果，重在对公众风险意识的培养、对紧急情况下逃生方法的掌握以及自救能力的提高。如高层住宅来不及撤出的居民的救援、危险区域内居民有秩序地疏散至安全区或安置区、受污染人员前往消洗去污点进行消毒清洗处理等。应急演练的组织者或策划者在确定采取哪种类型的演练方法时，应考虑以下因素。

① 应急预案和响应程序制定工作的进展情况。

② 本辖区面临风险的性质和大小。

③ 本辖区现有应急响应能力。

④ 应急演练成本及资金筹措状况。

⑤ 有关政府部门对应急演练工作的态度。

⑥ 应急组织投入的资源状况。

⑦ 国家及地方政府部门颁布的有关应急演练的规定。

无论选择何种演练方法，应急演练方案必须与辖区重大事故应急管理的需求和资源条件相适应。

（4）应急预案的过程补充

应急演练是由多个组织共同参与的一系列行为和活动，应急演练过程可划分为演练准备、演练实施和演练总结三个阶段。

3.11 事故管理

事故管理是对事故的报告、调查、处理、统计分析、研究和档案管理等一系列工作的总称。事故管理是安全管理的一项重要工作，搞好事故管理，对掌握事故信息、认识潜在的危险隐患、提高安全管理水平、采取有效的防范措施、防止事故发生具有重要作用。

3.11.1 事故分类与常见事故类型

1. 事故分类

（1）按伤害程度分类

依据《企业职工伤亡事故分类标准》GB 6441—1986 的规定，根据事故给受伤害者带来的伤害程度及其劳动能力丧失的程度可将事故分为轻伤、重伤和死亡三种类型。

1）轻伤事故：指损失工作日低于 105 日的失能伤害的事故。

2）重伤事故：指造成职工肢体残缺或视觉、听觉等器官受到严重损伤，一般能导致人体功能障碍长期存在的，或损失工作日等于和超过 105 日（小于 6000 日），劳动力有重大损失的失能伤害事故。

3）死亡事故：指事故发生后当即死亡（含急性中毒死亡）或负伤后在 30 天内死亡的事故。死亡的损失工作日为 6000 日。

（2）按事故类别分类

依据《企业职工伤亡事故分类标准》GB 6441—1986，按事故类别即按致害原因进行的分类如下：

1）物体打击：指失控物体的惯性力造成的人身伤害事故。

2）车辆伤害：指本企业机动车辆引起的机械伤害事故。

3）机械伤害：指机械设备或工具引起的绞、碾、碰、割、戳、切等伤害，但不包括车辆、起重设备引起的伤害。

4）起重伤害：指从事各种起重作业时发生的机械伤害事故，但不包括上下驾驶室时发生的坠落伤害和起重设备引起的触电以及检修时制动失灵引起的伤害。

5）触电：由于电流流经人体导致的生理伤害。

6）淹溺：由于水大量经口、鼻进入肺内，导致呼吸道阻塞，发生急性缺氧而窒息死亡的事故。它适用于船舶、排筏、设施在航行、停泊、作业时发生的落水事故。

7）灼烫：指强酸、强碱溅到身体上引起的灼伤，或因火焰引起的烧伤，高温物体引起的烫伤，放射线引起的皮肤损伤等事故；不包括电烧伤及火灾事故引起的烧伤。

8）火灾：指造成人身伤亡的企业火灾事故。不适用于非企业原因造成的、属消防部门统计的火灾事故。

9）高处坠落：指由于危险重力势能差引起的伤害事故。适用于脚手架、平台、陡壁施工等场合发生的坠落事故，也适用于由地面踏空失足坠入洞、沟、升降口、漏斗等引起的伤害事故。

10）坍塌：指建筑物、构筑物、堆置物等倒塌以及土石塌方引起的事故。不适用于矿山冒顶片帮事故及因爆炸、爆破引起的坍塌事故。

11）冒顶片帮：指矿井工作面、巷道侧壁由于支护不当、压力过大造成的坍塌（片帮）以及顶板垮落（冒顶）事故。适用于从事矿山、地下开采、掘进及其他坑道作业时发生的坍塌事故。

12）透水：指从事矿山、地下开采或其他坑道作业时，意外水源带来的伤亡事故。不适用于地面水害事故。

13）放炮：指由于放炮作业引起的伤亡事故。

14）瓦斯爆炸：指可燃性气体瓦斯、煤尘与空气混合形成的达到燃烧极限的混合物接触火源时引起的化学性爆炸事故。

15）火药爆炸：指火药与炸药在生产、运输、贮藏过程中发生的爆炸事故。

16）锅炉爆炸：指锅炉发生的物理性爆炸事故。适用于使用工作压力大于 70 千帕、以水为介质的蒸汽锅炉，但不适用于铁路机车、船舶上的锅炉以及列车电站和船舶电站的锅炉。

17）受压容器爆炸：指压力容器破裂引起的气体爆炸（物理性爆炸）以及容器内盛装的可燃性液化气在容器破裂后立即蒸发，与周围的空气混合形成爆炸性气体混合物遇到火源时产生的化学爆炸。

18）其他爆炸：可燃性气体煤气、乙炔等与空气混合形成的爆炸；可燃蒸气与空气混合形成的爆炸性气体混合物引起的爆炸；可燃性粉尘以及可燃性纤维与空气混合形成的爆炸性气体混合物引起的爆炸；间接形成的可燃气体与空气相混合，或者可燃蒸气与空气相混合遇火源而爆炸的事故；炉膛爆炸、钢水包、亚麻粉尘的爆炸等亦属"其他爆炸"。

19）中毒和窒息：指人接触有毒物质或呼吸有毒气体引起的人体急性中毒事故，或在通风不良的作业场所，由于缺氧有时会发生突然晕倒甚至窒息死亡的事故。

20）其他伤害：指上述范围之外的伤害事故，如扭伤、跌伤、冻伤、野兽咬伤等等。

（3）按事故责任分类

按事故责任可分为责任事故、非责任事故和蓄意破坏事故。

1）责任事故

责任事故是指因人的过失，违规、违章所造成的事故。施工生产经营过程发生的各类事故大多数属于责任事故，责任事故的特点：可以预见和避免。如：临边作业不挂安全带。导致高处坠落死亡事故；违反操作规程导致设备损坏或人员伤亡等。

2）非责任事故

非责任事故是指由于科学技术、管理条件不能预见的事故。其特点为不可预见或不可避免。常见的有三类：①地震、滑坡、泥石流、台风、暴雨、冰雪、低温、洪水等地质、气象自然灾害；②新产品、新工艺、新技术使用时无法预见的事故；③规程、规范、标准执行实素以外未规定的意外因素造成的事故。

3）蓄意破坏事故

蓄意破坏事故是指事故责任人为达到某种目的故意造成的事故。该类事故的事故费任人的行为是违反法律的、故意策划的，属于刑事案件，不属于事故范围。该类事故由公安部门进行调查处理。

2. 水利工程建设常见的事故类型

结合水利工程建设的实际，按照安全生产事故发生的过程、性质和机理，水利工程建设生产安全事故包括：

（1）施工中土石方塌方和结构坍塌安全事故；

（2）特种设备或施工机械安全事故；

（3）施工围堰坍塌安全事故；

（4）施工爆破安全事故；

（5）施工场地内道路交通事故；

（6）其他原因造成的水利工程建设安全事故。

3.11.2 事故等级

根据造成的人员伤亡或者直接经济损失，房屋市政工程生产安全事故分为以下 4 个等级：

(1) 特别重大事故，是指造成 30 人以上死亡，或者 100 人以上重伤，或者 1 亿元以上直接经济损失的事故；

(2) 重大事故，是指造成 10 人以上 30 人以下死亡，或者 50 人以上 100 人以下重伤，或者 5000 万元以上 1 亿元以下直接经济损失的事故；

(3) 较大事故，是指造成 3 人以上 10 人以下死亡，或者 10 人以上 50 人以下重伤，或者 1000 万元以上 5000 万元以下直接经济损失的事故；

(4) 一般事故，是指造成 3 人以下死亡，或者 10 人以下重伤，或者 100 万元以上 1000 万元以下直接经济损失的事故。

注：前述所称的"以上"包括本数，所称的"以下"不包括本数。

3.11.3 事故报告

1. 事故报告时限

(1) 施工单位报告时限

事故发生后，事故现场有关人员应当立即向施工单位负责人报告；施工单位负责人接到报告后，应当于 1 小时内向事故发生地县级以建设主管部门和有关部门报告。

情况紧急时，事故现场有关人员可以直接向事故发生地县级以上建设主管部门和有关部门报告。

实行施工总承包的建设工程，由总承包单位负责上报事故。

(2) 建设主管部门报告时限

建设主管部门接到事故报告后，应当依照下列规定上报事故情况，并通知安全生产监督管理部门、公安机关、劳动保障行政主管部门、工会和人民检察院：

1) 较大事故、重大事故及特别重大事故逐级上报至国务院建设主管部门；

2) 一般事故逐级上报至省、自治区、直辖市建设主管部门；

3) 建设主管部门依照本条规定上报事故情况，应当同时报告本级人民政府。国务院建设主管部门接到重大事故和特别重大事故的报告后，应当立即报告国务院。

必要时，建设主管部门可以越级上报事故情况。

建设主管部门按照本规定逐级上报事故情况时，每级上报的时间不得超过 2 小时。

2. 事故报告内容

生产安全事故报告一般应当包括下列内容：

(1) 发生事故的工程名称、地点、建设规模和工期，事故发生的时间、地点、简要经过、事故类别、人员伤亡及直接经济损失初步估算；

（2）有关项目法人、施工单位、监理单位、主管部门名称及负责人联系电话，施工、监理等单位的资质等级；

（3）事故报告的单位、报告签发人及报告时间和联系电话等；

（4）事故发生的初步原因；

（5）事故发生后采取的应急处置措施及事故控制情况；

（6）其他需要报告的有关事项等。

事故报告应当及时、准确、完整，任何单位和个人对事故不得迟报、漏报、谎报或者瞒报。事故报告后出现新情况，以及事故发生之日起 30 日内伤亡人数发生变化的，应当及时补报。

3. 事故月报内容

水利水电工程施工企业应每月按规定报送生产安全事故月报，并填写《水利行业生产安全事故月报表》。月报应包括下列几方面内容：

（1）工程建设安全事故总体情况；

（2）工程安全事故的详细情况；

（3）特点分析；

（4）趋势预测；

（5）对策建议等。

4. 采取的措施

事故发生单位负责人接到事故报告后，应当立即启动事故相应应急预案，或者采取有效措施，组织抢救，防止事故扩大，减少人员伤亡和财产损失。同时，还应当妥善保护事故现场以及相关证据，任何单位和个人不得破坏事故现场、毁灭相关证据。因抢救人员、防止事故扩大以及疏通交通等原因，需要移动事故现场物件的，应当做出标志，绘制现场简图并做出书面记录，妥善保存现场重要痕迹、物证，有条件的可以拍照或录像。

3.11.4 事故调查处理

1. 事故调查组的组成

当前，生产安全事故由人民政府负责组织调查。建设主管部门组织或参与事故调查组对建筑施工生产安全事故进行调查。

（1）特别重大事故由国务院或者国务院授权有关部门组织事故调查组进行调查。

（2）重大事故、较大事故、一般事故分别由事故发生地省级、设区的市级人民政府、县级人民政府负责调查。省级人民政府、设区的市级人民政府、县级人民政府可以直接组织事故调查组进行调查，也可以授权或者委托有关部门组织事故调查组进行调查。

（3）未造成人员伤亡的一般事故，县级人民政府也可以委托事故发生单位组织事故调查组进行调查。

根据事故的具体情况，事故调查组由有关人民政府、安全生产监督管理部门、负有安全生产监督管理职责的有关部门、监察机关、公安机关以及工会派人组成，并应当邀请人民检察院派人参加。

2. 事故调查组的职责

对于施工生产安全事故，事故调查组应当履行下列职责：

（1）核实事故项目基本情况，包括项目履行法定建设程序情况、参与项目建设活动各方主体履行职责的情况；

（2）查明事故发生的经过、原因、人员伤亡及直接经济损失，并依据国家有关法律法规和技术标准分析事故的直接原因和间接原因；

（3）认定事故的性质，明确事故责任单位和责任人员在事故中的责任；

（4）依照国家有关法律法规对事故的责任单位和责任人员提出处理建议；

（5）总结事故教训，提出防范和整改措施；

（6）提交事故调查报告。

事故调查组有权向有关单位和个人了解与事故有关的情况，并要求其提供相关文件、资料，有关单位和个人不得拒绝。事故发生单位的负责人和有关人员在事故调查期间不得擅离职守，并应当随时接受事故调查组的询问，如实提供有关情况。

事故调查中发现涉嫌犯罪的，事故调查组应当及时将有关材料或者其复印件移交司法机关处理。

事故调查中需要进行技术鉴定的，事故调查组应当委托具有国家规定资质的单位进行技术鉴定。必要时，事故调查组可以直接组织专家进行技术鉴定。

3. 事故调查报告

（1）事故调查报告的内容

1）事故发生单位概况；

2）事故发生经过和事故救援情况；

3）事故造成的人员伤亡和直接经济损失；

4）事故发生的原因和事故性质；

5）事故责任的认定以及对事故责任者的处理建议；

6）事故防范和整改措施。

事故调查报告应当附具有关证据材料。事故调查组成员应当在事故调查报告上签名。

（2）事故调查的期限

事故调查组应当自事故发生之日起 60 日内提交事故调查报告；特殊情况下，经负责事故调查的人民政府批准，提交事故调查报告的期限可以适当延长，但延长的期限最长不超过 60 日。事故调查中需要进行技术鉴定的，技术鉴定所需时间不计入事故调查期限。

事故调查报告报送负责事故调查的人民政府后，事故调查工作即告结束。事故调查的有关资料应当归档保存。

4. 事故处理

（1）事故调查报告的批复

重大事故、较大事故、一般事故，负责事故调查的人民政府应当自收到事故调查报告之日起 15 日内做出批复；特别重大事故，30 日内做出批复，特殊情况下，批复时间可以适当延长，但延长的时间最长不超过 30 日。

（2）事故处理

对发生的生产安全事故，主管部门应当依据有关人民政府对事故的批复和有关法律法规的规定，对事故相关责任者实施行政处罚。对因降低安全生产条件导致事故发生的施工单位给予暂扣或吊销安全生产许可证的处罚；对事故负有责任的相关单位给予罚款、停业整顿、降低资质等级或吊销资质证书的处罚。对事故发生负有责任的注册执业资格人员给予罚款、停止执业或吊销其注册执业资格证书的处罚。

3.11.5 伤害保险

目前，涉及施工安全的保险主要有工伤保险和意外伤害保险等。《中华人民共和国安全生产法》（主席令第十三号）第四十八条规定，"生产经营单位必须依法参加工伤保险，为从业人员缴纳保险费。国家鼓励生产经营单位投保安全生产责任保险。"《中华人民共和国建筑法》（主席令主席令第 91 号颁布，46 号修订）第四十八条规定："建筑施工企业应当依法为职工参加工伤保险缴纳工伤保险费。鼓励企业为从事危险作业的职工办理意外伤害保险，支付保险费。"

1. 工伤保险

（1）工伤保险制度

工伤保险作为一项重要的劳动安全保障制度，是指职工在劳动过程中发生生产安全事故以及职业病，暂时或永久丧失劳动能力时，在医疗和生活上获得物质帮助的一种社会保险制度。

1）水利水电工程施工企业必须及时为职工办理参加工伤保险手续，并依法缴纳工伤保险费。在职工发生工伤后，要做好工伤认定、劳动能力鉴定和工伤待遇支付工作。

2）工伤保险是水利水电工程施工企业办理安全生产许可证的必要条件之一。

3）水利水电工程施工企业对相对固定的职工，应按用人单位参加工伤保险；对不能按用人单位参保、建设项目使用的职工特别是农民工，按项目参加工伤保险。

4）建设单位在办理施工许可手续时，应当提交建设项目工伤保险参保证明，作为保证工程安全施工的具体措施之一

5）按用人单位参保的水利水电工程施工企业应以工资总额为基数依法缴纳工伤保险费。以建设项目为单位参保的，可以按照项目工程总造价的一定比例计算缴纳工伤保险费。

6）建设单位在工程概算中将工伤保险费用单独列支，作为不可竞争费，不参与竞标，并在项目开工前由施工总承包单位一次性代缴本项目工伤保险费，覆盖项目使用的所有职工，包括专业承包单位、劳务分包单位使用的农民工。

（2）工伤认定

1）工伤认定的申请

职工发生事故伤害或者被诊断、鉴定为职业病，所在单位应当自事故伤害发生之日或者被诊断、鉴定为职业病之日起 30 日内，向统筹地区社会保险行政部门提出工伤认定申请。遇有特殊情况，经报社会保险行政部门同意，申请时限可以适当延长。

用人单位未按规定提出工伤认定申请的，工伤职工或者其近亲属、工会组织在事故伤害发生之日或者被诊断、鉴定为职业病之日起 1 年内，可以直接向用人单位所在地统筹地区社会保险行政部门提出工伤认定申请。

由省级社会保险行政部门进行工伤认定的事项，根据属地原则由用人单位所在地的设区的市级社会保险行政部门办理。

申请工伤认定需要提交的材料主要包括：

① 工伤认定申请表；

② 与用人单位存在劳动关系（包括事实劳动关系）的证明材料；

③ 医疗诊断证明或者职业病诊断证明书（或者职业病诊断鉴定书）。

2）工伤认定标准

① 职工有下列情形之一的，应当认定为工伤：

A. 在工作时间和工作场所内，因工作原因受到事故伤害的；

B. 工作时间前后在工作场所内，从事与工作有关的预备性或者收尾性工作受到事故伤害的；

C. 在工作时间和工作场所内，因履行工作职责受到暴力等意外伤害的；

D. 患职业病的；

E. 因工外出期间，由于工作原因受到伤害或者发生事故下落不明的；

F. 在上下班途中，受到非本人主要责任的交通事故或者城市轨道交通、客运轮渡、火车事故伤害的；

G. 法律、行政法规规定应当认定为工伤的其他情形。

② 职工有下列情形之一的，视同工伤：

A. 在工作时间和工作岗位，突发疾病死亡或者在 48 小时之内经抢救无效死亡的；

B. 在抢险救灾等维护国家利益、公共利益活动中受到伤害的；

C. 职工原在军队服役，因战、因公负伤致残，已取得革命伤残军人证，到用人单位后旧伤复发的。

③ 有下列情形之一的，不得认定为工伤或者视同工伤：

A. 故意犯罪的；

B. 醉酒或者吸毒的；

C. 自残或者自杀的。

3）工伤认定时限

对于事实清楚、权利义务关系明确的工伤认定申请，社会保险行政部门应当自受理工伤认定申请之日起 15 日内做出工伤认定决定。

（3）劳动能力鉴定

劳动能力鉴定是指对劳动功能障碍程度和生活自理障碍程度的等级鉴定。劳动功能障碍分为十个伤残等级，最重的为一级，最轻的为十级。生活自理障碍分为三个等级：生活完全不能自理、生活大部分不能自理和生活部分不能自理。

职工发生工伤，经治疗伤情相对稳定后存在残疾、影响劳动能力的，应当进行劳动能力鉴定。劳动能力鉴定由用人单位、工伤职工或者其近亲属向设区的市级劳动能力鉴定委员会提出申请，并提供工伤认定决定和职工工伤医疗的有关资料。

（4）工伤保险待遇

1）工伤保险待遇支付范围

① 职工因工作遭受事故伤害或者患职业病进行治疗，享受工伤医疗待遇。

② 职工住院治疗工伤期间所发生的食宿、交通补助费从工伤保险基金支付。

③ 工伤职工治疗非工伤引发的疾病，不享受工伤医疗待遇，按照基本医疗保险办法处理。

2）工伤保险待遇支付

① 对认定为工伤的职工，各级社会保险经办机构和用人单位应依法按时足额支付各项工伤保险待遇。

② 对在参保项目施工期间发生工伤、项目竣工时尚未完成工伤认定或劳动能力鉴定的建筑业职工，其所在用人单位要继续保证其医疗救治和停工期间的法定待遇，待完成工伤认定及劳动能力鉴定后，依法继续享受参保职工的各项工伤保险待遇。

③ 经社会保险行政部门调查确认工伤的，在工伤认定完成之前发生的工伤待遇等有关费用由其所在用人单位负担。

④ 用人单位未在规定的时限内提交工伤认定申请，在此期间发生符合《工伤保险

条例》规定的工伤待遇等有关费用由该用人单位负担。

⑤ 工伤保险待遇中由用人单位支付的,工伤职工所在用人单位要按时足额支付,也可根据其意愿一次性支付。

⑥ 针对是工业工资收入分配的特点,工伤保险待遇中难以按本人工资作为计发基数的,可以参照统筹地区上年度职工平均工资作为计发基数。

⑦ 工伤职工到签订服务协议的医疗机构进行工伤康复的费用,符合规定的,从工伤保险基金支付。

⑧ 职工因工作遭受事故伤害或者患职业病需要暂停工作接受工伤医疗的,在停工留薪期内,原工资福利待遇不变,由所在单位按月支付。

⑨ 停工留薪期一般不超过 12 个月。伤情严重或者情况特殊,经设区的市级劳动能力鉴定委员会确认,可以适当延长,但延长不得超过 12 个月。

⑩ 工伤职工评定伤残等级后,停发原待遇,按照有关规定享受伤残待遇。工伤职工在停工留薪期满后仍需治疗的,继续享受工伤医疗待遇。

(5) 行政复议或诉讼标准

有下列情形之一的,有关单位或者个人可以依法申请行政复议,也可以依法向人民法院提起行政诉讼,行政复议和行政诉讼期间不停止支付工伤职工治疗工伤的医疗费用:

1) 申请工伤认定的职工或者其近亲属、该职工所在单位对工伤认定申请不予受理的决定不服的;

2) 申请工伤认定的职工或者其近亲属、该职工所在单位对工伤认定结论不服的;

3) 用人单位对经办机构确定的单位缴费费率不服的;

4) 签订服务协议的医疗机构、辅助器具配置机构认为经办机构未履行有关协议或者规定的;

5) 工伤职工或者其近亲属对经办机构核定的工伤保险待遇有异议的。

(6) 责任认定和追究

1) 未参加工伤保险的建设项目,职工发生工伤事故,依法由职工所在用人单位支付工伤保险待遇,施工总承包单位、建设单位承担连带责任。

2) 用人单位和承担连带责任的施工总承包单位、建设单位不支付的,由工伤保险基金先行支付,用人单位和承担连带责任的施工总承包单位、建设单位应当偿还;不偿还的,由社会保险经办机构依法追偿。

3) 建设单位、施工总承包单位或具有用工主体资格的分包单位将工程(业务)发包给不具备用工主体资格的组织或个人,该组织或个人招用的劳动者发生工伤的,发包单位与不具备用工主体资格的组织或个人承担连带赔偿责任。

2. 意外伤害保险

施工单位为施工现场从事危险作业的人员办理意外伤害保险时,意外伤害保险费应当由施工单位支付。实行施工总承包的，由总承包单位支付。

《关于加强建筑意外伤害保险工作的指导意见》（建质〔2003〕10 号）对建筑意外伤害保险工作提出了如下指导意见：

（1）保险期限应涵盖工程项目开工之日到工程竣工验收合格日。提前竣工的，保险责任自行终止。因延长工期的，应当办理保险顺延手续。

（2）保险费应当列入建筑安装工程费用，由施工企业支付，不得向职工摊派。

（3）工程项目中有分包单位的由总承包施工企业统一办理，业主直接发包的工程项目由承包企业直接办理。

（4）施工企业和保险公司双方应本着平等协商的原则，根据各类风险因素商定建筑意外伤害保险费率，提倡差别费率和浮动费率。

3.12 资质资格管理

施工企业必须取得相应的企业资质和安全生产许可证，方可从事建施工活动；施工企业安全生产管理人员和特种作业人员也必须取得相应的资格方可上岗。

3.12.1 企业资质管理

从事建筑活动的建筑施工企业，应在其资质等级许可的范围内从事建筑活动。

（1）资质分类

建筑业企业资质分为施工总承包、专业承包和施工劳务三个序列。其中，施工总承包序列设有 12 个类别，分为特级、一级、二级、三级等 4 个等级；专业承包序列设有 36 个类别，一般分为一级、二级、三级等 3 个等级；施工劳务序列不分类别和等级。

（2）从业资格

1）有符合国家规定的注册资本；

2）有与其从事的建筑活动相适应的具有法定执业资格的专业技术人员；

3）有从事相关建筑活动所应有的技术装备；

4）法律、行政法规规定的其他条件。

（3）升级与增项

建筑施工企业在企业资质升级和增项申请之日起前一年内有下列情形之一的，资质许可机关不予批准：

1）发生过较大生产安全事故或者发生过两起以上一般生产安全事故的；

2）隐瞒或谎报、拖延报告工程质量安全事故或破坏事故现场、阻碍对事故调查的；

3）按照国家法律、法规和标准规定需要持证上岗的技术工种的作业人员未取得证书上岗，情节严重的；

4）其他违反法律、法规的行为。

（4）工程转包、违法分包与挂靠

《建筑业企业资质管理规定》（建设部令第 22 号）规定建筑施工企业禁止超越本企业资质等级或以其他企业的名义承揽工程，或允许其他企业或个人以本企业的名义承揽工程；禁止将其承包的工程转包或违法分包。住房和城乡建设部 2014 年印发了《建筑工程施工转包违法分包等违法行为认定查处管理办法（试行）》，对建筑工程施工违法发包、转包、违法分包及挂靠等违法行为做出了明确界定。

1）违法发包，是指建设单位将工程发包给不具有相应资质条件的单位或个人，或者肢解发包等违反法律法规规定的行为。

2）转包，是指施工单位承包工程后，不履行合同约定的责任和义务，将其承包的全部工程或者将其承包的全部工程肢解后以分包的名义分别转给其他单位或个人施工的行为。

3）违法分包，是指施工单位承包工程后违反法律法规规定或者施工合同关于工程分包的约定，把单位工程或分部分项工程分包给其他单位或个人施工的行为。

4）挂靠，是指单位或个人以其他有资质的施工单位的名义，承揽工程的行为。承揽工程，包括参与投标、订立合同、办理有关施工手续、从事施工等活动。

3.12.2　安全生产许可证管理

《建筑施工企业安全生产许可证管理规定》（住房和城乡建设部令第 128 号）规定："国家对建筑施工企业实行安全生产许可制度。建筑施工企业未取得安全生产许可证的，不得从事建筑施工活动。"

（1）申请

建筑施工企业从事建筑施工活动前，应当向省级以上建设主管部门申请领取安全生产许可证。建筑施工企业取得安全生产许可证，应当具备下列安全生产条件：

1）建立、健全安全生产责任制，制定完备的安全生产规章制度和操作规程；

2）保证本单位安全生产条件所需资金的投入；

3）设置安全生产管理机构，按照国家有关规定配备专职安全生产管理人员；

4）主要负责人、项目负责人、专职安全生产管理人员经建设主管部门或者其他有关部门考核合格；

5）特种作业人员经有关业务主管部门考核合格，取得特种作业操作资格证书；

6）管理人员和作业人员每年至少进行一次安全生产教育培训并考核合格；

7）依法参加工伤保险，依法为施工现场从事危险作业的人员办理意外伤害保险，为从业人员交纳保险费；

8）施工现场的办公、生活区及作业场所和安全防护用具、机械设备、施工机具及配件符合有关安全生产法律、法规、标准和规程的要求；

9）有职业危害防治措施，并为作业人员配备符合国家标准或者行业标准的安全防护用具和安全防护服装；

10）有对危险性较大的分部分项工程及施工现场易发生重大事故的部位、环节的预防、监控措施和应急预案；

11）有生产安全事故应急救援预案、应急救援组织或者应急救援人员，配备必要的应急救援器材、设备；

12）法律、法规规定的其他条件。

（2）延期

安全生产许可证的有效期为三年。安全生产许可证有效期满需要延期的，企业应当于期满前三个月向原安全生产许可证颁发管理机关申请办理延期手续。企业在安全生产许可证有效期内，严格遵守有关安全生产的法律法规，未发生死亡事故的，安全生产许可证有效期届满时，经原安全生产许可证颁发管理机关同意，不再审查，安全生产许可证有效期延期三年。

（3）变更、注销、补发

1）建筑施工企业变更名称、地址、法定代表人等，应当在变更后十日内，到原安全生产许可证颁发管理机关办理安全生产许可证变更手续。

2）建筑施工企业破产、倒闭、撤销的，应当将安全生产许可证交回原安全生产许可证颁发管理机关予以注销。

3）建筑施工企业遗失安全生产许可证应当立即向原安全生产许可证颁发管理机关报告，并在公众媒体上声明作废后，方可申请补办。

（4）动态管理

建筑施工企业取得安全生产许可证后，不能降低安全生产条件，并应当加强日常安全生产管理，接受建设主管部门的监督检查；不再具备安全生产条件的，应当暂扣或者吊销安全生产许可证。

1）有下列情况之一的，将根据情节轻重依法给予暂扣安全生产许可证 30 日至 60 日的处罚。

① 在 12 个月内，同一企业同一项目被两次责令停止施工的；

② 在 12 个月内，同一企业在同一市、县内三个项目被责令停止施工的；

③ 施工企业承建工程经责令停止施工后，整改仍达不到要求或拒不停工整改的。

2）建筑施工企业发生生产安全事故的，将按下列标准给予处罚：

① 发生一般事故的，暂扣安全生产许可证 30 至 60 日；

② 发生较大事故的，暂扣安全生产许可证 60 至 90 日；

③ 发生重大事故的，暂扣安全生产许可证 90 至 120 日。

3) 建筑施工企业在 12 个月内第二次发生生产安全事故的，将按下列标准给予处罚：

① 发生一般事故的，暂扣时限为在上一次暂扣时限的基础上再增加 30 日；

② 发生较大事故的，暂扣时限为在上一次暂扣时限的基础上再增加 60 日；

③ 发生重大事故的，或按上述两条处罚暂扣时限超过 120 日的，吊销安全生产许可证。

4) 12 个月内同一企业连续发生三次生产安全事故的，将吊销安全生产许可证。

5) 建筑施工企业瞒报、谎报、迟报或漏报事故的，在前暂扣时限的基础上，再处延长暂扣期 30 日至 60 日的处罚。暂扣时限超过 120 日的，将吊销安全生产许可证。

6) 建筑施工企业在安全生产许可证暂扣期内，拒不整改的，将吊销其安全生产许可证。

7) 建筑施工企业安全生产许可证被暂扣期间，企业在全国范围内不得承揽新的工程项目。发生问题或事故的工程项目停工整改，经工程所在地有关建设主管部门核查合格后方可继续施工。

8) 建筑施工企业安全生产许可证被吊销后，自吊销决定做出之日起一年内不得重新申请安全生产许可证。

9) 建筑施工企业安全生产许可证暂扣期满前 10 个工作日，需向颁发管理机关提出发还安全生产许可证申请。颁发管理机关接到申请后，应当对被暂扣企业安全生产条件进行复查，复查合格的，应当在暂扣期满时发还安全生产许可证；复查不合格的，增加暂扣期限直至吊销安全生产许可证。

3.12.3　三类人员职业资格管理

《水利水电工程施工企业主要负责人、项目负责人和专职安全生产管理人员安全生产考核管理办法》（水安监〔2011〕374 号）规定，安全生产管理三类人员必须经过水行政主管部门组织的能力考核和知识考试，考核合格后，取得《安全生产考核合格证书》（以下简称"考核合格证书"），方可参与水利水电工程投标，从事施工活动。

（1）定义

企业主要负责人，是指对本企业日常生产经营活动和安全生产工作全面负责、有生产经营决策权的人员，包括企业法定代表人、经理、企业分管安全生产工作副经理等。

项目负责人，是指由企业法定代表人授权，负责水利水电工程项目施工管理的负责人。

专职安全生产管理人员，是指在企业专职从事安全生产管理工作的人员，包括企业安全生产管理机构的负责人及其工作人员和施工现场专职安全员。

（2）申请条件

申请参加安全生产考核的"三类人员"，应当具备相应文化程度、专业技术职称和一定安全生产工作经历，与企业确立劳动关系，在申请考核之日前1年内，申请人没有在一般及以上等级安全责任事故中负有责任的记录。

（3）考核内容

考核分为安全管理能力考核和安全生产知识考试两部分。

1）水利水电工程施工企业主要负责人

① 安全生产知识考核要点

A. 国家有关安全生产的方针政策、法律法规、部门规章、技术标准和规范性文件；

B. 水利水电工程安全生产管理的基本知识和相关专业知识；

C. 水利水电工程重、特大事故防范、应急救援措施、报告制度及调查处理方法；

D. 企业安全生产责任制和安全生产规章制度的内容和制定方法；

E. 国内外水利水电工程安全生产管理经验；

F. 水利水电工程典型生产安全事故案例分析。

② 安全生产管理能力考核要点

A. 能够认真贯彻执行国家有关安全生产的方针政策、法律法规、部门规章、技术标准和规范性文件；

B. 能够有效组织和督促本单位安全生产工作，建立健全本单位安全生产责任制；

C. 能够组织制定本单位安全生产规章制度和操作规程；

D. 能够采取有效措施保证本单位安全生产条件所需资金的投入；

E. 能够有效开展安全生产检查，及时消除事故隐患；

F. 能够组织制定水利水电工程安全度汛措施；

G. 能够组织制定本单位生产安全事故应急救援预案，正确组织、指挥本单位事故救援；

H. 能够及时、如实报告水利水电工程生产安全事故；

I. 水利水电工程安全生产业绩。

2）水利水电工程施工企业项目负责人

① 安全生产知识考核要点

A. 国家有关安全生产的方针政策、法律法规、部门规章、技术标准和规范性文件；

B. 水利水电工程安全生产管理的基本知识和相关专业知识；

C. 水利水电工程重大事故防范、应急救援措施、报告制度及调查处理方法；

D. 企业和项目安全生产责任制和安全生产规章制度的内容和制定方法；

E. 水利水电工程施工现场安全生产监督检查的内容和方法；

F. 国内外水利水电工程安全生产管理经验；

G. 水利水电工程典型生产安全事故案例分析。

② 安全生产管理能力考核要点

A. 能够认真贯彻执行国家有关安全生产的方针政策、法律法规、部门规章、技术标准和规范性文件；

B. 能够有效组织和督促水利水电工程项目安全生产工作，并落实安全生产责任制；

C. 能够保证安全生产费用的有效使用；

D. 能够根据工程的特点组织制定水利水电工程安全施工措施；

E. 能够有效开展安全检查，及时消除水利水电工程生产安全事故隐患；

F. 能够及时、如实报告水利水电工程生产安全事故；

G. 能够组织制定并有效实施水利水电工程安全度汛措施；

H. 水利水电工程安全生产业绩。

3）水利水电工程施工企业专职安全生产管理人员

① 安全生产知识考核要点

A. 国家有关安全生产的方针政策、法律法规、部门规章、技术标准和规范性文件；

B. 水利水电工程重大事故防范、应急救援措施、报告制度、调查处理方法及防护救护措施；

C. 企业和项目安全生产责任制和安全生产规章制度内容；

D. 水利水电工程施工现场安全监督检查的内容和方法；

E. 水利水电工程典型生产安全事故案例分析。

② 安全生产管理能力考核要点

A. 能够认真贯彻执行国家安全生产方针政策、法律法规、部门规章、技术标准和规范性文件；

B. 能有效对安全生产进行现场监督检查；

C. 能够发现生产安全事故隐患，并及时向项目负责人和安全生产管理机构报告；

D. 能够及时制止现场违章指挥、违章操作行为；

E. 能够有效对水利水电工程安全度汛措施落实情况进行现场监督检查。

F. 能够及时、如实报告水利水电工程生产安全事故；

G. 水利水电工程安全生产业绩。

（4）证书管理

1）延期管理

考核合格证书有效期满后，可申请 2 次延期，每次延期期限为 3 年。施工企业应于有效期截止日前 5 个月内，向原发证机关提出延期申请。有效期满而未申请延期的考核合格证书自动失效。

考核合格证书失效或已经过 2 次延期的，需重新参加原发证机关组织的考核。

有下列行为之一的，不予延期：

a. 本人受到水利部或省级水行政主管部门及各级安全监管行政主管部门处罚或者通报批评的；

b. 未参加本企业组织的年度安全生产教育培训或未参加原发证机关组织的安全生产继续教育的；

c. 项目负责人年满 65 周岁的，专职安全生产管理人员年满 60 周岁的。

2）变更和遗失管理

安全生产管理三类人员因所在施工企业名称、施工企业资质、个人信息改变等原因需要更换证书或补办证书的，应由所在企业向发证机关提出考核合格证书变更申请。

3.12.4 特种作业人员职业资格管理

特种作业人员所从事的工作，在安全程度上较其他工作危险性更大，因此必须按照国家有关规定经过专门的安全作业培训，取得相应资格后方可上岗作业。《特种作业人员安全技术培训考核管理规定》（安监总局令〔2010〕30 号），〔2015〕80 号令修订，对特种作业人员考核、发证、从业和监督管理做出了具体规定。

（1）考核范围

特种作业人员，是指直接从事特种作业的从业人员。包括以下工种：

1）电工作业；

2）焊接与热切割作业；

3）焊接与热切割作业；

4）经省级以上主管部门认定的其他特种作业。

（2）考核机关

省、自治区、直辖市人民政府安全生产监督管理部门和负责煤矿特种作业人员考核发证工作的部门或者指定的机构（以下统称考核发证机关）可以委托设区的市人民政府安全生产监督管理部门和负责煤矿特种作业人员考核发证工作的部门或者指定的机构实施特种作业人员的安全技术培训、考核、发证、复审工作。

（3）申请基本条件

申请从事水利水电工程施工特种作业的人员，应当具备下列基本条件：

1）年满 18 周岁，且不超过国家法定退休年龄；

2）经社区或者县级以上医疗机构体检健康合格，并无妨碍从事相应特种作业的器质性心脏病、癫痫病、美尼尔氏症、眩晕症、癔病、震颤麻痹症、精神病、痴呆症以及其他疾病和生理缺陷；

3）初中及以上文化程度；

4）具备必要的安全技术知识与技能；

5）相应特种作业规定的其他条件。

（4）申请程序

参加特种作业操作资格考试的人员，应当填写考试申请表，由申请人或者申请人的用人单位持学历证明或者培训机构出具的培训证明向申请人户籍所在地或者从业所在地的考核发证机关或其委托的单位提出申请。

（5）考核内容

特种作业操作资格考试包括安全技术理论考试和实际操作考试两部分。

（6）证书颁发

考核合格的，由省级安全生产监督主管部门统一颁发证书，证书在全国通用。

（7）从业

1）持有资格证书的人员，应当受聘于施工企业或者起重机械出租单位，方可从事相应的特种作业。

2）水利水电工程施工特种作业人员应当严格按照安全技术标准、规范和规程进行作业，正确佩戴和使用安全防护用品，并按规定对作业工具和设备进行维护保养。

3）水利水电工程施工特种作业人员应当参加继续教育，每个有效期内不得少于 8 学时。

（8）用人单位职责

1）与持有效资格证书的特种作业人员订立劳动合同；

2）对于首次取得资格证书的人员，应当在其正式上岗前安排不少于 3 个月的实习操作；

3）制定并落实本单位特种作业安全操作规程和有关安全管理制度；

4）书面告知特种作业人员违章操作的危害；

5）向特种作业人员提供齐全、合格的安全防护用品和安全的作业条件；

6）按规定组织特种作业人员参加继续教育，培训时间不少于 8 学时；

7）建立本单位特种作业人员管理档案；

8）查处特种作业人员违章行为并记录在档；

9）法律法规及有关规定明确的其他职责。

（9）证书延期复审

特种作业操作证每 3 年复审 1 次。

特种作业人员在特种作业操作证有效期内，连续从事本工种 10 年以上，严格遵守有关安全生产法律法规的，经原考核发证机关或者从业所在地考核发证机关同意，特种作业操作证的复审时间可以延长至每 6 年 1 次。

1）特种作业操作证需要复审的，应当在期满前 60 日内，由申请人或者申请人的用人单位向原考核发证机关或者从业所在地考核发证机关提出申请，并提交下列材料：

A. 社区或者县级以上医疗机构出具的健康证明；

B. 从事特种作业的情况；

C. 安全培训考试合格记录。

特种作业操作证有效期届满需要延期换证的，应当按照前款的规定申请延期复审。

2）特种作业人员有下列情形之一的，复审或者延期复审不予通过：

A. 健康体检不合格的；

B. 违章操作造成严重后果或者有 2 次以上违章行为，并经查证确实的；

C. 有安全生产违法行为，并给予行政处罚的；

D. 拒绝、阻碍安全生产监管监察部门监督检查的；

E. 未按规定参加安全培训，或者考试不合格的；

F. 具有本规定第三十条、第三十一条规定情形的。

3.12.5 特种作业人员职业资格管理

特种设备作业人员所从事的工作，在安全程度上较其他工作危险性更大，因此必须按照国家有关规定经过专门的安全作业培训，取得相应资格后方可上岗作业。《国家质量监督检验检疫总局关于修改〈特种设备作业人员监督管理办法〉的决定》已在2010 年 11 月 23 日国家质量监督检验检疫总局局务会议审议通过，现予公布，自 2011年 7 月 1 日起施行。对特种作业人员考核、发证、从业和监督管理做出了具体规定。

（1）考核范围

特种设备作业人员，是指直接从事特种设备作业的从业人员。包括以下工种：

1）锅炉、压力容器（含气瓶）、压力管道、电梯、起重机械、客运索道、大型游乐设施、场（厂）内机动车辆等特种设备；

2）经省级以上主管部门认定的其他特种设备作业。

（2）考核机关

申请《特种设备作业人员证》的人员，应当首先向发证部门指定的特种设备作业人员考试机构（以下简称考试机构）报名参加考试；经考试合格，凭考试结果和相关材料向发证部门申请审核、发证。

（3）申请基本条件

申请《特种设备作业人员证》的人员应当符合下列条件：

1）年龄在 18 周岁以上；

2）身体健康并满足申请从事的作业种类对身体的特殊要求；

3）有与申请作业种类相适应的文化程度；

4）有与申请作业种类相适应的工作经历；

5）具有相应的安全技术知识与技能；

6）符合安全技术规范规定的其他要求。

作业人员的具体条件应当按照相关安全技术规范的规定执行。

（4）申请程序

符合条件的申请人员应当向考试机构提交有关证明材料，报名参加考试。

（5）考核内容

按照国家市场监督总局制定的相关作业人员培训考核大纲等安全技术规范执行。

（6）证书颁发

考核合格的，由省级市场监督主管部门统一颁发证书，证书在全国通用。

（7）从业

1）持有资格证书的人员，应当受聘于施工企业或者起重机械出租单位，方可从事相应的特种设备作业。

2）水利水电工程施工特种设备作业人员应当严格按照安全技术标准、规范和规程进行作业，正确佩戴和使用安全防护用品，并按规定对作业工具和设备进行维护保养。

3）水利水电工程施工特种设备作业人员应当参加继续教育，每个有效期内不得少于8学时。

（8）用人单位职责

1）与持有效资格证书的特种作业人员订立劳动合同；

2）对于首次取得资格证书的人员，应当在其正式上岗前安排不少于3个月的实习操作；

3）制定并落实本单位特种设备作业安全操作规程和有关安全管理制度；

4）书面告知特种作业人员违章操作的危害；

5）向特种设备作业人员提供齐全、合格的安全防护用品和安全的作业条件；

6）按规定组织特种设备作业人员参加继续教育；

7）建立本单位特种设备作业人员管理档案；

8）查处特种设备作业人员违章行为并记录在档；

9）法律法规及有关规定明确的其他职责。

（9）证书延期复审

《特种设备作业人员证》每4年复审一次。持证人员应当在复审期满3个月前，向发证部门提出复审申请。复审合格的，由发证部门在证书正本上签章。对在2年内无违规、违法等不良记录，并按时参加安全培训的，应当按照有关安全技术规范的规定延长复审期限。

复审不合格的应当重新参加考试。逾期未申请复审或考试不合格的，其《特种设备作业人员证》予以注销。

跨地区从业的特种设备作业人员，可以向从业所在地的发证部门申请复审。

《特种设备作业人员证》遗失或者损毁的，持证人应当及时报告发证部门，并在当地媒体予以公告。查证属实的，由发证部门补办证书。

3.13 机械设备安全管理

施工机械设备在水利水电工程施工中的作用越来越突出，其产品质量、安全性能直接关系到施工生产安全。加强施工机械设备的安全管理，保证其使用的安全性能，能够更好地控制和减少机械设备事故，确保生产安全。

施工机械设备主要包括土方与筑路机械、起重与升降机械设备、桩工机械、混凝土机械、钢筋加工机械、木工机械、装修机械、掘进机械以及其他施工机械设备。

3.13.1 施工机械设备购置和租赁

施工单位采购、租赁的机械设备、施工机具及配件，应当具有生产（制造）许可证、产品合格证，并在进入施工现场前进行查验。

（1）严格审查生产制造许可证、产品合格证

1）对属于实行生产制造许可证或国家强制性认证的产品（如起重机械），施工单位应当查验其生产制造许可证、产品合格证、检验合格报告、产品使用说明书；

2）对于不实行国家生产制造许可证或强制性认证的产品，应当查验其产品合格证、产品使用说明书和安装维修等技术资料；

3）对不符合国家或行业安全技术标准、规范的产品，不得购置、租赁和使用。

（2）有下列情形之一的建筑起重机械，不得租赁和使用：

1）属国家明令淘汰或者禁止使用的；

2）超过安全技术标准或者制造厂家规定的使用年限的；

3）经检验达不到安全技术标准规定的；

4）没有完整安全技术档案的；

5）没有齐全有效的安全保护装置的。

3.13.2 起重机械产权备案

起重机械，主要指施工现场使用的塔式起重机、施工升降机和物料提升机等。

起重机械产权备案，是指起重机械出租单位或者自购使用单位等设备产权单位，在起重机械首次出租或安装前，向所在地主管部门办理备案手续。

（1）产权备案应提供的资料

1）产权单位法人营业执照副本；

2）特种设备制造许可证；

3）产品合格证；

4）起重机械设备购销合同、发票或相应有效凭证；

5）设备备案机关规定的其他资料。

所有资料复印件应当加盖产权单位公章。

（2）有下列情形之一的起重机械，不予产权备案：

1）属国家和地方明令淘汰或者禁止使用的；

2）超过制造厂家或者安全技术标准规定的使用年限的；

3）经检验达不到安全技术标准规定的。

（3）产权备案变更

起重机械产权单位变更时，原产权单位应当持起重机械备案证明到设备备案机关办理备案注销手续。设备备案机关应当收回其起重机械备案证明。

原产权单位应当将起重机械的安全技术档案移交给现产权单位。

现产权单位应当按照规定重新办理起重机械备案手续。

（4）产权备案注销

已办理产权备案手续的起重机械属于以下情形之一的，产权单位应当及时采取解体等销毁措施予以报废，并向设备备案机关办理备案注销手续：

1）属国家和地方明令淘汰或者禁止使用的；

2）超过制造厂家或者安全技术标准规定的使用年限的；

3）经检验达不到安全技术标准规定的。

3.13.3　起重机械安装与拆卸

（1）安装拆卸告知

安装单位应当在起重机械安装或拆卸前 2 个工作日内告知工程所在地主管部门，同时提交经施工总承包单位、监理单位审核合格的以下资料：

1）起重机械备案证明；

2）安装单位资质证书、安全生产许可证；

3）安装单位特种作业人员证书；

4）起重机械安装（拆卸）工程专项施工方案；

5）安装单位与使用单位签订的安装（拆卸）合同及安装单位与施工总承包单位签订的安全协议书；

6）安装单位负责起重机械安装（拆卸）工程专职安全生产管理人员、专业技术人员名单；

7）起重机械安装（拆卸）工程生产安全事故应急救援预案；

8）辅助起重机械资料及其特种作业人员证书；

9）施工总承包单位、监理单位要求的其他资料。

（2）安装自检与验收

1）安装自检

起重机械安装完毕后，安装单位应当按照安全技术标准及安装使用说明书的有关要求对起重机械进行自检、调试和试运转。自检合格的，应当出具自检合格证明，并向使用单位进行安全使用说明。

2）监督检验

起重机械安装完毕经安装单位自检合格后，使用单位应在验收前委托有相应资质的检验检测机构监督检验。

3）安装验收

起重机械安装完毕后，使用单位应当组织出租、安装、监理等有关单位进行验收，或者委托具有相应资质的检验检测机构进行验收。起重机械经验收合格后方可投入使用，未经验收或者验收不合格的不得使用。

实行施工总承包的，由施工总承包单位组织验收。

3.13.4 起重机械使用登记

（1）登记办理

起重机械使用单位在起重机械安装验收合格之日起 30 日内，向工程所在地主管部门办理使用登记，并提交下列资料：

1）起重机械备案证明；

2）起重机械租赁合同；

3）起重机械检验检测报告和安装验收资料；

4）使用单位特种作业人员资格证书；

5）起重机械维护保养等管理制度；

6）起重机械生产安全事故应急救援预案；

7）使用登记机关规定的其他资料。

（2）登记标志

符合条件的，登记机关将办理登记手续，核发起重机械使用登记标志。使用单位应将登记标志置于或者附着于该设备的显著位置。

有下列情形之一的起重机械将不予核发登记标志，并应立即停止使用或者拆除：

1）属国家和地方明令淘汰或者禁止使用的；

2）超过制造厂家或者安全技术标准规定的使用年限的；

3）经检验达不到安全技术标准规定的；

4）未经检验检测或者经检验检测不合格的；

5）未经安装验收或者经安装验收不合格的。

（3）注销登记

安装单位在办理起重机械拆卸告知手续时，同时注销已办理的使用登记证明。

3.13.5 起重机械定期检验

起重机械定期检验，是在起重机械使用单位进行经常性日常维护保养和自行检查的基础上，由国家市场监督管理总局核准的检验机构，对纳入使用登记的在用起重机械进行的检验。

（1）检验周期

1）塔式起重机、升降机、流动式起重机每年 1 次；

2）轻小型起重设备、旋臂起重机 2 年 1 次；

3）检验过程中，对作业环境特殊的起重机械，检验机构报经省级市场监督管理部门同意，可以适当缩短定期检验周期，但是最短周期不低于 6 个月。

（2）检验要求

1）首检时，必须包括额定载荷试验、静载荷试验、动载荷试验项目；额定荷载试验项目，以后每隔一个检验周期进行一次；

2）起重机械定期检验、首检的项目和要求，按照《起重机械定期检验项目及其内容、要求和方法》进行；

3）对于使用时间超过 15 年以上、处于严重腐蚀环境（如海边、潮湿地区等）或者强风区域、使用频率高的大型起重机械，应当根据具体情况有针对性地增加其他检验手段，必要时根据大型起重机械实际安全状况和使用单位安全管理水平能力，进行安全评估；

4）定期检验标志应由使用单位置于该设备的显著位置；

5）未经定期检验或定期检验不合格的设备不得继续使用。

3.13.6 起重机械档案与合同管理

（1）档案管理

1）出租单位、自购起重机械的使用单位，应当建立起重机械安全技术档案。安全技术档案应当包括以下资料：

① 购销合同、制造许可证、产品合格证、安装使用说明书、备案证明等原始资料；

② 定期检验报告、定期自行检查记录、定期维护保养记录、维修和技术改造记录、运行故障和生产安全事故记录、累计运转记录等运行资料；

③ 历次安装验收资料。

2）安装单位应当建立起重机械安装、拆卸工程档案，档案应当包括以下资料：

① 安装、拆卸合同及安全协议书；

② 安装、拆卸工程专项施工方案；

③ 安全施工技术交底的有关资料；

④ 安装工程验收资料；

⑤ 安装、拆卸工程生产安全事故应急救援预案。

3）使用档案包括以下资料：

① 安装单位移交的安装技术资料；

② 安装后的验收资料和监督检验资料；

③ 使用单位应当对在用的起重机械及其安全保护装置、吊具、索具等进行经常性和定期的检查、维护和保养，并做好记录；

④ 使用单位在起重机械租期结束后，应当将定期检查、维护和保养记录移交出租单位。

（2）合同管理

1）租赁合同

出租单位应当在签订的起重机械租赁合同中，明确租赁双方的安全责任，并出具起重机械特种设备制造许可证、产品合格证、备案证明和自检合格证明，提交安装使用说明书。

2）安装合同

起重机械使用单位和安装单位应当在签订的起重机械安装、拆卸合同中明确双方的安全生产责任。

实行施工总承包的，施工总承包单位应当与安装单位签订起重机械安装、拆卸工程安全协议书。

3.13.7　起重机械各方安全生产职责

（1）出租单位的安全职责

1）出租单位应当在签订的建筑起重机械租赁合同中，明确租赁双方的安全责任；

2）出具起重机械特种设备制造许可证、产品合格证、备案证明；

3）向使用单位出具自检合格证明，提供安装使用说明书。

（2）安装单位的安全职责

1）安装单位应当依法取得主管部门颁发的相应资质和施工企业安全生产许可证，并在其资质许可范围内承揽起重机械安装、拆卸工程；

2）施工现场的项目负责人、专职安全员和特种作业人员应当取得相应的安全职业资格证书；

3）按照安全技术标准及起重机械性能要求，编制起重机械安装、拆卸工程专项施工方案，并由本单位技术负责人签字；

4）按照安全技术标准及安装使用说明书等检查起重机械及现场施工条件；

5）组织安全技术交底并签字确认；

6）制定起重机械安装、拆卸工程生产安全事故应急救援预案；

7）办理安装告知手续；

8）按照起重机械安装、拆卸工程专项施工方案及安全操作规程组织安装、拆卸作业；

9）安装单位的专业技术人员、专职安全生产管理人员应当进行现场监督，技术负责人应当定期巡查；

10）安装完毕后，按照安全技术标准及安装使用说明书的有关要求对起重机械进行自检、调试和试运转。自检合格的，出具自检合格证明，并向使用单位进行安全使用说明；

11）配合使用单位和检测单位对安装后的起重机械进行监督检验；

12）起重机械监督检验合格后，参加使用单位组织的起重机械联合验收；

13）建立起重机械安装、拆卸工程档案。

（3）检验机构的安全职责

1）制订包括检验程序、检验项目（含内容，下同）、检验方法和要求、检验记录等在内的检验方案（检验作业指导书）；

2）按照安全技术规范的要求进行检验；

3）检验工作结束后，应当在30个工作日内出具报告，交付使用单位存入技术档案；

4）对所承担的检验工作质量和检验结论的正确性、真实性负责；

5）定期检验报告检验结论为不合格的，应当将其检验情况书面报当地市场监督管理部门和该起重机械的使用登记机关；

6）汇总存档检验资料，保存时间不少于5年；受检资料长期保存。

（4）使用单位的安全职责

1）根据不同施工阶段、周围环境以及季节、气候的变化，对起重机械采取相应的安全防护措施；

2）制定起重机械生产安全事故应急救援预案；

3）在起重机械活动范围内设置明显的安全警示标志，对集中作业区做好安全防护；

4）设置相应的设备管理机构或者配备专职的设备管理人员，负责起重机械的安全管理工作；

5）指定专职设备管理人员、专职安全生产管理人员进行现场监督检查；

6）起重机械出现故障或者发生异常情况的，立即停止使用，消除故障和事故隐患后，方可重新投入使用；

7）建立起重机械使用档案；

8）安装完毕后，组织出租、安装、监理等有关单位进行验收，经验收合格后方可投入使用；

9）使用过程中需要附着和顶升的，应委托原安装单位或者具有相应资质的安装单位按照专项施工方案实施，并按规定组织验收，验收合格后方可投入使用；

10）办理使用登记手续，挂置登记标志；

11）使用单位应当在检验合格有效期满前一个月，申请定期检验；

12）按合同约定对建筑起重机械进行检查、维护、保养；

13）在多班作业或多人轮流操作设备时，应当建立交接班制度。

交接班内容如下：

① 交清本班任务完成情况、工作面情况及其他有关注意事项或要求。

② 交清机械运转及使用情况，重点介绍有无异常情况及处理经过。

③ 交清机械保养情况及存在问题。

④ 交清机械随机工具、附件等情况。

⑤ 填好本班各项原始记录。

机械管理人员应经常检查交接班记录的填写情况，并作为操作人员日常考核依据之一。

（5）施工总承包单位的安全职责

1）向安装单位提供拟安装设备位置的基础施工资料，确保起重机械进场安装、拆卸所需的施工条件；

2）审核起重机械的特种设备制造许可证、产品合格证、备案证明等文件；

3）审核安装单位、使用单位的资质证书、安全生产许可证和特种作业人员的特种作业操作资格证书；

4）审核安装单位制定的起重机械安装、拆卸工程专项施工方案和生产安全事故应急救援预案；

5）审核使用单位制定的起重机械生产安全事故应急救援预案；

6）指定专职安全生产管理人员监督检查起重机械安装、拆卸、使用情况；

7）施工现场有多台塔式起重机作业时，应当组织制定并实施防止塔式起重机相互碰撞的安全措施；

8）实行施工总承包的，安装完毕后，组织出租、安装、使用、监理等有关单位进行验收。

（6）监理单位的安全职责

1）审核起重机械特种设备制造许可证、产品合格证、备案证明等文件；

2）审核起重机械安装单位、使用单位的资质证书、安全生产许可证和特种作业人员的特种作业操作资格证书；

3）审核起重机械安装、拆卸工程专项施工方案；

4）监督安装单位执行起重机械安装、拆卸工程专项施工方案情况；

5）监督检查起重机械的使用情况；

6）发现存在生产安全事故隐患的，应当要求安装单位、使用单位限期整改，对安装单位、使用单位拒不整改的，及时向建设单位报告。

（7）建设单位的安全职责

依法发包给两个及两个以上施工单位的工程，不同施工单位在同一施工现场使用多台塔式起重机作业时，建设单位应当协调组织制定防止塔式起重机相互碰撞的安全措施。

安装单位、使用单位拒不整改生产安全事故隐患的，建设单位接到监理单位报告后，应当责令安装单位、使用单位立即停工整改。

（8）作业人员的安全职责

起重机械特种作业人员应当遵守起重机械安全操作规程和安全管理制度，在作业中有权拒绝违章指挥和强令冒险作业，有权在发生危及人身安全的紧急情况时立即停止作业或者采取必要的应急措施后撤离危险区域。

起重机械特种作业人员应当熟悉机械设备的构造原理、技术性能、安全操作规程及保养规程等，其中起重机械安装拆卸工、起重信号工、起重司机、司索工等特种作业人员应当接受专门安全操作知识培训，经建设主管部门考核合格，并取得特种作业操作资格证书后，方可上岗作业。

起重机械特种作业人员应当精心保管和保养机械，使机械经常处于整齐清洁、润滑良好、调整适当、紧固件无松动等良好技术状态，保持机械附属装置、备品附件、随机工具等完好无损。多班作业或多人轮流操作设备时，应当履行交接班职责：

1）交班人员职责

① 检查设备的机械、电气部分是否完好；

② 操作手柄置于零位，切断电源；

③ 本班设备运转情况、保养情况及有无异常情况；

④ 交接随机工具、附件等情况；

⑤ 清扫卫生，保持清洁；

⑥ 认真填写好设备运转记录和交接班记录。

2）接班人员职责

① 认真听取上一班人员工作情况介绍；

② 仔细检查设备各部件完好情况；

③ 使用前必须进行空载试验运转，检查限位开关、紧急开关等是否灵敏可靠，如

有问题应及时修复后方可使用，并做好记录。

3.13.8 施工升降设施安全管理

所谓施工升降设施，是指主要结构构件为工厂制造的金属结构产品，在现场按特定的程序组装后，附着在建筑物上能够沿着建筑物自行升降的施工作业平台和防护设施，主要包括附着升降脚手架、整体升降模板等自升式架设设施和高处作业吊篮。

（1）从事附着升降脚手架安装的施工单位应当取得模板脚手架专业承包资质和安全生产许可证。

（2）从事施工升降设施安装的人员应当取得相应的职业资格证书。

（3）安装、拆卸施工升降设施前，应当编制安装和拆卸方案、制定安全施工措施，并由专业技术人员进行技术交底和现场监督。

（4）施工升降设施安装完毕后，安装单位应当自检，出具自检合格证明，并向使用单位进行安全使用说明，办理验收手续并签字。

（5）施工升降设施的使用达到国家规定的检验检测期限的，必须经具有专业资质的检验检测机构检测。经检测不合格的，不得继续使用。

（6）施工升降设施必须由专人管理，定期进行检查、维修和保养，建立相应的资料档案，并按照国家有关规定及时报废。

3.13.9 其他机械与施工机具安全使用管理

施工现场涉及的其他机械设备及施工机具主要包括：土方与筑路机械、桩工机械、混凝土机械、钢筋加工机械、木工与装修机械、手持电动工具等。

（1）安装和验收

1）查阅随机文件，制定施工方案；

2）确定安装位置，保证安全距离；

3）安装完毕或进入施工现场后，按照有关标准进行试运转；

4）按照有关规程和使用说明书的要求进行逐项验收，重点检查各传动机构的防护装置及安全保护装置；

5）验收合格，作好验收记录，存入设备档案。

（2）使用管理

1）必须设置专人对施工机械设备和施工机具进行管理；

2）作业前，技术人员应向操作人员进行安全技术交底；

3）操作人员应熟悉作业环境和施工条件，按规定穿戴劳动保护用品，听从指挥，遵守现场安全管理规定，严格按操作规程作业；

4）实行多班作业的机械，应执行交接班制度，认真填写交接班记录；接班人员经检查确认无误后，方可进行工作；

5）应为机械提供道路、水电、机棚及停机场地等必备的作业条件，并应消除各种安全隐患。夜间作业应设置充足的照明；

6）无关人员不得进入作业区或操作室内；

7）建立施工机械设备、施工机具及配件的定期检查和维修、保养制度；

8）停用一个月以上或封存的机械，应认真做好停用或封存前的保养工作，并应采取预防风沙、雨淋、水泡、锈蚀等措施；

9）建立施工机械设备和施工机具的资料管理档案。

3.14　劳动防护用品管理

正确使用劳动防护用品是保护职工安全、防止职业危害的必要措施。按照"谁用工，谁负责"的原则，施工企业应依法为作业人员提供符合国家标准的、合格的劳动防护用品，并监督、指导正确使用。

3.14.1　概念和分类

劳动防护用品主要是指劳动者在生产过程中为免遭或者减轻事故伤害和职业危害所配备的个人防护装备。

劳动防护用品根据不同的分类方法，可分为很多种类：

（1）按照防护用品性能：分为特种劳动防护用品、一般劳动防护用品；

（2）按照防护部位：分为头部防护用品、面部防护用品、视觉器官防护用品、听觉器官防护用品、呼吸器官防护用品、手部防护用品和足部防护用品等；

（3）按照防护用途：分为防尘用品、防毒用品、防酸碱用品、防油用品、防高温用品、防冲击用品、防坠落用品、防触电用品、防寒用品和防机械外伤用品等。

3.14.2　劳动防护用品的配备

施工现场使用的劳动防护用品主要包括：安全帽、安全带、安全网、绝缘手套、绝缘鞋、防护面具、救生衣、反光背心等，施工单位根据不同工种和劳动条件为作业人员配备。

（1）架子工（登高架设人员），起重吊装工，信号指挥工的劳动防护用品配备应符合下列规定：

1）架子工（登高架设人员），塔式起重机操作人员，起重吊装工应配备灵便紧口的工作服，系带防滑鞋和工作手套。

2）信号指挥工应配备专用标志服装。在自然强光环境条件作业时，应配备有色防护眼镜。

（2）电工的劳动防护用品配备应符合下列规定：

1）维修电工应配备绝缘鞋，绝缘手套和灵便紧口工作服。

2）安装电工应配备手套和防护眼镜。

3）高压电气作业时，应配备相应等级的绝缘鞋，绝缘手套和有色防护眼镜。

（3）电焊工，气割工的劳动防护品配备应符合下列规定：

1）电焊工，气割工应配备阻燃防护服、绝缘鞋、鞋盖、电焊手套和焊接防护面罩。在高处作业时，应配备安全帽与面罩连接式焊接防护面罩和阻燃安全带。

2）从事清除焊接作业时，应配备防护眼镜。

3）从事磨消钨极作业时，应配备手套，防尘口罩和防护眼镜。

4）从事酸碱等腐蚀性作业时，应配备防腐蚀性工作服，耐酸碱胶鞋，戴耐酸碱手套，防护口罩和防护眼镜。

5）在密闭环境中或通风不良的环境下，应配备送风式防护面罩。

（4）锅炉，压力容器及管道安装工的劳动防护用品配备应符合下列规定：

1）锅炉及压力容器安装工，管道安装供应配备紧口工作服和保护足趾安全鞋。在强光环境条件作业时，应配备有色防护眼镜。

2）在底下或潮湿场所，应配备紧口工作服，绝缘鞋和绝缘手套。

（5）油漆工在从事涂刷，喷漆作业时，应配备防静电工作服，防静电鞋，防静电手套，防毒口罩和防护眼镜；从事砂纸打磨作业时，应配备防尘口罩和密闭式防护眼镜。

（6）普通工在从事淋灰，筛灰作业时，应配备高腰工作鞋，鞋盖，手套和防尘口罩，应配备防护眼镜；从事抬，扛物料作业时，应配备垫肩；从事人工挖扩桩孔孔井下作业时，应配备雨靴，手套和安全绳；从事拆除工作时，应配备保护足趾安全鞋，手套。

（7）混凝土工应配备工作服，系带高腰防滑鞋，鞋盖，防尘口罩和手套，宜配备防护眼镜；从事混凝土浇筑作业时，应配备胶鞋和手套；从事混凝土振捣作业时，应配备绝缘胶鞋，绝缘手套。

（8）瓦工，砌筑工应配备脚趾安全鞋，胶面手套和普通工作服。

（9）抹灰工应配备高腰布面脚底防滑鞋和手套，宜配备防护眼镜。

（10）磨石工应配备紧口工作服，绝缘胶鞋，绝缘手套和防尘口罩。

（11）石工应配备紧口工作服，保护足趾安全鞋，手套和防尘口罩，宜配备防护眼镜。

（12）木工从事机械作业时，应配备紧口工作服，防噪声耳罩和防尘口罩，宜配备防护眼镜。

（13）钢筋工应配备紧口工作服，保护足趾安全鞋和手套。从事钢筋除锈作业时，应配备防尘口罩，宜配备防护眼镜。

（14）防水工的劳动防护用品配备应符合下列规定：

1）从事涂刷作业时，应配备防静电工作服，防静电鞋和鞋盖，防护手套，防毒口罩和防护眼镜。

2）从事沥青熔化，运送作业时，应配备防烫工作服，高腰布面胶底防滑鞋和鞋盖，工作帽，耐高温长手套，防毒口罩和防护眼镜。

（15）玻璃工应配备工作服和防切割手套；从事打磨玻璃作业时，应配备防尘口罩，宜配备防护眼镜。

（16）司炉工应配备耐高温工作服，保护足趾安全鞋，工作帽，防护手套和防尘口罩，宜配备防护眼镜；从事添加燃料作业时，应配备有色防冲击眼镜。

（17）钳工，铆工，通风工的劳动防护用品配备应符合下列规定：

1）从事使用锉刀，刮刀，錾子，扁铲等工具作业时，应配备紧口工作服和防护眼镜。

2）从事剔凿作业时，应配备手套和防护眼镜；从事搬抬作业时，应配备保护足趾安全鞋和手套。

3）从事石棉，玻璃棉等含尘毒材料作业时，操作人员应配备防异物工作服，防尘口罩，风帽，风镜和薄膜手套。

（18）筑炉工从事磨砖，切砖作业时，应配备紧口工作服，保护足趾安全鞋，手套和防尘口罩，宜配备防护眼镜。

（19）电梯安装工，起重机械安装拆卸工从事安装，拆卸和维修作业时，应配备紧口工作服，保护足趾安全鞋和手套。

（20）其他人员的劳动防护用品配备应符合下列规定：

1）从事电钻，砂轮等手持电动工具作业时，应配备绝缘鞋，绝缘手套和防护眼镜。

2）从事蛙式夯实机，振动冲击夯实作业时，应配备具有绝缘功能的保护足趾安全鞋，绝缘手套和防噪声耳塞（耳罩）。

3）从事可能飞溅渣屑的机械设备作业时，应配备防护眼镜。

4）从事地下管道检修作业时，应配备防毒面罩，防滑鞋（靴）和工作手套。

3.14.3　劳动防护用品的管理

施工企业应确保配备劳动防护用品专项经费的投入，建立完善劳动保护用品的采购、验收、保管、发放、使用、更换、报废等规章制度，加强劳动保护用品的管理。

（1）劳动防护用品的采购

1）施工企业应建立健全劳动防护用品采购管理制度，明确企业内部有关部门、人员的采购管理职责。

2）施工企业应选定劳动防护用品的合格供货方，为作业人员配备的劳动防护用品应相符合国家有关规定，应具备生产许可证，产品合格证等相关资料。经本单位安全生产管理部门审查合格后方可使用。

3）施工企业不得采购和使用无厂家名称，无产品合格证，无安全标志的劳动防护产品。

（2）劳动防护用品的验收

劳动防护用品在发放使用前，应有施工企业安全管理机构组织相关人员按标准进行验收。

1）查验生产许可证、产品合格证、安全标志等是否齐全；

2）外观检查，必要时应进行试验验收。

（3）劳动防护用品的保管

施工企业应建立劳动防护用品的管理台账，管理台账保存期限不得少于两年，以保证劳动保护用品的质量具有可追溯性。施工现场应将劳动防护用品进行分类保管，合理标识，定期查验，以保证合理供应和发放。

（4）劳动防护用品的发放

劳动防护用品必须以实物形式发放，不得以货币或其他物品替代。施工企业应制定劳动防护用品发放流程，建立发放记录，以保证及时发放到从业人员手中。

（5）劳动防护用品的使用

1）施工企业应加强对施工作业人员的教育培训，使其掌握劳动防护用品的使用规则，并在生产过程中监督、指导作业人员正确使用，使其真正发挥保护作用。对未按规定佩戴和使用劳动防护用品的人员，应严禁上岗作业。

2）施工企业应加强对施工作业人员劳动保护用品使用情况的检查，并对施工作业人员劳动保护用品的质量和正确使用负责。实行施工总承包的工程项目，总承包企业应加强对施工现场内所有施工作业人员劳动防护用品的监督检查。督促相关分包企业和人员正确使用劳动防护用品。

3）施工企业应对危险性较大的施工作业场所具有尘毒危害的作业环境设置安全警示标示及应使用的安全防护用品标识牌。

（6）劳动保护用品的更换与报废

劳动防护用品的使用年限应按国家限行相关标准执行。劳动防护用品达到使用年限或报废标准的应由建筑施工企业统一收回报废，并应为作业人员配备新的劳动防护用品。劳动防护用品有定期检测要求的应按其产品的检测周期进行检测，以确保劳动防护用品的有效使用。

3.15　分包方安全生产管理

分包方安全生产管理应包括分包（供）单位选择、施工过程管理、评价等工作内容。

（1）总承包单位应审查分包单位的资质条件、安全生产许可证和人员职业资格，检查分包单位安全生产管理机构建立和人员配备情况。不得将工程分包给不具备相应资质条件的单位。分包单位不得将其承包的工程再分包。

（2）总承包单位应与分包单位签订安全生产协议，或在分包合同中明确各自的安全生产方面的权利、义务。分包单位按照分包合同的约定对总承包单位负责。

（3）总承包单位应依据安全生产管理责任和目标，明确对分包（供）单位和人员的选择和清退标准、合同条款约定和履约过程控制的管理要求。

（4）总承包单位应对各分包单位的安全生产统一协调、管理，及时协调处理分包单位间存在的交叉作业等安全管理问题。

（5）总承包单位应定期对分包（供）单位检查和考核，主要内容包括：

1）分包（供）单位人员配置及履职情况；

2）分包（供）单位违约、违章记录；

3）分包（供）单位安全生产绩效。

（6）分包工程竣工后对分包（供）单位安全生产能力进行评价。

3.16　安全生产标准化建设

企业通过落实安全生产主体责任，全员全过程参与，建立并保持安全生产管理体系，全面管控生产经营活动各环节的安全生产与职业卫生工作，实现安全健康管理系统化、岗位操作行为规范化、设备设施本质安全化、作业环境器具定置化，并持续改进。

水利水电工程施工企业应按照《企业安全生产标准化基本规范》GB/T 33000—2016、《水利安全生产标准化评审管理暂行办法》（水安监〔2013〕189 号）、《水利安全生产标准化评审管理暂行办法实施细则》（办安监〔2013〕168 号）、《水利办公厅关于水利安全生产标准化评审工作有关事项的通知》（办安监函〔2017〕1088 号）等开展安全生产标准化建设工作。

1. 企业安全生产标准化建设原则

企业开展安全生产标准化工作，应遵循"安全第一、预防为主、综合治理"的方针，落实企业主体责任。以安全风险管理、隐患排查治理、职业病危害防治为基础，以安全生产责任制为核心，建立安全生产标准化管理体系，实现全员参与，全面提升安全生产管理水平，持续改进安全生产工作，不断提升安全生产绩效，预防和减少事故的发生，保障人身安全健康，保证生产经营活动的有序进行。

2. 企业安全生产标准化建立和保持

企业应采用"策划、实施、检查、改进"的"PDCA"动态循环模式，按照本标准的规定，结合企业自身特点，自主建立并保持安全生产标准化管理体系，通过自我检查、自我纠正和自我完善，构建安全生产长效机制，持续提升安全生产绩效。

3. 企业安全生产标准化建设的核心要求

（1）目标职责（目标、机构和职责、全员参与、安全生产投入、安全文化建设、安全生产信息化建设）

（2）制度化管理（法规标准识别、规章制度、操作规程、文档管理）

（3）教育培训（教育培训管理、人员教育培训）

（4）现场管理（设备设施管理、作业安全、职业健康、警示标志）

（5）安全风险管控及隐患排查治理（安全风险管理、重大危险源辨识与管理、隐患排查治理、预测预警）

（6）应急管理（应急准备、应急处置、应急评估）

（7）事故管理（报告、调查和处理、管理）

（8）持续改进（绩效评定、持续改进）

4. 安全生产标准化等级划分

水利安全生产标准化等级分为一级、二级和三级，依据评审得分确定，评审满分为100。具体标准为：

（1）一级：评审得分90分以上（含），且各一级评审项目得分不低于应得分的70%；

（2）二级：评审得分80分以上（含），且各一级评审项目得分不低于应得分的70%；

（3）三级：评审得分70分以上（含），且各一级评审项目得分不低于应得分的60%；

（4）不达标：评审得分低于70分，或任何一项一级评审项目得分低于应得分的60%。

5. 安全生产标准化评定自评

水利生产经营单位应按照《评审标准》组织开展发生产标准化建设，自主开展等级评定，形成自评报告。自评报告内容应包括：单位概况及安全管理状况、基条件的符合情况、自主评定工作开展情况，自主评定结果、发现的主要问题、整改计划及措施、整改完成情况等。

水利生产经营位在策划，实施安全生产标化工作和自主开展安全生产标准化等级评定时，可以聘请专业技术咨询机构提供支持。

6. 安全标准化评定申请

水利生产经营单位根据自主评定结果，按照下列规定提出评审书面申请，申请材料包括申请表和自评报告；

（1）部属水利生产经营单位经上级主管单位审核同意后，向水利部提出评审申请；

（2）地方水利生产经营单位申请水利安全生产标准化一级的，经所在地省级水行政主管部门审核同意后，向水利部提出评审申请；

（3）上述两款规定以外的水利生产经营单位申请水利安全生产标准化一级的，经上级主管单位审核同意后，向水利部提出评审申请。

7. 安全生产标准化评定基本条件

申请水利安全生产标准化评审的单位应具备以下条件：

（1）设立有安全生产行政许可的，应依法取得国家规定的相应安全生产行政许可；

（2）水利工程项目法人所管辖的建设项目、水利水电施工企业在评审期（申请等级评审之日前 1 年）内，未发生较大及以上生产安全事故，不存在非法违法生产经营建设行为，重大事故隐患已治理达到安全生产要求；

（3）水利工程管理单位在评审期内，未发生造成人员死亡，重伤 3 人以上或直接经济损失超过 100 万元以上的生产安全事故，不存在非法违法生产经营建设行为，重大事故隐患已治理达到安全生产要求。

考 试 习 题

一、单项选择题（每小题有 4 个备选答案，其中只有 1 个是正确选项。）

1. 制定（　　），是安全目标管理的第一步，也是安全目标管理的核心。

A. 安全生产总目标　B. 年度目标　　　　C. 月度目标　　　　D. 中长期目标

正确答案：A

2. 水利水电工程施工企业的安全生产目标管理计划应经（　　）审核，项目法人同意，并由项目法人与施工单位签订安全生产目标责任书。

A. 监理单位　　　　B. 项目法人　　　　C. 设计单位　　　　D. 施工单位

正确答案：A

3. 下列有关安全目标实施叙述不正确的是（　　）。

A. 建立分级负责的安全责任制度，明确各个部门、人员的权利和责任

B. 建立安全保证体系，使各层次互相配合、互相促进，推进目标管理顺利开展

C. 建立各级目标管理组织，加强对安全目标管理的组织领导工作

D. 建立所有分部分项工程跟踪监控体系，发现事故隐患及时进行整改

正确答案：D

4. 目标考核一般可用（　　），其步骤分为确定各目标项目得分比重、给各目标项目打分、综合评定。

A. 打分法　　　　　　B. 评估法　　　　　　C. 考试法　　　　　　D. 测评法

正确答案：A

5. 实行安全目标管理，充分体现了（　　）原则。

A. 安全第一，预防为主，综合治理　　　B. 安全生产，人人有责

C. 生产必须安全，安全为了生产　　　　D. 安全责任重于泰山

正确答案：B

6. 企业应当建立以（　　）为负责人的安全生产委员会或安全生产领导小组。

A. 分管安全生产工作的副总经理　　　　B. 项目负责人

C. 总经理　　　　　　　　　　　　　　D. 法人代表

正确答案：D

7. 建筑施工劳务分包资质企业安全生产管理机构中，按照标准应配备不少于（　　）名专职安全管理人员。

A. 3　　　　　　　　B. 2　　　　　　　　C. 4　　　　　　　　D. 5

正确答案：B

8. 1万 m² 及以下的建筑工程至少应配备（　　）名专职安全生产管理人员。

A. 1　　　　　　　　B. 2　　　　　　　　C. 3　　　　　　　　D. 无须配备

正确答案：A

9. 某劳务分包单位向某工程项目派遣了 165 名劳务作业人员，则该劳务分包单位在该项目至少应配备（　　）名专职安全生产管理人员。

A. 1　　　　　　　　B. 2　　　　　　　　C. 3　　　　　　　　D. 无须配备

正确答案：B

10. 某项目设备安装合同造价为 6000 万，则承担该工程的总承包单位应至少配备（　　）名专职安全生产管理人员。

A. 1　　　　　　　　B. 2　　　　　　　　C. 3　　　　　　　　D. 4

正确答案：B

11. 建筑施工企业的分公司、区域公司等较大的分支机构应依据实际生产情况配备不少于（　　）名的专职安全生产管理人员。

A. 1　　　　　　　　B. 2　　　　　　　　C. 3　　　　　　　　D. 4

正确答案：B

12. 水利水电工程施工企业最基本的安全管理制度是（　　）。

A. 安全生产责任制度　　　　　　　　　B. 群防群治制度

C. 安全生产教育培训制度　　　　　　　D. 安全生产检查制度

正确答案：A

13. 水利水电工程施工企业中，负责编制安全技术措施并进行安全技术交底的部门

是（　　）。

    A. 生产计划部门　　B. 劳动人事部门　　C. 技术管理部门　　D. 安全管理部门

正确答案：C

14. 水利水电工程施工单位在工程项目的安全生产第一责任人是（　　）。

    A. 项目负责人　　　　　　　　　　B. 项目技术负责人

    C. 项目专职安全生产管理人员　　　D. 安全技术资料员

正确答案：A

15. （　　）对施工现场安全生产负有日常检查并做好记录的职责。

    A. 项目负责人　　　　　　　　　　B. 项目技术负责人

    C. 项目专职安全生产管理人员　　　D. 企业安全管理人员

正确答案：C

16. 下列关于工程项目施工班组长的安全职责叙述不正确的是（　　）。

    A. 具体负责本班组在施工过程中的安全管理工作

    B. 向本工种作业人员进行安全技术措施交底

    C. 组织本班组的班前安全活动

    D. 组织对施工现场易发生重大事故的部位和环节进行监控

正确答案：D

17. 下列关于工程项目作业人员的安全职责叙述不正确的是（　　）。

    A. 严格执行安全技术操作规程

    B. 严格按照安全技术交底进行作业

    C. 对作业人员违规违章行为有权予以纠正或查处

    D. 正确佩戴和使用劳动防护用品

正确答案：C

18. 施工单位承包工程后违反法律法规规定或者施工合同关于工程分包的约定，把单位工程或分部分项工程分包给其他单位或个人施工的行为是（　　）。

    A. 违法发包　　　B. 违法分包　　　C. 转包　　　D. 挂靠

正确答案：B

19. 单位或个人以其他有资质的施工单位的名义，承揽工程的行为是（　　）。

    A. 违法发包　　　B. 违法分包　　　C. 转包　　　D. 挂靠

正确答案：D

20. 建筑施工企业安全生产许可证暂扣期满前（　　）个工作日，需向颁发管理机关提出发还安全生产许可证申请。

    A. 10　　　　　　B. 12　　　　　　C. 14　　　　　　D. 6

正确答案：A

21. 安全生产许可证的有效期为（　　）年。

　　A. 3　　　　　　　　B. 4　　　　　　　　C. 5　　　　　　　　D. 6

正确答案：A

22. 安全生产许可证有效期满需要延期的，企业应当于期满前（　　）个月向原安全生产许可证颁发管理机关申请办理延期手续。

　　A. 3　　　　　　　　B. 4　　　　　　　　C. 5　　　　　　　　D. 6

正确答案：A

23. 同一建筑施工企业在 12 个月内连续发生（　　）次生产安全事故，将吊销安全生产许可证。

　　A. 4　　　　　　　　B. 3　　　　　　　　C. 5　　　　　　　　D. 6

正确答案：B

24. 建筑施工企业在 12 个月内同一项目被责令停止施工（　　）次时，将根据情节轻重依法给予暂扣安全生产许可证 30 日至 60 日的处罚。

　　A. 1　　　　　　　　B. 2　　　　　　　　C. 3　　　　　　　　D. 4

正确答案：B

25. 水利水电工程施工企业管理人员安全生产考核合格证书有效期为（　　）年。

　　A. 3　　　　　　　　B. 4　　　　　　　　C. 2　　　　　　　　D. 1

正确答案：A

26. 水利水电工程施工企业管理人员安全生产考核内容包括安全生产知识和（　　）。

　　A. 安全生产技术水平　　　　　　　　　　B. 安全生产管理能力

　　C. 安全生产操作能力　　　　　　　　　　D. 以上均不正确

正确答案：B

27. 根据《特种作业人员安全技术培训考核管理规定》（国家安监总局令第 30 号，第 63、80 号令修订）规定，特种作业操作证有效期为（　　）年，在全国范围内有效。特种作业操作证每 3 年复审 1 次。

　　A. 5 年　　　　　　　B. 6 年　　　　　　　C. 3 年　　　　　　　D. 2 年

正确答案：B

28. 根据《特种作业人员安全技术培训考核管理规定》（国家安监总局令第 30 号，第 63、80 号令修订）规定，特种作业操作证每（　　）年复审 1 次。

　　A. 3 年　　　　　　　B. 2 年　　　　　　　C. 1 年　　　　　　　D. 6 年

正确答案：A

29. 根据《特种作业人员安全技术培训考核管理规定》（国家安监总局令第 30 号，第 63、80 号令修订）规定，作业人员离开原作业岗位六个月以上，又回到原作业岗位，需要进行哪一类型的安全教育培训（　　）。

A. 转岗安全教育培训　　　　　　　　B. 复岗安全教育培训

C. 节假日教育培训　　　　　　　　　D. 转场安全教育培训

正确答案：B

30. 根据《企业安全生产费用提取和使用管理办法》（财企〔2012〕16 号）规定，建筑施工企业安全生产费用以建筑安装工程造价为计提依据，水利水电工程按（　　）提取。

A. 1.5%　　　　　B. 2.0%　　　　　C. 2.5%　　　　　D. 1.5‰

正确答案：B

31. 企业安全投入管理的第一责任人是（　　）。

A. 企业财务部门负责人　　　　　　　B. 企业技术负责人

C. 企业法定代表人　　　　　　　　　D. 企业分管安全生产副总经理

正确答案：C

32. 根据危险源发生的概率、危害程度以及影响范围将其分为（　　）。

A. 一般危险源和特殊危险源　　　　　B. 一般危险源和重大危险源

C. 较小危险源和较大危险源　　　　　D. 次要危险源和主要危险源

正确答案：B

33.《水利水电工程施工安全管理导则》将施工危险等级划分为一、二、三、四级，其中Ⅰ级危险等级对应的事故后果是（　　）。

A. 不严重　　　　B. 严重　　　　C. 很严重　　　　D. 特别严重

正确答案：D

34. 隐患排查的组织方式主要有（　　）检查、专业专项检查、季节性检查、节假日检查、日常检查等。

A. 综合　　　　　B. 周　　　　　C. 年度　　　　　D. 联合

正确答案：A

35. 水利水电工程施工企业应按照（　　）原则，为作业人员提供劳动防护用品。

A. 谁使用，谁负责　　　　　　　　　B. 谁使用，谁购买

C. 谁用工，谁负责　　　　　　　　　D. 按需分配

正确答案：C

36. 劳动防护用品主要是指劳动者在生产过程中为免遭或者减轻（　　）和职业危害所配备的个人防护装备。

A. 物体打击　　　　B. 高处坠落　　　　C. 触电事故　　　　D. 事故伤害

正确答案：D

37. 劳动防护用品根据防护性能分为（　　）和（　　）。

A. 特种劳动防护用品；一般劳动防护用品

B. 特种劳动防护用品；普通劳动防护用品

C. 特别劳动防护用品；一般劳动防护用品

D. 特别劳动防护用品；普通劳动防护用品

正确答案：A

38. 红外辐射防护的重点是对（　　）的保护，严禁裸眼直视强光源。

A. 皮肤　　　　　　B. 耳朵　　　　　　C. 头发　　　　　　D. 眼睛

正确答案：D

39. 下列哪项不是申请工伤认定所需要提交的材料（　　）。

A. 工伤认定申请表

B. 与用人单位存在劳动关系的证明材料

C. 医疗诊断证明或者职业病诊断证明书

D. 职工户籍证明

正确答案：D

40. 职工因事故接受工伤医疗的，在停工留薪期内，原工资福利待遇不变，并由所在单位（　　）支付。

A. 按年　　　　　　B. 按季度　　　　　C. 每半年　　　　　D. 按月

正确答案：D

41. 职工所在单位应当自事故伤害发生之日或者被诊断、鉴定为职业病之日起（　　）内，向统筹地区社会保险行政部门提出工伤认定申请。

A. 7 日　　　　　　B. 15 日　　　　　C. 30 日　　　　　D. 60 日

正确答案：C

42. 伤情严重或者情况特殊，经设区的市级劳动能力鉴定委员会确认，可以适当延长，但延长不得超过（　　）月。

A. 3 个　　　　　　B. 6 个　　　　　C. 9 个　　　　　D. 12 个

正确答案：D

43. 按工程项目参加工伤保险的，在项目开工前由（　　）一次性缴纳本项目工伤保险费。

A. 建设单位　　　B. 总承包单位　　C. 劳务分包单位　　D. 专业承包

正确答案：B

44. 实行总承包的工程项目，从事危险作业人员的意外伤害保险费由（　　）支付。

A. 建设单位　　　B. 总承包单位　　C. 分包单位　　　D. 个人

正确答案：B

45. 针对某个专项问题或在施工中存在的某个突出性安全问题进行的单项或定向检查是（　　）。

A. 专项检查　　　B. 定期检查　　　C. 季节性检查　　　D. 不定期检查

正确答案：A

46. 针对气候特点可能给安全施工带来危害而组织的安全检查是（　　）。

A. 节假日检查　　B. 定期检查　　　C. 季节性检查　　　D. 不定期检查

正确答案：C

47. 水利水电工程施工企业在跟踪企业及工程项目管理现状的状态下采取的时间灵活、随机性检查是指（　　）。

A. 专项检查　　　B. 定期检查　　　C. 综合性检查　　　D. 不定期检查

正确答案：D

48. 根据安监总局印发的《安全生产事故隐患排查治理暂行规定》，事故隐患分为哪几类（　　）。

A. 一般事故隐患和重大事故隐患　　　B. 一般事故隐患和特殊事故隐患

C. 较小事故隐患和较大事故隐患　　　D. 普通事故隐患和重要事故隐患

正确答案：A

49. 施工单位建立健全事故隐患排查治理和建档监控等制度，逐级建立并落实从（　　）到每个从业人员的隐患排查治理和监控职责。

A. 项目负责人　　B. 企业主要负责人　C. 安全管理人员　D. 监理单位

正确答案：B

50. 根据安监总局印发的《安全生产事故隐患排查治理暂行规定》，下列不属于隐患排查治理报告应包含内容的是（　　）。

A. 隐患的现状及其产生原因　　　　B. 隐患的危害程度和整改难易程度分析

C. 隐患的治理方案　　　　　　　　D. 检查人员的相关信息

正确答案：D

51. 根据安监总局印发的《安全生产事故隐患排查治理暂行规定》，下列关于隐患排查治理说法错误的是（　　）。

A. 水利水电工程施工企业对技术难度大、风险大的重要工程应重点定期排查

B. 水利水电工程施工企业应建立资金使用专项制度，保证事故隐患排查治理所需资金的投入

C. 水利水电工程施工企业应当按照事故隐患的等级对排查出的事故隐患进行登记，并建立事故隐患信息档案

D. 水利水电工程施工企业在事故隐患治理过程中，对发现的重大事故隐患可以要求工程项目边施工边整改

正确答案：D

52. 企业应急预案内部评审由（　　）组织有关部门和人员进行。

A. 企业主要负责人　　　　　　　　B. 企业技术负责人

C. 企业技术管理部门负责人　　　　D. 企业安全管理部门负责人

正确答案：A

53. 根据《生产安全事故应急预案管理办法》（国家安监总局令第 88 号）规定：矿山、金属冶炼、建筑施工企业和易燃易爆物品、危险化学品等危险物品的生产、经营、储存企业、使用危险化学品达到国家规定数量的化工企业、烟花爆竹生产、批发经营企业和中型规模以上的其他生产经营单位，应当每（　　）年进行一次应急预案评估。

A. 一　　　　　B. 五　　　　　C. 二　　　　　D. 三

正确答案：D

54. （　　），是指根据情景事件要素，按照应急预案检验包括预警、应急响应、指挥与协调、现场处置与救援、保障与恢复等应急行动和应对措施的全部应急功能的演练活动。

A. 专项演练　　　B. 综合演练　　　C. 现场处置演练　　D. 联合演练

正确答案：B

55. 根据《企业职工伤亡事故分类标准》，轻伤事故是指损失工作日低于（　　）日的失能伤害的事故。

A. 60　　　　　　B. 90　　　　　　C. 100　　　　　　D. 105

正确答案：D

56. 根据《企业职工伤亡事故分类标准》，死亡事故是指事故发生后当即死亡（含急性中毒死亡）或负伤后在（　　）天内死亡的事故。

A. 100　　　　　　B. 60　　　　　　C. 30　　　　　　D. 40

正确答案：C

57. 由机械设备或工具引起的绞、碾、碰、割、戳、切等伤害属于（　　）。

A. 机械伤害　　　B. 触电　　　　C. 起重伤害　　　D. 车辆伤害

正确答案：A

58. 根据《生产安全事故报告和调查处理条例》，造成（　　）死亡的事故属于重大事故。

A. 3 人以上 10 人以下　　　　　　B. 10 人以上 20 人以下

C. 10 人以上 30 人以下　　　　　　D. 30 人以上

正确答案：C

59. 某事故造成 7 人重伤，则该事故属于（　　）。

A. 一般事故　　　B. 重大事故　　　C. 较大事故　　　D. 特别重大事故

正确答案：A

60. 某事故造成 132 人重伤，则该事故属于（　　）。

A. 一般事故　　　　B. 重大事故　　　　C. 较大事故　　　　D. 特别重大事故

正确答案：D

61. 施工单位负责人接到报告后，应当于（　　）小时内向事故发生地县级以上人民政府建设主管部门和有关部门报告。

A. 2　　　　　　　B. 3　　　　　　　C. 1　　　　　　　D. 4

正确答案：C

62. 事故调查组应当自事故发生之日起（　　）内提交事故调查报告；特殊情况下，经负责事故调查的人民政府批准，提交事故调查报告的期限可以延长，但延长时限最长不超过（　　）。

A. 30 日，30 日　　B. 60 日，60 日　　C. 60 日，90 日　　D. 15 日，15 日

正确答案：B

63. 水利安全生产标准化等级分为一级、二级和三级，依据评审得分确定，评审满分为100。二级：评审得分（　　）分以上（含），且各一级评审项目得分不低于应得分的（　　）%。

A. 60　80　　　　B. 70　60　　　　C. 90　70　　　　D. 80　70

正确答案：D

64. 安全生产标准化达标证书有效期（　　）年。

A. 3　　　　　　　B. 4　　　　　　　C. 5　　　　　　　D. 6

正确答案：A

65. 安全生产标准化达标证书期满的，应于期满前（　　）个月申请延期。

A. 2　　　　　　　B. 4　　　　　　　C. 3　　　　　　　D. 6

正确答案：C

二、多项选择题（每小题有 5 个备选答案，其中至少有 2 个是正确选项。）

1. 安全目标管理的要素包括（　　）等四部分。

A. 目标确定　　　　B. 目标分解　　　　C. 目标实施　　　　D. 目标考核

E. 目标完成

正确答案：ABCD

2. 企业确定安全目标的主要依据是（　　）。

A. 国家与上级主管部门的安全工作方针、政策及下达的安全指标

B. 本企业的中、长期安全工作规划

C. 工伤事故和职业病统计资料和数据

D. 企业安全工作及劳动条件的现状及主要问题

E. 企业的经济条件及技术条件

正确答案：ABCDE

3. 企业安全目标的主要内容包括（　　　）。

A. 生产安全事故控制目标　　　　　　B. 安全生产投入目标

C. 文明施工管理目标　　　　　　　　D. 项目管理目标

E. 大危险源监控目标

正确答案：ABCE

4. 实行施工总承包的，项目安全生产领导小组成员包括（　　　）。

A. 施工总承包企业项目负责人　　　　B. 专业承包企业技术负责人

C. 劳务分包专职安全生产管理人员　　D. 专业承包企业专职安全生产管理人员

E. 施工总承包企业技术负责人

正确答案：ABCDE

5. 根据有关规定，下列水利水电工程施工总承包一级资质企业安全生产管理机构中配备的专职安全管理人员数量，符合要求的是（　　　）。

A. 6 名　　　　　　B. 4 名　　　　　　C. 2 名　　　　　　D. 3 名

E. 5 名

正确答案：ABE

6. 按照一岗双责原则，水利水电工程施工企业中下列哪些部门负有安全生产责任（　　　）。

A. 生产计划部门　　B. 劳动人事部门　　C. 教育培训部门　　D. 财务部门

E. 消防保卫部门

正确答案：ABCDE

7. 下列属于水利水电工程施工企业安全生产管理部门职责的有（　　　）。

A. 制订企业安全生产检查计划并组织实施

B. 监督在建项目安全生产费用的使用

C. 参与危险性较大工程安全专项施工方案专家论证会

D. 通报在建项目违规违章查处情况

E. 组织开展安全生产评优评先表彰工作

正确答案：ABCDE

8. 下列属于工程项目安全生产领导小组安全职责的有（　　　）。

A. 编制项目生产安全事故应急救援预案并组织演练

B. 保证项目安全生产费用的有效使用

C. 组织编制危险性较大工程安全专项施工方案

D. 开展项目安全教育培训

E. 组织实施项目安全检查和隐患排查

正确答案：ABCDE

9. 下列属于建筑施工企业主要负责人安全职责的有 （ 　　 ）。

A. 掌握本企业安全生产动态，定期研究安全工作

B. 建立、健全安全生产责任制，并领导、组织考核工作

C. 领导开展安全技术攻关活动，并组织技术鉴定和验收

D. 建立、健全安全生产保证体系，保证安全生产投入

E. 督促、检查安全生产工作，及时消除生产安全事故隐患

正确答案：ABDE

10. 下列属于水利水电工程施工企业项目负责人安全职责的有 （ 　　 ）。

A. 落实本单位安全生产责任制和安全生产规章制度

B. 建立工程项目安全生产保证体系，配备与工程项目相适应的安全管理人员

C. 落实本单位安全生产检查制度，对违反安全技术标准、规范和操作规程的行为及时予以制止或纠正

D. 落实本单位施工现场消防安全制度，确定消防责任人，按照规定配备消防器材、设施

E. 落实本单位安全教育培训制度，组织岗前和班前安全生产教育

正确答案：ABCDE

11. 下列哪些人员应当接受安全教育培训 （ 　　 ）。

A. 企业各管理层的负责人　　　　　　B. 特种作业人员

C. 新上岗作业人员　　　　　　　　　D. 待岗复工作业人员

E. 转岗作业人员

正确答案：ABCDE

12. 水利水电工程施工企业开展的教育培训类型主要有 （ 　　 ）。

A. 年度安全教育培训

B. 新工人三级安全教育培训

C. 作业人员转场、转岗和复岗安全教育培训

D. 节假日安全教育培训

E. 季节性安全教育培训

正确答案：ABCDE

13. 施工单位在采用新技术、新工艺、新设备、新材料时，应当对作业人员进行相应的安全教育培训，主要内容包括 （ 　　 ）。

A. 新技术、新工艺、新设备、新材料的特点、特性和使用方法

B. 新技术、新工艺、新设备、新材料投产使用后可能导致的新的危害因素及其防护方法

C. 新产品、新设备的安全防护装置的特点和使用

D. 新技术、新工艺、新设备、新材料的安全管理制度及安全操作规程

E. 采用新技术、新工艺、新设备、新材料应注意的事项

正确答案：ABCDE

14. 根据《企业安全生产费用提取和使用管理办法》（财企〔2012〕16号）规定，水利水电工程施工企业安全生产费用可用于（　　　）。

A. 安全生产检查相关费用支出

B. 配备和更新现场作业人员安全防护用品支出

C. 发生生产安全事故时，可用于医疗费用支付

D. 安全生产宣传，教育培训支出

E. 当企业资金不足时，可用于农民工工资发放

正确答案：ABD

15. 施工现场危险源识别可采用的方法有（　　　）

A. 现场交谈询问　　　　　　　　B. 经验判断

C. 查阅事故案例　　　　　　　　D. 工作任务和工艺过程分析

E. 安全检查表法

正确答案：ABCDE

16. 下列哪些属于建筑施工现场使用的劳动防护用品（　　　）。

A. 安全帽　　　　B. 安全带　　　　C. 安全网　　　　D. 绝缘手套

E. 绝缘鞋

正确答案：ABCDE

17. 有下列情形之一的（　　　），应当认定为工伤。

A. 在工作时间和工作场所内，因工作原因受到事故伤害的

B. 患职业病的

C. 因工外出期间，由于工作原因受到伤害或者发生事故下落不明的

D. 在上下班途中，受到本人主要责任的交通事故的

E. 在工作时间和工作场所内，因履行工作职责受到暴力等意外伤害的

正确答案：ABCE

18. 有下列情形之一的（　　　），不得认定为工伤或者视同工伤。

A. 故意犯罪的

B. 工作时间前后在工作场所内，从事与工作有关的预备性或者收尾性工作受到事故伤害的

C. 醉酒或者吸毒的

D. 自残或者自杀的

E. 在抢险救灾等维护国家利益、公共利益活动中受到伤害的

正确答案：ACD

19. 水利水电工程施工企业对工程项目安全检查的方式主要包括（　　）。

A. 综合性检查　　　B. 定期检查　　　　C. 经常性检查　　　D. 季节性检查

E. 不定期检查

正确答案：ABCDE

20. 根据安监总局印发的《安全生产事故隐患排查治理暂行规定》，事故隐患治理方案的内容应当包括（　　）。

A. 治理的目标和任务　　　　　　B. 采取的方法和措施

C. 经费和物资的落实　　　　　　D. 负责治理的机构和人员

E. 治理的时限和要求

正确答案：ABCDE

21. 根据《生产经营单位生产安全事故应急预案编制导则》GB/T 29639—2013 规定，应急预案分为（　　）。

A. 综合应急预案　　B. 专项应急预案　　C. 现场处置方案　　D. 火灾应急预案

E. 触电应急预案

正确答案：ABC

22. 根据造成的人员伤亡或者直接经济损失，下列属于较大事故的是（　　）。

A. 一次造成 2 人死亡的事故　　　　B. 一次造成 2000 万直接经济损失的事故

C. 一次造成 15 人重伤的事故　　　　D. 一次造成 6 人死亡的事故

E. 一次造成 9 人重伤的事故

正确答案：BCE

23. 事故报告应当包括的内容有（　　）。

A. 事故发生的时间、地点　　　　　B. 工程项目、企业名称

C. 事故发生的简要经过　　　　　　D. 对事故责任人的处理意见

E. 伤亡人数和直接经济损失的初步估计

正确答案：ABCE

24. 下列哪些属于事故调查报告的内容（　　）。

A. 事故基本情况和概况　　　　　　B. 事故发生后采取的措施

C. 事故原因和事故性质　　　　　　D. 对事故责任单位和责任人的处理建议

E. 事故的教训和防止类似事故再次发生所应采取措施的建议

正确答案：ABCDE

25.《中华人民共和国职业病防治法》（中华人民共和国主席令〔2011〕第 52 号，〔2016〕第 48 号修订、〔2017〕81 号修订）第十八条规定，建设项目的职业病防护设施所需费用应当纳入建设项目工程预算，并与主体工程（　　）。

A. 同时设计   B. 同时施工

C. 同时投入生产和使用   D. 同时运营

E. 同时使用

正确答案：ABC

26. 企业通过落实安全生产主体责任，全员全过程参与，建立并保持安全生产管理体系，全面管控生产经营活动各环节的安全生产与职业卫生工作，实现（   ），并持续改进。

A. 安全健康管理系统化   B. 岗位操作行为规范化

C. 岗位操作行为规范化   D. 岗位操作行为规范化

E. 作业标准化

正确答案：ABCD

三、判断题（答案 A 表示说法正确，答案 B 表示说法不正确。）

1. 目标分解的形式有纵向目标分解、横向目标分解、时序目标分解。

正确答案：A

2. 目标分解横向到边就是把安全总目标自上而下地一层一层分解，明确责任，使责任落实到人。

正确答案：B

3. 安全目标体系由总目标、分目标和子目标组成。

正确答案：A

4. 施工单位和工程项目部都应建立安全目标管理考核机构。

正确答案：A

5. 项目部专职安全管理人员的安全目标考核应由企业安全管理机构执行。

正确答案：B

6. 施工单位根据安全目标管理层层分解的原则，保证措施也要层层相应落实。

正确答案：A

7. 水利水电工程施工企业做出涉及安全生产的经营决策，应当听取安全生产管理机构以及安全生产管理人员的意见。

正确答案：A

8. 水利水电工程施工企业在其承包建设的工程项目中可以不建立安全生产领导小组，只要配备满足要求的专职安全管理人员即可。

正确答案：B

9. 水利水电工程施工专业承包一级资质企业，应配备不少于 5 名专职安全生产管理人员。

正确答案：B

10. 总承包单位建筑工程、装修工程，按照建筑面积配备，5 万 m² 及以上的工程配备不少于 3 名专职安全生产管理人员。

正确答案：A

11. 采用新技术、新工艺、新材料或致害因素多、施工作业难度大的工程项目，不用增加项目专职安全生产管理人员的数量。

正确答案：B

12. 建设工程项目专职安全生产管理人员应当由水利水电工程施工企业委派。

正确答案：A

13. 安全生产责任制是水利水电工程施工企业所有安全规章制度的核心。

正确答案：A

14. 安全生产人人有责、各负其责是保证水利水电工程施工企业的生产经营活动安全进行的重要基础。

正确答案：A

15. 水利水电工程施工企业设备管理部门负责各类安全防护用具、设施的采购。

正确答案：A

16. 水利水电工程施工企业工会组织发现危及从业人员生命安全的情况，有权向本企业建议组织从业人员撤离危险场所。

正确答案：A

17. 企业专职安全生产管理人员应当监督作业人员安全防护用品的配备及使用情况。

正确答案：A

18. 水利水电工程施工企业安全责任制考核实行一票否决制。

正确答案：A

19. 实行总承包的，分包单位应按照分包合同的约定对建设单位承担安全生产责任。

正确答案：B

20. 水利水电工程施工企业安全生产教育培训应贯穿于生产经营的全过程。

正确答案：A

21. 根据有关要求，专职安全管理人员每年接受安全培训的时间，不得少于 40 学时。

正确答案：A

22. 防火安全知识应当作为冬季安全教育培训的一项主要内容。

正确答案：A

23. 水利水电工程施工企业应将职工的年度安全生产教育培训情况记入个人档案，培训考核不合格的人员，不得上岗。

正确答案：A

24. 施工企业安全生产费用列入工程造价，在竞标时，不得删减，列入标外管理。

正确答案：A

25. 企业用于施工现场防雷、防台风的费用可以从安全生产费用中列支。

正确答案：A

26. 施工现场起重机械检验检测费用不得从企业安全生产费用中支取。

正确答案：B

27. 水利水电工程施工企业各管理层应定期对下一级管理层安全生产费用使用计划的实施情况进行监督审查和考核。

正确答案：A

28. 水利水电工程施工企业应建立施工现场重大危险源公示制度，并在施工现场设置重大危险源公示牌。

正确答案：A

29. 劳动防护用品不但可以以实物形式发放，也可以以货币或其他物品替代。

正确答案：B

30. 水利水电工程施工企业可以采购和使用无厂家名称，但有产品合格证和安全标志的劳动防护产品。

正确答案：B

31. 达到使用年限或报废标准的劳动防护用品可以由作业人员自行处理。

正确答案：B

32. 工伤职工或者其近亲属不得直接向用人单位所在地统筹地区社会保险行政部门提出工伤认定申请。

正确答案：B

33. 劳动功能障碍分为十个伤残等级，最重的为一级，最轻的为十级。

正确答案：A

34. 水利水电工程施工企业办理安全生产许可证的必要条件之一是工伤保险。

正确答案：A

35. 停工留薪期一般不超过 9 个月。

正确答案：B

36. 生活自理障碍分为三个等级：生活完全不能自理、生活大部分不能自理和生活部分不能自理。

正确答案：A

37. 在支付职工工伤保险待遇时，用人单位和承担连带责任的施工总承包单位、建设单位不支付的，由工伤保险基金先行支付。

正确答案：A

38. 保险费应当列入建筑安装工程费用，由施工企业支付，不得向职工摊派。

正确答案：A

39. 安全检查是消除事故隐患、落实整改措施、防止伤亡事故发生、改善劳动条件的重要手段。

正确答案：A

40. 工程项目部每周应结合施工动态，实行安全巡查。

正确答案：B

41. 水利水电工程施工企业对安全检查中发现的问题和隐患，应定人、定时间、定措施组织整改，并跟踪复查。

正确答案：A

42. 建设单位是水利水电工程施工事故隐患排查、治理和防控的责任主体。

正确答案：B

43. 一般事故隐患是指危害和整改难度较小，发现后能够立即整改排除的隐患。

正确答案：A

44. 施工单位应当鼓励、发动职工发现和排除事故隐患，鼓励社会公众举报。

正确答案：A

45. 应急救援预案一旦制定就应该严格实施，无须修订。

正确答案：B

46. 事故应急救援预案中只需要包括企业内部职能部门和人员的联系方式。

正确答案：B

47. 施工规模较小、从业人员较少的施工企业，可以配备兼职人员担任应急救援人员。

正确答案：A

48. 应急救援演练的目的之一是检验救援人员是否明确自己的职责和应急行动程序，以及反应队伍的协同反应水平和实战能力。

正确答案：A

49. 根据《企业职工伤亡事故分类标准》，职工受伤后，损失工作日等于和超过100 日（小于 6000 日）属于重伤事故。

正确答案：B

50. 某人在施工现场被狗咬伤不应算作生产安全事故。

正确答案：B

51. 某施工现场塔式起重机司机上下驾驶室时，发生的坠落伤害应属于起重伤害事故。

正确答案：B

52. 某事故直接经济损失达 8000 万，则该事故属于特别重大事故。

正确答案：B

53. 发生生产安全事故后，实行施工总承包的建设工程，由总承包单位负责上报事故。

正确答案：A

54. 某施工现场发生生产安全事故情况紧急时，现场有关人员可以直接向事故发生地县级水利行政主管部门和有关部门报告。

正确答案：A

55. 事故报告后出现新情况，以及事故发生之日起 15 日内伤亡人数发生变化的，应当及时补报。

正确答案：B

56. 事故发生后，因抢救人员、防止事故扩大的需要，移动事故现场物件时，可不做出标志。

正确答案：B

57. 一般生产安全事故应按程序逐级上报至国务院建设主管部门。

正确答案：B

第 4 章 施工现场安全管理

本 章 要 点

本章主要介绍了施工现场的平面布置与划分、封闭管理与施工场地、临时设施、安全标志、消防安全、防洪度汛管理、危险性较大的单项工程管理等，并对施工现场的卫生防疫、环境保护、安全技术交底、安全资料管理、机械设备管理、临时用电管理、特种作业管理、交通安全管理进行了简要介绍。

施工现场安全管理是企业项目部（《水利水电工程施工安全管理导则》SL 721 中的施工单位表示企业和企业项目部）安全生产的重要内容，是施工企业项目部一项基础性管理工作。施工现场是指施工活动所占用的场地，主要包括施工区、办公区和生活区。在施工生产过程中，要改善职工作业和生活环境，保证职工的生命财产安全，使企业项目部安全生产、文明施工不断规范化、标准化。

4.1 施工现场的平面布置与划分

施工现场的平面布置与划分是施工组织设计的重要组成部分，对规范施工现场管理、提高施工效率、提高文明施工水平至关重要。

4.1.1 施工总平面图编制的依据

（1）工程所在地区的原始资料，包括建设、勘察、设计以及规划等单位提供的有关资料；

（2）原有建筑物和拟建工程的位置和尺寸；

（3）施工方案、施工进度和资源需要计划；

（4）全部施工设施建造方案；

（5）项目法人可提供的房屋和其他设施；

（6）现行施工及验收规范、规程、定额、技术规定和技术经济指标；

（7）国家有关的规定；

（8）其他的调查资料。

4.1.2 施工平面布置原则

（1）贯彻执行合理利用土地的方针。

（2）因地制宜、因时制宜、有利生产、方便生活、易于管理、安全可靠、经济合理。

（3）注重环境保护、减少水土流失。

（4）充分体现人与自然的和谐相处。

4.1.3 施工总平面图表示的内容

（1）施工用地范围。

（2）一切地上和地下的已有和拟建的建筑物、构筑物及其他设施的平面位置与尺寸。

（3）永久性和半永久性坐标位置，必要时标出建筑场地的等高线。

（4）场内取土和弃土的区域位置。

（5）为施工服务的各种临时设施的位置。这些设施包括：

1）施工导流建筑物，如围堰、隧洞等；

2）交通运输系统，如公路、铁路、车站、码头、车库、桥涵等；

3）料场及其加工系统，如土料场、石料场、砂砾料场、骨料加工厂等；

4）各种仓库、料堆、弃料场等；

5）混凝土制备及浇筑系统；

6）机械修配系统；

7）金属结构、机电设备和施工设备安装基地；

8）风、水、电供应系统；

9）其他施工工厂，如钢筋加工厂、木材加工厂、预制构件厂等；

10）办公及生活用房，如办公室、试验室、宿舍等；

11）安全防火设施及其他，如消防站、警卫室、安全警戒线等。

4.1.4 施工现场功能区域划分及设置

（1）施工现场按照功能可划分为施工区、办公区和生活区等区域。

1）施工区又分为施工作业区、辅助作业区、材料存放区；

2）办公区一般包括办公室、资料室、会议室、档案室等；

3）生活区是指工程建设作业人员集中居住、生活的场所，包括施工现场以内和施工现场以外独立设置的生活区。

（2）现场施工总体规划布置应遵循合理使用场地、有利施工、便于管理等基本原则。分区布置，应满足防洪、防火等安全要求及环境保护要求。

（3）生产、生活、办公区和危险化学品仓库的布置，应遵守下列规定：

1）与工程施工顺序和施工方法相适应。

2）选址地质稳定，不受洪水、滑坡、泥石流、塌方及危石等威胁。

3）交通道路畅通，区域道路宜避免与施工主干线交叉。

4）生产车间，生活、办公房屋，仓库的间距应符合防火安全要求。

5）危险化学品仓库应远离其他区布置。

（4）施工区内起重设施、施工机械、移动式电焊机及工具房、水泵房、空压机房、电工值班房等布置应符合安全、卫生、环境保护要求。

（5）混凝土、砂石料等辅助生产系统和制作加工维修厂、车间的布置，应符合以下要求：

1）单独布置，基础稳固，交通方便、畅通。

2）应设置处理废水、粉尘等污染的设施。

3）应减少因施工生产产生的噪声对生活区、办公区的干扰。

（6）生产区仓库、堆料场布置应符合以下要求：

1）单独设置并靠近所服务的对象区域，进出交通畅通。

2）存放易燃、易爆、有毒等危险物品的仓储场所应符合有关安全的要求。

3）应有消防通道和消防设施。

（7）生产区大型施工机械与车辆停放场的布置应与施工生产相适应，要求场地平整、排水畅通、基础稳固，并应满足消防安全要求。

（8）弃渣场布置应满足环境保护、水土保持和安全防护的要求。

（9）生活区应遵守下列规定：

1）噪声应符合表4-1规定。

生产性噪声传播至非噪声作业地点噪声声级的限值   表4-1

地点名称	卫生限值［dB(A)］	等效限值［dB(A)］
噪声车间办公室	75	不超过55
非噪声车间办公室	60	
会议室	60	
计算机、精密加工室	70	

2）大气环境质量不应低于GB 3095三级标准。

3）生活饮用水符合国家饮用水标准。

（10）各区域应根据人群分布状况修建公共厕所或设置移动式公共厕所。

（11）各区域应有合理排水系统，沟、管、网排水畅通。

（12）有关单位宜设立医疗急救中心（站），医疗急救中心（站）宜布置在生活区内。施工现场应设立现场救护站。

（13）施工平面布置图应与现场实际情况保持一致，随现场布局的改变，施工平面布置图应作相应调整。

（14）施工设施的设置应符合防汛、防火、防砸、防风、防雷及职业卫生等要求。

（15）设备、原材料、半成品、成品等应分类存放、标识清晰、稳固整齐，并保持通道畅通。

（16）作业场所应保持整洁、无积水；排水管、沟应保持畅通，施工作业面应做到工完场清。

（17）隧洞作业应保持照明、通风良好、排水畅通，应采取必要的安全措施。

（18）施工照明及线路，应遵守下列规定：

1）露天施工现场宜采用高效能的照明设备。

2）施工现场及作业地点，应有足够的照明，主要通道应装设路灯。

3）在存放易燃、易爆物品场所或有瓦斯的巷道内，照明设备应符合防爆要求。

4.2 封闭管理与施工场地

施工现场的作业条件差，不安全因素多，容易对场内人员造成伤害。因此，必须在施工现场关键区域（如水轮发电机组安装区、变电所等）和危险区域（如爆破区、滑坡险情区、拌合楼拆除作业区等）周围设置连续性围挡，实施封闭式管理，将施工现场与外界隔离，防止无关人员随意进入场地，既解决了"扰民"又防止了"民扰"，同时起到了保护环境、美化市容的作用。

4.2.1 封闭管理

（1）大门

1）施工现场应当有固定的出入口，出入口处应设置大门；

2）施工现场的大门应牢固美观，两侧应当设置门垛并与围挡连续，大门上方应有企业名称或企业标识；

3）出入口处应当设置门卫值班室，配备专职门卫，制定门卫管理制度及交接班记录制度；

4）施工现场的施工人员应当佩戴工作卡。

（2）围挡

1）围挡分类

施工现场的围挡按照安装位置及功能主要分为外围封闭性围挡和作业区域隔离围挡，常用的主要有砌体围挡、彩钢板围挡、工具式围挡等。

2）围挡的设置

① 材质：施工现场的围挡用材应坚固、稳定、整洁、美观，封闭性围挡宜选用砌体、金属材板等硬质材料，禁止使用竹笆或安全网；

② 高度：围挡的安装应符合规范要求，围挡高度不低于 1.8m；在市区施工时，主要路段的工地高度不低于 2.5m，其他一般路段不低于 1.8m；

③ 使用：禁止在围挡内侧堆放泥土、砂石等散状材料，严禁将围挡做挡土墙使用。

（3）公示标牌

标牌是施工现场重要标志的一项内容，不但内容应有针对性，而且标牌制作、挂设应规范整齐、美观、字体工整，宜设置在施工现场进口处。

1）五牌二图

① 五牌：工程概况牌、消防保卫牌、安全生产牌、文明施工牌、管理人员名单及监督电话牌；

② 二图：施工现场总平面布置图、安全管理网络图；

2）两栏一报

施工现场应设置"两栏一报"，即读报栏、宣传栏和黑板报，丰富学习内容，表扬好人好事。

3）重大危险源公示（警示）牌

水利水电工程施工单位应建立重大危险源公示制度，在施工现场醒目位置设立重大危险源公示（警示）牌，公示施工中不同部位、不同时段的重大危险源。公示牌一般包括危险源名称、地点、责任人员、可能的事故类型、控制措施等内容，尺寸规格可结合本地区、本企业及本工程特点设置。

4.2.2　场地管理

（1）场地硬化

施工现场的场地应当清除障碍物，进行整平处理并采取硬化措施，使施工场地平整坚实，无坑洼和凹凸不平，雨季不积水，大风天不扬尘。有条件的可以做混凝土地面，无条件的可以采用石屑、焦渣、细石等方式硬化。

（2）场地绿化

施工现场应根据季节情况采取相应的绿化措施，达到美化环境和降低扬尘的效果。办公区域、生活区域必须进行植株绿化；场内闲置、裸露土地应优先采用草坪进行绿化。

（3）场内排水

施工现场应具有良好的排水系统，办公生活区、主干道路两侧、脚手架基础等部位应设置排水沟及沉淀池；现场废水不得直接排入河流和市政污水管网。

（4）场地清理

作业区及建筑物楼层（如管理房）内，要做到工完料净场地清；施工现场的垃圾应分类集中堆放，应采用容器或搭设专用封闭式垃圾道的方式清运。

（5）材料堆放

1）一般要求

① 材料的堆放应当根据用量大小、使用时间长短、供应与运输情况确定，用量大、

使用时间长、供应运输方便的，应当分期分批进场，以减少堆场和仓库面积；

② 施工现场各种工具、构件、材料的堆放必须按照总平面图规定的位置放置；

③ 位置应选择适当，便于运输和装卸，尽量减少二次搬运；

④ 地势较高、坚实、平坦，回填土应分层夯实，要有排水措施，符合安全、防火的要求；

⑤ 应当按照品种、规格分类堆放，并设明显标牌，标明名称、规格和产地等；

⑥ 各种材料物品必须堆放整齐；

⑦ 易燃易爆物品应分类储藏在专用库房内，并应制定防火措施。

2）主要材料半成品的堆放

① 施工现场的材料应按照总平面布置图的布局分类存放，并挂牌标明；

② 大型工具，应当一头见齐；

③ 钢筋应当堆放整齐，用方木垫起，不宜放在潮湿和暴露在外受雨水冲淋；

④ 砖应丁码成方垛，不得超高，距沟槽坑边不小于 0.5m，防止坍塌；

⑤ 砂应堆成方，石子应当按不同粒径规格分别堆放成方；

⑥ 各种模板应当按规格分类堆放整齐，地面应平整坚实，叠放高度一般不宜超过 2m；大模板存放应放在经专门设计的存架上，应当采用两块大模板面对面存放，当存放在施工建（构）筑物上时，应当满足自稳角度并有可靠的防倾倒措施；

⑦ 混凝土构件堆放场地应坚实、平整，按规格、型号分类堆放，垫木位置要正确，多层构件的垫木要上下对齐，垛位不准超高；混凝土墙板宜设插放架，插放架要焊接或绑扎牢固，防止倒塌。

4.2.3　道路

（1）永久性机动车辆道路、桥梁、隧道，应按照 JTG 801 的有关规定，并考虑施工运输的安全要求进行设计修建。

（2）铁路专用线应按国家有关规定进行设计、布置、建设。

（3）施工生产区内机动车辆临时道路应符合下列规定：

1）道路纵坡不宜大于 8%，进入基坑等特殊部位的个别短距离地段最大纵坡不应超过 15%；道路最小转弯半径不应小于 15m；路面宽度不应小于施工车辆宽度的 1.5 倍，且双车道路面宽度不宜窄于 7.0m，单车道不宜窄于 4.0m。单车道应在可视范围内设有会车位置。

2）路基基础及边坡保持稳定。

3）在急弯、陡坡等危险路段及岔路、涵洞口应设有相应警示标志。

4）悬崖陡坡、路边临空边缘除应设有警示标志外还应设有安全墩、挡墙等安全防护设施。

5）路面应经常清扫、维护和保养并应做好排水设施，不应占用有效路面。

（4）交通繁忙的路口和危险地段应有专人指挥或监护。

（5）施工现场的轨道机车道路，应遵守下列规定：

1）基础稳固，边坡保持稳定。

2）纵坡应小于 3%。

3）机车轨道的端部应设有钢轨车挡，其高度不低于机车轮的半径，并设有红色警示灯。

4）机车轨道的外侧应设有宽度不小于 0.6m 的人行通道，人行通道临空高度大于 2.0m 时，边缘应设置防护栏杆。

5）机车轨道、现场公路、人行通道等的交叉路口应设置明显的警示标志或设专人值班监护。

6）设有专用的机车检修轨道。

7）通信联系信号齐全可靠。

（6）施工现场临时性桥梁，应根据桥梁的用途、承重载荷和相应技术规范进行设计修建，并符合以下要求：

1）宽度应不小于施工车辆最大宽度的 1.5 倍。

2）人行道宽度应不小于 1.0m，并应设置防护栏杆。

（7）施工现场架设临时性跨越沟槽的便桥和边坡栈桥，应符合以下要求：

1）基础稳固、平坦畅通。

2）人行便桥、栈桥宽度不应小于 1.2m。

3）手推车便桥、栈桥宽度不应小于 1.5m。

4）机动翻斗车便桥、栈桥，应根据荷载进行设计施工，其最小宽度不应小于 2.5m。

5）设有防护栏杆。

（8）施工现场的各种桥梁、便桥上不应堆放设备及材料等物品，应及时维护、保养，定期进行检查。

（9）施工交通隧道，应符合以下要求：

1）隧道在平面上宜布置为直线。

2）机车交通隧道的高度应满足机车以及装运货物设施总高度的要求，宽度不应小于车体宽度与人行通道宽度之和的 1.2 倍。

3）汽车交通隧道洞内单线路基宽度应不小于 3.0m，双线路基宽度应不小于 5.0m。

4）洞口应有防护设施，洞内不良地质条件洞段应进行支护。

5）长度 100m 以上的隧道内应设有照明设施。

6）应设有排水沟，排水畅通。

7）隧道内斗车路基的纵坡不宜超过 1.0%。

（10）施工现场工作面、固定生产设备及设施处所等应设置人行通道，并应符合以下要求：

1）基础牢固、通道无障碍、有防滑措施并设置护栏，无积水。

2）宽度不应小于 0.6m。

3）危险地段应设置警示标志或警戒线。

4.3 临时设施

施工现场的临时设施主要是指施工期间暂设性使用的各种临时建筑物或构筑物。临时设施必须合理选址、正确用材，确保满足使用功能，达到安全、卫生、环保、消防的要求。

4.3.1 临时设施的种类

施工现场的临时设施较多，按照使用功能可分为：

（1）办公设施，包括办公室、会议室、资料室、门卫值班室；

（2）生活设施，包括宿舍、食堂、厕所、淋浴室、阅览室、娱乐室、卫生保健室；

（3）生产设施，包括材料仓库、防护棚、加工棚（如混凝土搅拌、砂浆搅拌、木材加工、钢筋加工、金属加工和机械维修厂站）、操作棚；

（4）辅助设施，包括道路、现场排水设施、围挡、大门、供水处、吸烟处。

4.3.2 临时设施的结构设计

施工现场搭建临时设施应采用以概率理论为基础的极限状态设计方法，以分项系数设计表达式进行计算，绘制施工图纸并经企业技术负责人审批方可搭建。《施工现场临时建筑物技术规范》JGJ/T 188 规定，临时建筑的结构安全等级不应低于三级，结构重要性系数不应小于 0.9，临时建筑设计使用年限应为 5 年，临时建筑结构设计应满足抗震、抗风要求，并应进行地基和基础承载力计算。

（1）围挡的结构设计要求

1）彩钢板围挡应符合以下规定：

① 彩钢板的基板不应有裂纹，涂层不应有肉眼可见的裂纹、剥落等缺陷；

② 当高度超过 1.5m 时，宜设置斜撑，斜撑与水平地面的夹角以 45°为宜；

③ 立柱的间距不宜大于 3.6m；

④ 横梁与立柱之间应采用螺栓可靠连接，围挡应采取抗风措施。

2）砌体围挡应符合以下规定：

① 砌体围挡不应采用空斗墙砌筑方式；

② 砌体围挡厚度不宜小 200mm，并应在两端设置壁柱，壁柱尺寸不宜小于 370mm×490mm，壁柱间距不应大于 5.0m；

③ 单片砌体围挡长度大于 30m 时，宜设置变形缝，变形缝两侧均应设置端柱；

④ 围挡顶部应采取防雨水渗透措施；

⑤ 壁柱与墙体间应设置拉结钢筋，拉结钢筋直径不应小于 6mm，间距不应大于 500mm，伸入两侧墙内的长度均不应小于 1000mm。

（2）活动房和砌体建筑的结构设计要求

活动房应符合以下规定：

1）活动房节点应按照通用性强、连接可靠、坚固耐用，适应多次拆装的原则进行设计。各结构构件之间的连接应采用螺栓连接，不得采用现场焊接；可按刚接平板支承设计；基柱脚地脚螺栓的直径不应小于 12mm，数量不少于 4 根。

2）钢柱脚可采用预埋锚栓与柱脚板连接的外露式做法，并应符合下列规定：

① 柱脚底面应至少高出室内底面 50mm；

② 门式钢架结构承重体系可采用铰接柱脚；钢排架、钢框架承重体系应采用刚接柱脚；

③ 柱脚锚栓应采用 Q235 钢或 Q345 钢制作，直径不宜小于 16mm，数量不应少于 4 根。锚固长度不宜小于锚栓直径的 25 倍；当锚栓的锚固长度小于锚栓直径的 25 倍时，可加锚板，锚板厚度不宜小于 12mm。

3）活动房的节点构造应符合下列要求：

① 活动房杆件的轴线宜汇交于节点中心；

② 钢排架承重体系中梁与柱或主梁与次梁之间应采用直径不小于 12mm 的螺栓连接，连接螺栓的数量应根据计算确定，并不应少于 2 个。

4）活动房的柱间垂直支撑宜分布均匀其形心宜靠近侧向力（风荷载）的作用线，并应符合下列规定：

① 当采用钢排架轻型钢结构承重体系时，在山墙、端跨应设置外墙柱间垂直支撑，中间跨应间隔设置柱间垂直支撑。长度超过 18m 应增设一道隔墙，并应符合山墙的规定；

② 当采用钢框架或门式钢架轻型钢结构承重体系时，在山墙、两端跨河外墙纵向长度每 45m 应设置一道柱间垂直支撑；

③ 当采用带花篮式调节螺栓的交叉圆钢作为外墙柱间垂直支撑时，圆钢的直径不应小于 10mm，圆钢与构件的夹角应在 30°～60°之间，宜为 45°。

④ 当房屋高度大于 1.6 倍的柱距时，柱间垂直支撑宜分层设置。

5）当采用钢排架轻型钢结构承重休系时，应设置屋面垂直支撑，并应符合下列规定：

① 在设置纵向柱间垂直支撑的开间应同时设置屋面垂直支撑；

② 当屋架跨度不大于 6m 时，沿跨度方向设置的屋面垂直支撑不应少于 2 道；

③ 当屋架跨度大于 6m 时，沿跨度方向设置的屋面垂直支撑不应少于 3 道。

6）活动房屋面水平支撑的设置应符合下列规定：

① 设置纵向柱间支撑的开间宜同时设置屋面横向水平支撑。当采用钢排架轻型钢结构承重体系时，宜在屋架的上、下弦同时设置屋面横向水平支撑；

② 未设置屋面垂直支撑的屋架间，相应于屋面垂直支撑的屋架上、下弦节点处应沿房屋纵向设置通长的刚性系杆；

③ 在柱顶、屋脊处应设置沿房屋纵向通长的刚性系杆，刚性系杆可有檩条兼作，檩条应按压弯杆件验算其强度、刚度和稳定性；

④ 由支撑斜杆组成的水平桁架，其直腹杆应按刚性系杆考虑。

7）山墙屋架的腹杆与山墙立柱宜上下对齐，在立柱与腹杆连接处沿立杆内、外两侧应设置长度不小于 2m 的条形连接件，并采用螺栓连接。

8）楼板、屋面板应与主体结构可靠连接，并应符合下列规定：

① 采用木楼板时，宜将木格栅和木楼板预制成标准的装配单元，木楼板装备单元的支承长度不应小于 35mm。木格栅的间距不应大于 600mm。木格栅可采用矩形、木基材工字形截面，截面尺寸应通过计算确定；

② 上弦节点处的檩条与屋架上弦应通过檩托板用螺栓连接；

③ 穿透屋面螺栓处应采取防渗漏措施。

9）活动房结构构件的厚度应符合下列规定：

① 主要承重构件的钢板厚度不应小于 2.0mm；且不宜大于 6.0mm；用于檩条和墙梁的弯薄型钢的壁厚不宜小于 1.5mm；

② 结构构件中受压板件的最大宽厚比应符合现行国家标准《冷弯薄壁型钢结构技术规范》GB 50018 的规定。

10）构件的允许长细比不宜超过表 4-2 的限值。

构件的允许长细比   表 4-2

构件类别	允许长细比
主要承重构件（如受压柱、梁式桁架中的受压杆等）	150
其他构件及支撑	200
受拉构件	350
门式刚架	180

注：张紧的圆钢拉条的长细比不受此限。

11）活动房的层间位移不宜大于柱高的 1/150，当采用门式刚架时，层间位移不宜大于柱高的 1/60。

12）受弯构件的允许挠度应符合表 4-3 的规定。

受弯构件的允许挠度 表 4-3

构件类别	允许竖向挠度
楼（屋）面梁、桁架	L/200
檩条、楼面板、屋面板、围护墙板	L/150
门式刚架	L/180
悬挑构件	L/400

注：L 为受弯构件的长度。

13）走道托架应采用螺栓与结构柱可靠连接，当走廊宽度超过 1.0m 时，走道托架端部应设置落地柱。

14）活动房结构构件不宜采取对接焊接的方式进行拼接，当需要采用焊接时，焊接的形式、焊缝质量等级要求、焊接质量保证措施等除应满足现行国家标准《冷弯薄壁型钢结构技术规范》GB 50018 的要求外，尚应符合下列规定：

① 梁、柱的拼接应设置在杆件内力较小的节间内，且应与杆件等强；

② 每根构件的接头不应超过 1 个；

③ 焊接材料应与主体金属材料相匹配，当不同强度等级的钢材连接时，可采用与低强度钢材相适应的焊条；

④ 焊缝的布置宜对称于构件的形心轴。

（3）砌体建筑应符合以下规定：

1）砌体建筑的结构静力计算应采用刚性方案，横墙间距不应大于 16m，并应符合下列规定：

① 墙体布置应闭合纵横墙的布置宜均匀对称，在平面内宜对齐；同一轴线上的窗间墙宽度宜均匀；纵、横墙交接处应有拉结措施，烟道、通风道等竖向孔道不应削弱墙体承载力；

② 横墙中开有洞口时，洞口的水平截面面积不应超过横墙面积的 50％；

③ 横墙长度不宜小于其高度；

④ 承重墙厚度不宜小于 180mm。

2）砌体建筑的屋盖宜采用钢木或轻钢屋架；

3）砌体建筑应在屋架下设置闭合的钢筋混凝土圈梁，并应符合下列规定：

① 圈梁宽度应与墙厚相同，高度不应小于 120mm，圈梁纵向配筋不应少于 4ϕ10，钢筋搭接长度按受拉钢筋确定，箍筋宜为 ϕ6@250mm；

② 纵横墙交接处的圈梁应有可靠的连接；

③ 圈梁与屋盖之间应采取可靠的锚固措施。

4）砌体建筑应在外墙、大房间四角设置钢筋混凝土构造柱，并符合下列规定：

① 构造柱与墙体的连接处的墙体应砌成马牙搓；

② 应沿墙高每隔 500mm 设 2ϕ6 拉结钢筋，每边伸入墙内不少于 1m。

5）屋盖应有足够的承载力和刚度；屋架端部必须用直径不小于 $\phi14$ 的锚栓与圈梁或构造柱锚固，锚栓的数量须经过计算确定，且不少于 2 根。

6）檩条与桁架上弦锚固应根据屋架跨度、支撑方式及使用条件选用螺栓或其他可靠的锚固方法。

7）屋盖应根据结构的形式和跨度、屋面构造及荷载等情况选用上弦横向支撑或垂直支撑。

4.3.3 临时设施的选址与布置原则

（1）办公生活临时设施的选址应考虑与作业区相隔离，保持安全距离，同时保证周边环境具有安全性；

（2）合理布局，协调紧凑，充分利用地形，节约用地；

（3）尽量利用项目法人在施工现场或附近能提供的现有房屋和设施；

（4）临时房屋应本着厉行节约的目的，充分利用当地材料，尽量采用活动式或容易拆装的房屋；

（5）临时房屋布置应方便生产和生活；

（6）临时房屋的布置应符合安全、消防和环境卫生要求；应布置在不受山洪、江洪、滑坡、塌方及危石等威胁的区域，基础坚固，稳定性好，周围排水畅通；

（7）生活性临时房屋可布置在施工现场以外，若在场内，一般应布置在现场的四周或集中于一侧；

（8）行政管理的办公室等应靠近工地，或是在工地现场出入口；

（9）生产性临时设施应根据生产需要，全面分析比较后选择适当位置。

4.3.4 临建房屋的结构类型

（1）活动式临时房屋，如钢骨架活动房屋、彩钢板房。

（2）固定式临时房屋，主要为砖木结构、砖石结构和砖混结构。

（3）临时房屋应优先选用钢骨架彩钢板房（芯材的燃烧性能为 A 级），生活、办公设施。

4.3.5 临时设施的搭设与使用管理

（1）办公室

施工现场应设置办公室，办公室内布局应合理，文件资料宜归类存放，并应保持室内清洁卫生，办公室内净高不应低于 2.5m，人均使用面积不宜小于 4m²。

（2）会议室

施工现场应根据工程规模设置会议室，并应当设置在临时用房的首层，其使用面积不宜小于 30m²。会议室内桌椅必须摆放整齐有序、干净卫生，并制定会议管理制度。

（3）职工夜校

施工现场应设置职工夜校，经常对职工进行各类教育培训，并应配置满足教学需求的各类物品，建立职工学习档案；制定职工夜校管理制度。

（4）职工宿舍

1）宿舍应当选择在通风、干燥的位置，防止雨水、污水流入；不得在尚未竣工建筑物内设置员工集体宿舍；

2）宿舍内应保证有必要的生活空间，室内净高不得小于 2.5m，通道宽度不得小于 0.9m，每间宿舍居住人员不应超过 16 人，人均使用面积不宜小于 $2.5m^2$；

3）宿舍必须设置可开启式外窗，床铺不得超过 2 层，高于地面 0.3m，间距不得小于 0.5m，严禁使用通铺；

4）宿舍内应有防暑降温措施，宿舍应设生活用品专柜、鞋柜或鞋架、垃圾桶等生活设施；

5）宿舍周围应当搞好环境卫生，应设置垃圾桶；

6）生活区内应为作业人员提供晾晒衣物的场地；

7）房屋外应道路平整、硬化，晚间有良好的照明；

8）施工现场宜采用集中供暖，使用炉火取暖时应采取防止一氧化碳中毒的措施。彩钢板活动房严禁使用炉火或明火取暖；

9）宿舍临时用电宜使用安全电压，采用强电照明的宜使用限流器。生活区宜单独设置手机充电柜或充电房间；

10）制定宿舍管理制度，并安排专人管理，床头宜设置姓名卡。

（5）食堂

1）食堂应当选择在通风、干燥、清洁、平整的位置，防止雨水、污水流入，应当保持环境卫生，距离厕所、垃圾站、有毒有害场所等污染源不宜小于 15m，且不应设在污染源的下风侧，装修材料必须符合环保、消防要求；

2）食堂应设置独立的制作间、储藏间；门扇下方应设不低于 0.2m 的防鼠挡板。制作间灶台及周边应采取宜清洁、耐擦洗措施，墙面处理高度大于 1.5m，地面应做硬化和防滑处理，并保持墙面、地面整洁；

3）食堂应配备必要的排风设施和冷藏设施；宜设置通风天窗和油烟净化装置，油烟净化装置应定期清理；

4）食堂宜使用电炊具。使用燃气的食堂，燃气罐应单独设置存放间并应加装燃气报警装置，存放间应通风良好并严禁存放其他物品；供气单位资质应齐全，气源应有可追溯性；

5）食堂制作间的炊具宜存放在封闭的橱柜内，刀、盆、案板等炊具必须生熟分开；做好 48 小时的留样管理；

6）食堂制作间、锅炉房、可燃材料库房及易燃易爆危险品库房等应采用单层建筑，应与宿舍和办公用房分别设置，并应按相关规定保持安全距离。

（6）厕所

1）厕所大小应根据施工现场作业人员的数量设置，按照男厕所1∶50、女厕所1∶25的比例设置蹲便器，蹲便器间距不小于0.9m，并且应在男厕每50人设置1m长小便槽；

2）高层建筑施工超过8层以后，每隔四层宜设置临时厕所；

3）施工现场应设置水冲式或移动式厕所，厕所地面应硬化，门窗齐全并通风良好；

4）厕位宜设置隔板，隔板高度不宜低于0.9m；

5）厕所应设专人负责，定时进行清扫、冲刷、消毒，防止蚊蝇滋生，化粪池应及时清掏。

（7）淋浴室

1）淋浴室内应设置储衣柜或挂衣架，室内使用安全电压，设置防水防爆灯具；

2）淋浴间内应设置满足需要的淋浴器，淋浴器与员工的比例宜为1∶20，间距不小于1m；

3）应设专人管理，并有良好的通风换气措施，定期打扫卫生。

（8）防护棚

施工现场的防护棚较多，如加工站厂棚、机械操作棚、通道防护棚等。

大型站厂棚可用砖混、砖木结构，应当进行结构计算，保证结构安全。小型防护棚一般可用钢管、扣件、脚手架材料搭设，并应当严格按照《建筑施工扣件式钢管脚手架安全技术规范》JGJ 130要求搭设。防护棚顶应当满足承重、防雨要求。在施工坠落半径之内的，棚顶应当具有抗冲击能力，可采用多层结构。最上层材料强度应能承受10kPa的均布静荷载，也可采用50mm厚木板双层架设，间距应不小于600mm。

（9）搅拌站

1）搅拌站应有后上料场地，应当综合考虑砂石堆场、水泥库的设置位置，既要相互靠近，又要便于材料的运输和装卸；

2）搅拌站应当尽可能设置在垂直运输机械附近，在塔式起重机吊运半径内，尽可能减少混凝土、砂浆水平运输距离；采用塔式起重机吊运时，应当留有起吊空间，使吊斗能方便地从出料口直接挂钩起吊和放下；采用小车、翻斗车运输时，应当设置在施工道路附近，以方便运输；

3）搅拌站场地四周应当设置沉淀池、排水沟，避免清洗机械时，造成场地积水；清洗机械用水应沉淀后循环使用，节约用水；避免将未沉淀的污水直接排入城市排水设施和河流；

4）搅拌站应当搭设搅拌棚，挂设搅拌安全操作规程和相应的警示标志、混凝土配合比牌；

5）搅拌站应当采取封闭措施，以减少扬尘的产生，冬期施工还应考虑保温、供热等。

（10）仓库

1）仓库的面积应根据在建工程的实际情况和施工阶段的需要计算确定；

2）水泥仓库应当选择地势较高、排水方便、靠近搅拌站的地方；

3）仓库内工具、器件、物品应分类放置，设置标牌，标明规格、型号；

4）易燃、易爆物品仓库的布置应当符合防火、防爆安全距离要求，并建立严格的进出库制度，设专人管理。爆破器材仓库必须符合 GB 6722 的有关规定。

（11）油库、加油站还必须符合以下规定：

1）独立建筑，与其他建筑、设施之间的防火安全距离不应小于 50m。

2）加油站四周应设有不低于 2.00m 高的实体围墙，或金属网等非燃烧体栅栏。

3）设有消防安全通道，油库内道路宜布置成环行道，车道宽应不小于 4m。

4）露天的金属油罐、管道上部应设有阻燃物的防护棚。

5）库内照明、动力设备应采用防爆型，装有阻火器等防火安全装置。

6）装有保护油罐贮油安全的呼吸阀、阻火器等防火安全装置。

7）油罐区安装有避雷针等避雷装置，其接地电阻不得大于 10Ω，且应定期检测。

8）金属油罐及管道应设有防静电接地装置，接地电阻应不大于 30Ω，且应定期检测。

9）配备有泡沫、干粉灭火器及沙土等灭火器材。

10）设有醒目的安全防火、禁止吸烟等警告标志。

11）设有与安全保卫消防部门联系的通信设施。

12）库区内严禁一切火源，严禁吸烟及使用手机。

13）工作人员应熟悉使用灭火器材和消防常识。

14）运输使用的油罐车应密封，并有防静电设施。

（12）现场值班房、移动式工具房、抽水房、空压机房、电工值班房等应符合以下规定：

1）值班房搭设应避开可能坠落物区域，特殊情况无法避开时，房顶应设置有效的隔离防护层。

2）值班房高处临边位置应设有防护栏杆。

3）移动式工具房应设有四个经过验算的吊环。

4）配备有灭火装置或灭火器材。

4.4 安全标志

施工现场应当根据工程特点及施工的不同阶段，在容易发生事故或危险性较大的作业场所，有针对性地设置、悬挂安全标志。

4.4.1 安全标志的定义与分类

根据《安全标志及其使用导则》GB 2894 规定，安全标志是用于表达特定信息的标志，由图形符号、安全色、几何图形（边框）或文字组成。包括提醒人们注意的各种标牌、文字、符号以及灯光等，以此表达特定的安全信息。其目的是引起人们对不安全因素的注意，防止发生事故。安全标志主要包括安全色和安全标志牌等。

（1）安全色

根据《安全色》GB 2893 规定，安全色是表达安全信息含义的颜色，安全色分为红、黄、蓝、绿四种颜色，分别表示禁止、警告、指令和提示；

（2）安全标志

安全标志分禁止标志、警告标志、指令标志和提示标志。建筑施工现场设置、悬挂的安全标志较多，建筑施工现场常用的安全标志见表 4-4。

常见的安全标志 表 4-4

序号	安全标志内容	序号	安全标志内容	序号	安全标志内容
	一、禁止标志	24	禁止穿带钉鞋	47	当心障碍物
1	禁止吸烟		二、警告标志	48	当心滑倒
2	禁止烟火	25	注意安全		三、指令标志
3	禁止带火种	26	当心火灾	49	必须戴防护眼镜
4	禁止用水灭火	27	当心爆炸	50	必须戴遮光护目镜
5	禁止放置易燃物	28	当心腐蚀	51	必须戴防尘口罩
6	禁止堆放	29	当心中毒	52	必须戴防毒面具
7	禁止启动	30	当心触电	53	必须戴护耳器
8	禁止合闸	31	当心电缆	54	必须戴安全帽
9	禁止转动	32	当心机械伤人	55	必须系安全带
10	禁止乘人	33	当心跌落	56	必须穿防护服
11	禁止靠近	34	当心塌方	57	必须戴防护手套
12	禁止入内	35	当心冒顶	58	必须穿防护鞋
13	禁止停留	36	当心坑洞	59	必须加锁
14	禁止通行	37	当心落物	60	必须接地
15	禁止跨越	38	当心吊物		四、提示标志
16	禁止攀登	39	当心碰头	61	紧急出口
17	禁止跳下	40	当心挤压	62	避险处
18	禁止依靠	41	当心伤手	63	可动火区
19	禁止蹬踏	42	当心夹手	64	击碎板面
20	禁止触摸	43	当心扎脚	65	急救点
21	禁止伸入	44	当心弧光	66	应急电话
22	禁止抛物	45	当心车辆		
23	禁止戴手套	46	当心坠落		

注：表 4-4 中常用安全标志参见附录。

安全标志的图形、尺寸、颜色、文字说明和制作材料等，均应符合国家标准规定。一般来说，安全标志应当明显，便于作业人员识别。如果是灯光标志，要求明亮显眼；如果是文字图形标志，则要求明确易懂。

1）禁止标志

禁止标志是禁止人们不安全行为的图形标志。

禁止标志的基本形式是带斜杠的圆边框，框内为白底黑色图案，并在正下方用文字补充说明禁止的行为模式。

2）警告标志

警告标志是提醒人们对周围环境或活动引起注意，以避免可能发生危险的图形标志。

几何图形为黄底黑色图形加三角形黑边的图案，并在正下方用文字补充说明当心的行为模式。

3）指令标志

指令标志是强制人们必须做出某种动作或采用防范措施的图形标志。

几何图形为蓝底白色图形的圆形图案，并在正下方用文字补充说明必须执行的行为模式。

4）提示标志

提示标志是向人们提供某种信息（如标明安全设施或场所等）的图形标志。

图形以长方形、绿底（防火为红底）白线条加文字说明，如"安全通道"、"灭火器"、"火警电话"等。

4.4.2　安全标志平面布置图

施工企业项目部应当根据工程项目的规模、施工现场的环境、工程结构形式以及设备、机具的位置等情况，确定危险部位，有针对性地设置安全标志。施工现场应绘制安全标志布置总平面图，根据不同阶段的施工特点，组织人员有针对性地进行设置、悬挂和增减。

安全标志布置总平面图，是重要的安全工作内业资料之一，当使用一张图不能完全表明时可以分层表明或分层绘制。安全标志布置总平面图应由绘制人员签名，项目负责人审批。

4.4.3　安全标志的设置与悬挂

按照规定，施工现场应当根据工程特点及施工阶段，有针对性地在施工现场的危险部位和有关设备、设施上设置明显的安全警示标志，提醒、警示进入施工现场的管理人员、作业人员和有关人员，时刻认识到所处环境的危险性，随时保持清醒和警惕，避免事故发生。

（1）安全标志的设置位置与方式

1）高度

安全标志牌的设置高度应与人眼的高度一致，"禁止烟火"、"当心坠物"等环境标志牌下边缘距离地面高度不能小于2m；"禁止乘人"、"当心伤手"、"禁止合闸"等局部信息标志牌的设置高度应视具体情况确定。

2）角度

标志牌的平面与视线夹角应接近90°，观察者位于最大观察距离时，最小夹角不小于75°。

3）位置

标志牌应设在与安全有关的醒目和明亮地方，并使大家看见后，有足够的时间来注意它所表示的内容。环境信息标志宜设在有关场所的入口处和醒目处；局部信息标志应设在所涉及的相应危险地点或设备（部件）附近的醒目处。标志牌一般不宜设置在可移动的物体上，以免这些物体位置移动后，看不见安全标志。标志牌前不得放置妨碍认读的障碍物。

4）顺序

必须同时设置不同类型多个标志牌时，应当按照警告、禁止、指令、提示的顺序，先左后右、先上后下的排列设置。

5）固定

施工现场设置的安全标志牌的固定方式主要为附着式、悬挂式两种。在其他场所也可采用柱式。悬挂式和附着式的固定应稳固不倾斜，柱式的标志牌和支架应牢固地联接在一起。

（2）危险部位安全标志的设置

根据《安全生产法》《建设工程安全管理条例》的有关规定，施工现场入口处、施工起重机械、临时用电设施、脚手架、出入通道口、楼梯口、电梯井口、孔洞口、桥梁口、隧道口、基坑边沿、爆破物及有害危险气体和液体存放处等属于危险部位，应当设置明显的安全标志。安全标志的类型、数量应当根据危险部位的性质，设置相应的安全警示标志。如在爆破物及有害危险气体和液体存放处设置"禁止烟火"、"禁止吸烟"等禁止标志；在施工机具旁设置"当心触电"、"当心伤手"等警告标志，在施工现场入口处设置"必须佩戴安全帽"等指令标志；在通道口处设置"安全通道"等指示标志。

在施工现场还应根据需要设置"荷载限值"、"距离限值"等安全标识。如应根据卸料平台承载力计算结果，在平台内侧设置"荷载限值"标识；外电线路防护时，设置符合规范要求的"距离限值"标识等。在施工现场的沟、坎、深基坑等处，夜间要设红灯示警。

（3）安全标志登记

安全标志设置后应当进行统计记录，并填写施工现场安全标志登记表。

4.5　消防安全

施工现场是消防的重点场所。施工现场堆放的各种建筑材料，设备的仓库或堆场，办公室、宿舍、食堂、更衣室等临时设施，临时变电所（配电箱）、乙炔发生器间、油漆间、木工间、电工间、易燃易爆危险物品仓库等都是重点消防部位。水利水电工程施工企业应当在施工现场建立消防安全责任制度，确定消防安全责任人，制定用火、用电、使用易燃易爆物品材料等各项消防安全管理制度和操作规程，确保施工现场防火布局合理，规范设置临建房屋、消防通道、消防水源及灭火器材。

4.5.1　防火原则和基本概念

（1）防火原则

防火是指防止火灾发生和（或）限制其影响的措施。我国消防工作的方针是"预防为主，防消结合"。

"预防为主"就是要把预防火灾的工作放在首要的地位，要开展防火安全教育，提高人民群众对火灾的警惕性；健全防火组织，严密防火制度，进行防火检查，消除火灾隐患，贯彻建筑防火措施等。

"防消结合"就是在积极做好防火工作的同时，在组织上、思想上、物质上和技术上做好灭火战斗的准备。一旦发生火灾，就能迅速地赶赴现场，及时有效地将火灾扑灭。

"防"和"消"是相辅相成的两个方面，是缺一不可的，因此，这两方面的工作都要积极做好。

（2）火灾分类

火灾是指在时间和空间上失去控制的燃烧所造成的灾害。

根据《火灾分类》GB/T 4968，火灾根据可燃物的类型和燃烧特性，分为 A、B、C、D、E、F 六类。

A 类火灾：指固体物质火灾。这种物质通常具有有机物质性质，一般在燃烧时能产生灼热的余烬。如木材、煤、棉、毛、麻、纸张等火灾。

B 类火灾：指液体或可熔化的固体物质火灾。如煤油、柴油、原油，甲醇、乙醇、沥青、石蜡等火灾。

C 类火灾：指气体火灾。如煤气、天然气、甲烷、乙烷、丙烷、氢气等火灾。

D 类火灾：指金属火灾。如钾、钠、镁、铝镁合金等火灾。

E 类火灾：带电火灾。如物体带电燃烧的火灾。

F 类火灾：烹饪器具内的烹饪物（如动植物油脂）火灾。

（3）火灾等级

按照一次火灾事故所造成的人员伤亡和直接经济损失，火灾可分为特别重大、重大、较大和一般火灾四个等级，其标准是：

1）特别重大火灾

是指造成 30 人以上死亡，或者 100 人以上重伤，或者 1 亿元以上直接财产损失的火灾；

2）重大火灾

是指造成 10 人以上 30 人以下死亡，或者 50 人以上 100 人以下重伤，或者 5000 万元以上 1 亿元以下直接财产损失的火灾；

3）较大火灾

是指造成 3 人以上 10 人以下死亡，或者 10 人以上 50 人以下重伤，或者 1000 万元以上 5000 万元以下直接财产损失的火灾；

4）一般火灾

是指造成 3 人以下死亡，或者 10 人以下重伤，或者 1000 万元以下直接财产损失的火灾。

注："以上"包括本数，"以下"不包括本数。

（4）燃烧条件

燃烧是一种剧烈的氧化反应。发生燃烧必须具备以下三个条件：

1）可燃物质。凡是能够与空气中的氧或其他氧化剂起剧烈化学反应的物质，一般都称为可燃物质。如：木材、纸张、汽油、酒精、氢气、钠、镁等。

2）助燃物质。凡能和可燃物发生反应并引起燃烧的物质，称为助燃物质。如：空气、氧、氯、过氧化钠等。

3）火源。凡能引起可燃物质燃烧的热能源，称为火源。如：明火、高温、赤热体、火星、聚焦的日光、机械热、雷电、静电、电火花等。

（5）自燃

自燃是指可燃物质在没有外来热源作用的情况下，由其本身所进行的生物、物理或化学作用而产生热。在达到一定的温度和氧量时，发生自动燃烧。

在一般情况下，能自燃的物质有：植物产品、油脂、煤及硫化铁等。

（6）爆炸

物质自一种状态迅速地转变为另一种状态，并在极短的时间内放出巨大能量的现象，称为爆炸。爆炸中，温度与压力急剧升高，产生爆破或者冲击作用。

爆炸可分为核爆炸、物理爆炸和化学爆炸三种形式。

（7）动火等级

根据建筑工程选址位置、施工现场平面布置、作业周围环境、施工工艺的不同，将动火等级分为一、二、三级。

1）一级动火

凡属下列情况之一的动火，均为一级动火：

① 禁火区域内；

② 油罐、油箱、油槽车和储存过可燃气体、易燃液体的容器及与其连接在一起的辅助设备；

③ 各种受压设备；

④ 危险性较大的登高焊、割作业；

⑤ 比较密封的室内、容器内、地下室等场所；

⑥ 现场堆有大量可燃和易燃物质的场所。

2）二级动火

凡属下列情况之一的动火，均为二级动火：

① 在具有一定危险因素的非禁火区域内进行临时焊、割等用火作业。

② 小型油箱等容器。

③ 登高焊、割等用火作业。

3）三级动火

在非固定的、无明显危险因素的场所进行用火作业，均属三级动火作业。

4.5.2　防火与灭火基本方法

（1）防火

根据燃烧的条件，防火要从防止燃烧入手，即控制可燃物、隔离助燃物、消除着火源、阻止火势蔓延等。

1）控制可燃物——使用难燃或不燃的材料代替可燃材料，设置易燃化学品和易燃材料的专储仓库，控制易燃物品的储量。

2）隔离助燃物——对使用、生产易爆化学品的生产设备实行密闭操作，防止与空气接触形成可燃混合物，隔绝空气。

3）禁止明火源——在爆炸危险场所安装整体防爆电气设备，仓库、油库严禁吸烟，严禁明火作业、防静电。

4）阻止火势蔓延——设置防火墙或留防火间距，初期扑救、防止新的燃烧条件生成。

（2）灭火

根据燃烧的特点，灭火的方法主要有冷却法、隔离法、窒息法和抑制法等。

1）冷却法——将灭火剂（如水）直接喷洒到燃烧物上，把燃烧物的温度降低到其燃点以下，使燃烧停止，或者将灭火剂喷洒在火源附近的物体上，使其不受火焰辐射的威胁，避免形成新的火点等。

2）隔离法——将正在燃烧物质和未燃烧的物质隔离，中断可燃物质的供给，使火势不能蔓延。例如，将火源附近的可燃、易燃和助燃的物品搬走，关闭可燃气体、液体管路的阀门，设法阻拦流散的液体等。

3）窒息法——隔绝空气，使可燃物质无法获得氧化剂助燃而停止燃烧。如二氧化碳灭火器，就是利用喷射出来的灭火剂隔绝空气或稀释燃烧区域空气中的含氧量，使可燃物得不到充分的氧气而熄灭。

4）抑制法——根据燃烧的游离基连锁反应机理，将有抑制作用的灭火剂喷洒到燃烧区，使燃烧反应过程产生的游离基消失，从而终止燃烧反应。如干粉、1211等均属这类灭火剂。

4.5.3 施工现场防火布局

1. 一般要求

（1）临时用房、临时设施的布置，应满足现场防火、灭火及人员安全疏散的要求。

（2）施工现场的出入口、围墙、围挡，场内临时道路，给水管网或管路和配电线路敷设或架设的走向、高度，施工现场办公用房、宿舍、发电机房、变配电房、可燃材料库房、易燃易爆危险品库房、可燃材料堆场及其加工场、固定动火作业场，临时消防车道、消防救援场地和消防水源等临时用房和临时设施应纳入施工现场总平面布局。

（3）施工现场出入口应满足消防车通行要求，宜在不同方向布置，其数量不宜少于2个。当确有困难只能设置1个出入口时，应在施工现场内设置满足消防车通行的环形道路。

（4）工现场临时办公、生活、生产、物料存贮等功能区宜相对独立布置，防火间距应符合规定。

（5）固定动火作业场应布置在可燃材料堆场及其加工场、易燃易爆危险品库房等全年最小频率风向的上风侧，并宜布置在临时办公用房、宿舍、可燃材料库房、在建工程等全年最小频率风向的上风侧。

（6）易燃易爆危险品库房应远离明火作业区、人员密集区和建筑物相对集中区。

（7）可燃材料堆场及其加工场、易燃易爆危险品库房不应布置在架空电力线下。

2. 防火间距

施工现场库房、在建工程、临时用房和临时设施之间应保持一定的防火间距。防火间距的设计应符合下列要求：

（1）易燃易爆危险品库房与在建工程的防火间距不应小于 15m，可燃材料堆场及其加工场、固定动火作业场与在建工程的防火间距不应小于 10m，其他临时用房、临时设施与在建工程的防火间距不应小于 6m。

（2）施工现场主要临时用房、临时设施的防火间距不应小于表 4-5 的规定，当办公用房、宿舍成组布置时，其防火间距可适当减小，但应符合下列规定：

1）每组临时用房的栋数不应超过 10 栋，组与组之间的防火间距不应小于 8m。

2）组内临时用房之间的防火间距不应小于 3.5m，当建筑构件燃烧性能等级为 A 级时，其防火间距可减少到 3m。

施工现场主要临时用房、临时设施的防火间距（单位：m）　　表 4-5

	办公用房、宿舍	发电机房、变配电房	可燃材料库房	厨房操作间、锅炉房	可燃材料堆场及其加工场	固定动火作业场	易燃易爆危险品库房
办公用房、宿舍	4	4	5	5	7	7	10
发电机房、变配电房	4	4	5	5	7	7	10
可燃材料库房	5	5	5	5	7	7	10
厨房操作间、锅炉房	5	5	5	5	7	7	10
可燃材料堆场及其加工场	7	7	7	7	7	10	10
固定动火作业场	7	7	7	7	10	10	12
易燃易爆危险品库房	10	10	10	10	10	12	12

注：1. 临时用房、临时设施的防火间距应按临时用房外墙外边线或堆场、作业场、作业棚边线间的最小距离计算，当临时用房外墙有突出可燃构件时，应从其突出可燃构件的外缘算起；
2. 两栋临时用房相邻较高一面的外墙为防火墙时，防火间距不限；
3. 本表未规定的，可按同等火灾危险性的临时用房、临时设施的防火间距确定。

3. 消防车道

施工现场内应设置临时消防车道，临时消防车道与在建工程、临时用房、可燃材料堆场及其加工场的距离不宜小于 5m，且不宜大于 40m；施工现场周边道路满足消防车通行及灭火救援要求时，施工现场内可不设置临时消防车道。

（1）临时消防车道的设置规定

1）临时消防车道宜为环形，设置环形车道确有困难时，应在消防车道尽端设置尺寸不小于 12m×12m 的回车场。

2）临时消防车道的净宽度和净空高度均不应小于 4m。

3）临时消防车道的右侧应设置消防车行进路线指示标识。

4）临时消防车道路基、路面及其下部设施应能承受消防车通行压力及工作荷载。

（2）下列建筑应设置环形临时消防车道，设置环形临时消防车道确有困难时，应按规定设置临时消防救援场地：

1）建筑高度大于 24m 的在建工程。

2）建筑工程单体占地面积大于 3000m² 的在建工程。

3）超过 10 栋且成组布置的临时用房。

（3）临时消防救援场地的设置规定

1）临时消防救援场地应在在建工程装饰装修阶段设置。

2）临时消防救援场地应设置在成组布置的临时用房场地的长边一侧及在建工程的长边一侧。

3）临时救援场地宽度应满足消防车正常操作要求，且不应小于 6m，与在建工程外脚手架的净距不宜小于 2m，且不宜超过 6m。

4.5.4 临时用房防火

临时用房应采取可靠的防火分隔和安全疏散等防火技术措施，防火设计应根据其使用性质及火灾危险性等情况进行确定。

（1）宿舍、办公用房的防火

宿舍、办公用房等临时用房的防火设计应符合下列规定：

1）建筑构件的燃烧性能等级应为 A 级。当采用金属夹芯板材时，其芯材的燃烧性能等级应为 A 级。

2）建筑层数不应超过 3 层，每层建筑面积不应大于 $300m^2$。

3）层数为 3 层或每层建筑面积大于 $200m^2$ 时，应设置至少 2 部疏散楼梯，房间疏散门至疏散楼梯的最大距离不应大于 25m。

4）单面布置用房时，疏散走道的净宽度不应小于 1.0m；双面布置用房时，疏散走道的净宽度不应小于 1.5m。

5）疏散楼梯的净宽度不应小于疏散走道的净宽度。

6）宿舍房间的建筑面积不应大于 $30m^2$，其他房间的建筑面积不宜大于 $100m^2$。

7）房间内任一点至最近疏散门的距离不应大于 15m，房门的净宽度不应小于 0.8m；房间建筑面积超过 $50m^2$ 时，房门的净宽度不应小于 1.2m。

8）隔墙应从楼地面基层隔断至顶板基层底面。

9）宿舍、办公用房不应与厨房操作间、锅炉房、变配电房等组合建造。

10）会议室、文化娱乐室等人员密集的房间应设置在临时用房的第一层，其疏散门应向疏散方向开启。

（2）易燃易爆库房的防火

发电机房、变配电房、厨房操作间、可燃材料库房及易燃易爆危险品库房的防火设计应符合下列规定：

1）建筑构件的燃烧性能等级应为 A 级。

2）层数应为 1 层，建筑面积不应大于 $200m^2$。

3）可燃材料库房单个房间的建筑面积不应超过 $30m^2$，易燃易爆危险品库房单个房间的建筑面积不应超过 20m²。

4）房间内任一点至最近疏散门的距离不应大于 10m，房门的净宽度不应小于 0.8m。

4.5.5　在建工程防火

在建工程应采取可靠的防火分隔和安全疏散等防火技术措施，其防火设计应根据施工性质、建筑高度、建筑规模及结构特点等情况进行确定。

（1）临时疏散通道的设置

在建工程作业场所的临时疏散通道应采用不燃、难燃材料建造，并应与在建工程结构施工同步设置，也可利用在建工程施工完毕的水平结构、楼梯。在建工程作业场所临时疏散通道的设置应符合下列规定：

1）耐火极限不应低于 0.5h。

2）设置在地面上的临时疏散通道，其净宽度不应小于 1.5m；利用在建工程施工完毕的水平结构、楼梯作临时疏散通道时，其净宽度不宜小于 1.0m；用于疏散的爬梯及设置在脚手架上的临时疏散通道，其净宽度不应小于 0.6m。

3）临时疏散通道为坡道，且坡度大于 25°时，应修建楼梯或台阶踏步或设置防滑条。

4）临时疏散通道不宜采用爬梯，确需采用时，应采取可靠固定措施。

5）临时疏散通道的侧面为临空面时，应沿临空面设置高度不小于 1.2m 的防护栏杆。

6）临时疏散通道设置在脚手架上时，脚手架应采用不燃材料搭设。

7）临时疏散通道应设置明显的疏散指示标识。

8）临时疏散通道应设置照明设施。

（2）既有建筑进行扩改建施工的防火要求

既有建筑物进行扩建、改建施工时，必须明确划分施工区和非施工区。施工区不得营业、使用和居住；非施工区继续营业、使用和居住时，应符合下列规定：

1）施工区和非施工区之间应采用不开设门、窗、洞口的耐火极限不低于 3.0h 的不燃烧体隔墙进行防火分隔。

2）非施工区内的消防设施应完好和有效，疏散通道应保持畅通，并应落实日常值班及消防安全管理制度。

3）施工区的消防安全应配有专人值守，发生火情应能立即处置。

4）施工单位应向居住和使用者进行消防宣传教育，告知消防设施、疏散通道的位置及使用方法，同时应组织疏散演练。

（3）脚手架的防火要求

1）外脚手架搭设不应影响安全疏散、消防车正常通行及灭火救援操作，外脚手架搭设长度不应超过该建筑物外立面周长的 1/2。

2) 外脚手架、支模架的架体宜采用不燃或难燃材料搭设，高层建筑、既有建筑改造工程的外脚手架、支模架的架体应采用不燃材料搭设。

3) 高层建筑外脚手架的安全防护网、既有建筑外墙改造时，其外脚手架的安全防护网安全防护网和临时疏散通道的安全防护网应采用阻燃型安全防护网。

（4）作业场所的防火要求

1) 作业场所应设置明显的疏散指示标志，其指示方向应指向最近的临时疏散通道入口。

2) 作业层的醒目位置应设置安全疏散示意图。

4.5.6 临时消防设施

1. 一般要求

（1）施工现场应设置灭火器、临时消防给水系统和应急照明等临时消防设施。

（2）临时消防设施应与在建工程的施工同步设置。房屋建筑工程中，临时消防设施的设置与在建工程主体结构施工进度的差距不应超过 3 层。

（3）在建工程可利用已具备使用条件的永久性消防设施作为临时消防设施。当永久性消防设施无法满足使用要求时，应增设临时消防设施，并应符合《建设工程施工现场消防安全技术规范》GB 50720、《建筑设计防火规范》GB 50016、《水利工程设计防火规范》GB 50987 的有关规定。

（4）施工现场的消火栓泵应采用专用消防配电线路。专用消防配电线路应自施工现场总配电箱的总断路器上端接入，且应保持不间断供电。

（5）地下工程的施工作业场所宜配备防毒面具。

（6）临时消防给水系统的贮水池、消火栓泵、室内消防竖管及水泵接合器等应设置醒目标识。

2. 灭火器的种类与配置

（1）灭火器概述

灭火器一般由筒体、筒盖、药剂胆、喷嘴等组成。

1) 灭火器型号标识

《消防产品型号编制方法》规定，灭火器的型号标识由类、组、特征代号及主要参数等组成。类、组、特征代号用大写汉语拼音字母表示；主要参数代表灭火器的充装量，用阿拉伯字母表示，一般单位为千克或升。

a 类，M 代表灭火器。

b 组，代表灭火剂类型。其中，F 代表干粉、FL 代表磷铵干粉、T 代表二氧化碳、Y 代表卤代烷，P 代表泡沫、QP 代表轻水泡沫、SQ 代表清水。

c特征，代表灭火器型式。其中，B代表背负式，T代表推车式，Z代表鸭嘴式，手提式和手轮不作标注。

d主要参数，代表灭火剂的充装量，用阿拉伯字母表示，一般单位为千克或升。

如MPT40，表示容量为40升的推车式泡沫灭火器。

2）灭火器的种类

A. 按其移动方式可分为手提式和推车式。

B. 按驱动灭火剂的动力来源可分为储气瓶式、储压式和化学反应式。

C. 按所充装的灭火剂则又可分为：干粉类的灭火器；泡沫型灭火器；二氧化碳灭火器；卤代烷型灭火器（俗称"1211"灭火器和"1301"灭火器）；水型灭火器。

（2）灭火器的适用范围

1）干粉灭火器

碳酸氢钠干粉（BC类）灭火器适用于易燃、可燃液体、气体及带电设备的初起火灾；磷酸铵盐干粉（ABC类）灭火器除可用于上述几类火灾外，还可扑救固体类物质的初起火灾。但都不能扑救金属燃烧火灾。

2）化学泡沫灭火器

适用于扑救一般B类火灾，如油制品、油脂等火灾，也可适用于A类火灾，但不能扑救B类火灾中的水溶性可燃、易燃液体的火灾，如醇、酯、醚、酮等物质火灾；也不能扑救带电设备及C类和D类火灾。

3）空气泡沫灭火器

适用范围基本上与化学泡沫灭火器相同。但空气泡沫灭火器还能扑救水溶性易燃、可燃液体的火灾如醇、醚、酮等溶剂燃烧的初起火灾。

4）二氧化碳灭火器

适用于扑救易燃、可燃液体（B类火灾）、易燃、可燃气体（C类火灾）及物体带电燃烧（E类火灾）的火灾。特别适用于扑救图书，档案，贵重设备，精密仪器、600V以下电气设备及油类的初起火灾。

5）卤代烷型灭火器

主要适用于扑灭易燃、可燃液体（B类火灾）、易燃、可燃气体（C类火灾）及带电设备的初起火灾（D类火灾）；也可以对固体物质如木、竹、织物、纸张等表面火灾（A类火灾）进行扑灭；还可以用于扑灭精密仪器、贵重物资仓库、珍贵文物、图书档案、电器仪表等初起火灾。

（3）灭火器的选择

选择灭火器应考虑下列因素：

1）灭火器配置场所的火灾种类；

2）灭火器配置场所的危险等级；

171

3）灭火器的灭火效能和通用性；

4）灭火剂对保护物品的污损程度；

5）灭火器设置点的环境温度；

6）使用灭火器人员的体能。

在同一灭火器配置场所，配置灭火器应遵循以下原则：宜选用相同类型和操作方法的灭火器；当存在不同火灾种类时，应选用通用型灭火器；当选用两种或两种以上类型灭火器时，应采用灭火剂相容的灭火器。

（4）灭火器的配置

① 在建工程及临时用房的下列场所应配置灭火器：

A. 易燃易爆危险品存放及使用场所；

B. 动火作业场所；

C. 可燃材料存放、加工及使用场所；

D. 厨房操作间、锅炉房、发电机房、变配电房、设备用房、办公用房、宿舍等临时用房；

E. 其他具有火灾危险的场所。

② 施工现场灭火器配置应符合下列规定：

A. 类型应与配备场所可能发生的火灾类型相匹配；

B. 最低配置标准应符合表 4-6 的规定；

灭火器的最低配置标准

表 4-6

项目	固体物质火灾		液体或可融化固体物质火灾、气体火灾	
	单具灭火器最小灭火级别	单位灭火级别最大保护面积（m^2/A）	单具灭火器最小灭火级别	单位灭火级别最大保护面积（m^2/B）
易燃易爆危险品存放及使用场所	3A	50	89B	0.5
固定动火作业场	3A	50	89B	0.5
临时动火作业点	2A	50	55B	0.5
可燃材料存放、加工及使用场所	2A	75	55B	1.0
厨房操作间、锅炉房	2A	75	55B	1.0
自备发电机室	2A	75	55B	1.0
变、配电房	2A	75	55B	1.0
办公用房、宿舍	1A	100	—	—

C. 配置数量应按现行国家标准《建筑灭火器配置设计规范》GB 50140 的有关规定经计算确定，且每个场所的灭火器数量不应少于 2 具。

D. 灭火器的最大保护距离应符合表 4-7 的规定。

灭火器的最大保护距离（m）　　　　　　　　　　　　表 4-7

灭火器配置场所	固体物质火灾	液体或可融化固体物质火灾、气体火灾
易燃易爆危险品存放及使用场所	15	9
固定动火作业场	15	9
临时动火作业点	10	6
可燃材料存放、加工及使用场所	20	12
厨房操作间、锅炉房	20	12
发电机房、变配电房	20	12
办公用房、宿舍	25	—

3. 临时消防给水系统的设置

（1）施工现场或其附近应设置稳定、可靠的水源。

（2）临时消防用水量应为临时室外消防用水量与临时室内消防用水量之和。

（3）临时室外消防用水量应按 1 次火灾时临时用房和在建工程的临时室外消防用水量的较大者确定。

（4）临时用房建筑面积之和大于 1000m² 或在建工程单体体积大于 10000m³ 时，应设置临时室外消防给水系统。当施工现场处于市政消火栓 150m 保护范围内，且市政消火栓的数量满足室外消防用水量要求时，可不设置临时室外消防给水系统。

（5）临时用房的临时室外消防用水量不应小于表 4-8 的规定。

临时用房的临时室外消防用水量　　　　　　　　　　表 4-8

临时用房的建筑面积之和	火灾延续时间（h）	消火栓用水量（L/s）	每支水枪最小流量（L/s）
1000m²＜面积≤5000m²	1	10	5
面积＞5000m²		15	5

（6）在建工程的临时室外消防用水量不应小于表 4-9 的规定。

在建工程的临时室外消防用水量　　　　　　　　　　表 4-9

在建工程（单体）体积	火灾延续时间（h）	消火栓用水量（L/s）	每支水枪最小流量（L/s）
10000m³＜体积≤30000m³	1	15	5
体积＞30000m³	2	20	5

（7）施工现场临时室外消防给水系统的设置应符合下列规定：

1）给水管网宜布置成环状。

2）临时室外消防给水干管的管径，应根据施工现场临时消防用水量和干管内水流计算速度计算确定，且不应小于 DN100。

3）室外消火栓应沿在建工程、临时用房和可燃材料堆场及其加工场均匀布置，与在建工程、临时用房和可燃材料堆场及其加工场的外边线的距离不应小于 5m。

4）消火栓的间距不应大于 120m。

5）消火栓的最大保护半径不应大于 150m。

（8）建筑高度大于 24m 或单体体积超过 30000m³ 的在建工程，应设置临时室内消防给水系统。在建工程的临时室内消防用水量不应小于表 4-10 的规定。

在建工程的临时室内消防用水量

表 4-10

建筑高度、在建工程体积（单体）	火灾延续时间（h）	消火栓用水量（L/s）	每支水枪最小流量（L/s）
24m＜建筑高度≤50m 或 30000m³＜体积≤50000m³	1	10	5
建筑高度＞50m 或体积＞50000m³	1	15	5

（9）在建工程临时室内消防竖管的设置应符合下列规定：

1）消防竖管的设置位置应便于消防人员操作，其数量不应少于 2 根，当结构封顶时，应将消防竖管设置成环状。

2）消防竖管的管径应根据在建工程临时消防用水量、竖管内水流计算速度计算确定，且不应小于 DN100。

（10）设置室内消防给水系统的在建工程，应设置消防水泵接合器。消防水泵接合器应设置在室外便于消防车取水的部位，与室外消火栓或消防水池取水口的距离宜为 15~40m。

（11）设置临时室内消防给水系统的在建工程，各结构层均应设置室内消火栓接口及消防软管接口，并应符合下列规定：

1）消火栓接口及软管接口应设置在位置明显且易于操作的部位。

2）火栓接口的前端应设置截止阀。

3）消火栓接口或软管接口的间距，多层建筑不应大于 50m，高层建筑不应大于 30m。

（12）在建工程结构施工完毕的每层楼梯处应设置消防水枪、水带及软管，且每个设置点不应少于 2 套。

（13）高度超过 100m 的在建工程，应在适当楼层增设临时中转水池及加压水泵。中转水池的有效容积不应少于 10m³，上、下两个中转水池的高差不宜超过 100m。

（14）临时消防给水系统的给水压力应满足消防水枪充实水柱长度不小于 10m 的要求；给水压力不能满足要求时，应设置消火栓泵，消火栓泵不应少于 2 台，且应互为备用；消火栓泵宜设置自动启动装置。

（15）当外部消防水源不能满足施工现场的临时消防用水量要求时，应在施工现场设置临时贮水池。临时贮水池宜设置在便于消防车取水的部位，其有效容积不应小于施工现场火灾延续时间内一次灭火的全部消防用水量。

（16）施工现场临时消防给水系统应与施工现场生产、生活给水系统合并设置，但应设置将生产、生活用水转为消防用水的应急阀门。应急阀门不应超过 2 个，且应设置在易于操作的场所，并应设置明显标识。

（17）严寒和寒冷地区的现场临时消防给水系统应采取防冻措施。

4. 应急照明

（1）施工现场的下列场所应配备临时应急照明：

1）自备发电机房及变配电房；

2）水泵房；

3）无天然采光的作业场所及疏散通道；

4）高度超过 100m 的在建工程的室内疏散通道；

5）发生火灾时仍需坚持工作的其他场所。

（2）作业场所应急照明的照度不应低于正常工作所需照度的 90%，疏散通道的照度值不应小于 0.5lx。

（3）临时消防应急照明灯具宜选用自备电源的应急照明灯具，自备电源的连续供电时间不应小于 60min。

4.5.7　防火管理

1. 一般管理要求

（1）消防安全责任制

1）施工企业项目部应建立防火责任制，将防火安全的责任落实到每个水利水电工程施工现场，每一个施工人员，明确分工，划分区域，不留防火死角，真正落实防火责任。施工企业项目部应当履行下列消防安全职责：

① 制定消防安全制度、消防安全操作规程；

② 建立防火档案，确定消防安全重点部位（指火灾危险性大、发生火灾损失大、伤亡大、影响大（以下简称"四大"）的部位和场所，一般指燃料油罐区、控制室、调度室、通信机房、计算机房、档案室、锅炉燃油及制粉系统、汽轮机油系统、氢气系统及制氢站、变压器、电缆间及隧道、蓄电池室、易燃易爆物品存放场所以及各企业主管认定的其他部位和场所。）和场所，配置消防设施和器材，设置防火标志；

③ 实行定期或者不定期的防火安全检查，必要时实行每月防火巡查，及时消除火灾隐患，并建立检查（巡查）记录；

④ 对职工进行消防安全培训；

⑤ 制定灭火和应急疏散预案，定期组织消防演练。

2）施工现场的消防安全管理应由施工企业项目部负责。实行施工总承包时，应由总承包企业项目部负责。分包企业项目部应向总承包企业项目部负责，并应服从总承包企业项目部的管理，同时应承担国家法律、法规规定的消防责任和义务。

3）施工企业项目部应根据建设项目规模、现场消防安全管理的重点，在施工现场建立消防安全管理组织机构及义务消防组织，并应确定消防安全负责人和消防安全管理人员，同时应落实相关人员的消防安全管理责任。

4）监理部应对施工现场的消防安全管理实施监理。

（2）消防安全措施

1）领导措施。各级领导应当高度重视消防工作，将防火工作纳入安全生产中的一项重要工作，企业项目部的主要负责人是消防安全的第一责任人，建立健全防火预警机制，防止避免火灾事故的发生。

2）组织措施。应当建立消防安全领导小组，定期研究、布置、检查消防工作，并设立管理部门或者配备专职人员负责消防工作，有条件的单位应当建立义务消防队伍。

3）技术措施。根据国家消防安全法规和技术标准，结合防火重点部位，制定本企业项目部的消防安全管理制度和安全操作规程，积极开展防火安全培训，提高人员消防安全意识。搜集和掌握新的防火安全技术，推广和应用科学的先进的消防安全技术，从施工工艺、技术上提高预防火灾事故的防范能力。

4）物质保障。在消防安全上要舍得投入，每年做出消防设施的建立，消防器材的购置计划，定期更换过期的消防器材，推广和使用新型的防火建筑材料，淘汰易燃可燃的建筑材料，从新阻燃材料和物质上解决火灾的危险源。

（3）消防安全管理制度

施工企业项目部应针对施工现场可能导致火灾发生的施工作业及其他活动，制定消防安全管理制度。消防安全管理制度应包括下列主要内容：

1）消防安全教育与培训制度；

2）可燃及易燃易爆危险品管理制度；

3）用火、用电、用气管理制度；

4）消防安全检查制度；

5）应急预案演练制度。

（4）防火技术方案

施工企业项目部应编制施工现场防火技术方案，并应根据现场情况变化及时对其修改、完善。防火技术方案应包括下列主要内容：

1）施工现场重大火灾危险源辨识；

2）施工现场防火技术措施；

3）临时消防设施、临时疏散设施配备；

4）临时消防设施和消防警示标识布置图。

（5）消防安全技术交底

施工作业前，施工现场的施工管理人员应向作业人员进行消防安全技术交底。消防安全技术交底应包括下列主要内容：

　　1）施工过程中可能发生火灾的部位或环节；

　　2）施工过程应采取的防火措施及应配备的临时消防设施；

　　3）初起火灾的扑救方法及注意事项；

　　4）逃生方法及路线。

　　（6）消防安全教育

　　施工人员进场时，施工现场的消防安全管理人员应向施工人员进行消防安全教育和培训。消防安全教育和培训应包括下列内容：

　　1）施工现场消防安全管理制度、防火技术方案、灭火及应急疏散预案的主要内容；

　　2）施工现场临时消防设施的性能及使用、维护方法；

　　3）扑灭初起火灾及自救逃生的知识和技能；

　　4）报警、接警的程序和方法。

　　（7）消防安全检查

　　施工过程中，施工现场的消防安全负责人应定期组织消防安全管理人员对施工现场的消防安全进行检查。消防安全检查应包括下列主要内容：

　　1）可燃物及易燃易爆危险品的管理是否落实；

　　2）动火作业的防火措施是否落实；

　　3）用火、用电、用气是否存在违章操作，电、气焊及保温防水施工是否执行操作规程；

　　4）临时消防设施是否完好有效；

　　5）临时消防车道及临时疏散设施是否畅通。

　　（8）火灾险情的处置

　　在日常生活和生产中，因意外情况发生火灾事故，千万不要惊慌，应一方面叫人迅速打电话报警，一方面组织人力积极扑救。

　　现在我国基本建立火警电话号码为"119"的救援信息系统。火警电话拨通后，要讲清起火的企业项目部和详细地址，也要讲清起火的部位、燃烧的物质和火灾的程度着火的周边环境等情况，以便消防部门根据情况派出相应的灭火力量。

　　报警后，起火单位要尽量迅速地清理通往火场的道路，以便消防车能顺利迅速地进入现场。同时，并应派人在起火地点的附近路口或企业项目部门口迎候消防车辆，使之能迅速准确地到达火场，投入灭火战斗。

　　火势蔓延较大，火势燃烧严重的建筑物，施工企业项目部熟悉或者了解建筑物的技术人员，应当及时将受损建筑物的构造、结构情况向消防官兵通报，并提出有关扑救工作建议，保障救火官兵的生命安全，防止火灾事故所造成的损失进一步扩大。

（9）灭火及应急疏散预案和演练

施工企业项目部应编制施工现场灭火及应急疏散预案。灭火及应急疏散预案应包括下列主要内容：

1）应急灭火处置机构及各级人员应急处置职责；

2）报警、接警处置的程序和通讯联络的方式；

3）扑救初起火灾的程序和措施；

4）应急疏散及救援的程序和措施。

施工企业项目部应依据灭火及应急疏散预案，定期开展灭火及应急疏散的演练。工期较长的施工现场应当按照灭火和应急疏散预案，至少每半年进行一次演练，并结合实际，不断完善预案。

消防演练时，应当设置明显标识并事先告知演练范围内的人员。消防演练后，应记录消防演练情况并存档。

2. 可燃物及易燃易爆危险品管理

（1）用于在建工程的保温、防水、装饰及防腐等材料的燃烧性能等级应符合设计要求。

（2）可燃材料及易燃易爆危险品应按计划限量进场。进场后，可燃材料宜存放于库房内；露天存放时，应分类成垛堆放，垛高不应超过 2m，单垛体积不应超过 50m³，垛与垛之间的最小间距不应小于 2m，且应采用不燃或难燃材料覆盖；易燃易爆危险品应分类专库储存，库房内应通风良好，并应设置严禁明火标志。

（3）室内使用油漆及其有机溶剂、乙二胺、冷底子油等易挥发产生易燃气体的物资作业时，应保持良好通风，作业场所严禁明火，并应避免产生静电。

（4）施工产生的可燃、易燃建筑垃圾或余料，应及时清理。

3. 施工现场用火管理

（1）动火作业应办理动火许可证，动火许可证必须注明动火地点、动火时间、动火人、现场监护人、批准人和防火措施；动火许可证的签发人收到动火申请后，应前往现场查验并确认动火作业的防火措施落实后，再签发动火许可证。

（2）动火操作人员应具有相应资格。

（3）焊接、切割、烘烤或加热等动火作业前，应对作业现场的可燃物进行清理；作业现场及其附近无法移走的可燃物应采用不燃材料对其覆盖或隔离。

（4）施工作业安排时，宜将动火作业安排在使用可燃建筑材料的施工作业前进行。确需在使用可燃建筑材料的施工作业之后进行动火作业时，应采取可靠的防火措施。

（5）裸露的可燃材料上严禁直接进行动火作业。

（6）焊接、切割、烘烤或加热等动火作业应配备灭火器材，并应设置动火监护人进行现场监护，每个动火作业点均应设置 1 个监护人。

（7）5 级（含 5 级）以上风力时，应停止焊接、切割等室外动火作业；确需动火作业时，应采取可靠的挡风措施。

（8）动火作业后，应对现场进行检查，并应在确认无火灾危险后，动火操作人员再离开。

（9）具有火灾、爆炸危险的场所严禁明火。

（10）施工现场不应采用明火取暖。

（11）厨房操作间炉灶使用完毕后，应将炉火熄灭，排油烟机及油烟管道应定期清理油垢。

（12）施工现场应设置专门的吸烟处，严禁随意吸烟。

4. 其他防火管理要求

（1）施工现场的重点防火部位或区域应设置防火警示标识。

（2）施工企业项目部应做好施工现场临时消防设施的日常维护工作，对已失效、损坏或丢失的消防设施应及时更换、修复或补充。

（3）临时消防车道、临时疏散通道、安全出口应保持畅通，不得遮挡、挪动疏散指示标识，不得挪用消防设施。

（4）施工期间，不应拆除临时消防设施及临时疏散设施。

（5）施工现场应设置专门的吸烟处，严禁随意吸烟。

4.6　卫生与防疫

4.6.1　卫生保健

（1）施工现场宜设置卫生保健室，配备保健医药箱、常用药及绷带、止血带、颈托、担架等急救器材。

（2）施工现场宜配备兼职或专职急救人员，处理伤员和负责职工保健，对生活卫生进行监督和定期检查食堂、饮食等卫生情况。

（3）施工现场应利用黑板报、宣传栏等形式向职工介绍卫生防疫的知识和方法，针对季节性流行病、传染病等做好对职工卫生防病的宣传教育工作。

（4）当施工现场人员发生法定传染病、食物中毒、急性职业中毒时，必须在 2h 内向事故发生地水行政主管部门和卫生防疫部门报告，并应积极配合调查处理。

（5）现场施工人员患有法定的传染病或病源携带者时，应及时进行隔离，并由卫生防疫部门进行处置。

（6）根据 2012 年国家安监总局等四部门联合印发的《防暑降温措施管理办法》，施工单位在下列高温天气期间，应当合理安排工作时间，减轻劳动强度，采取有效措施，保障劳动者身体健康和生命安全：

1) 日最高气温达到 40℃以上，应当停止当日室外露天作业；

2) 日最高气温达到 37℃以上、40℃以下时，用人单位全天安排劳动者室外露天作业时间累计不得超过 6h，连续作业时间不得超过国家规定，且在气温最高时段 3h 内不得安排室外露天作业；

3) 日最高气温达到 35℃以上、37℃以下时，用人单位应当采取换班轮休等方式，缩短劳动者连续作业时间，并且不得安排室外露天作业劳动者加班。

4.6.2　现场保洁

(1) 办公生活区应设专职或兼职保洁员，负责卫生清扫和保洁。

(2) 办公生活区应采取灭鼠、蚊、蝇、蟑螂等措施，并定期投放和喷洒药物。

4.6.3　食堂卫生

(1) 食堂应取得相关部门颁发的许可证，制定食堂卫生制度，认真落实《食品安全法》及其实施条例的具体要求。

(2) 炊事人员必须体检合格并持证上岗，上岗应穿戴洁净的工作服、工作帽和口罩，并保持个人卫生。

(3) 非炊事人员不得随意进入食堂制作间。

(4) 食堂的炊具、餐具和饮水器皿必须及时清洗消毒。

(5) 施工现场应加强食品、原料的进货管理，做好进货登记，严禁购买无照、无证商贩经营的食品和原料，施工现场的食堂严禁出售变质食品。

(6) 工地食堂要依据食品安全事故处理的有关规定，制定食品安全事故应急预案，提高防控食品安全事故能力和水平。

4.6.4　饮水卫生

(1) 施工现场饮水可采用市政水源或自备水源。

(2) 生活饮用水池（箱）应与其他用水的水池（箱）分开设置，且应有明显的标识。

(3) 生活饮用水池（箱）应采用独立的结构形式，不宜埋地设置，并应采取防污染措施。

(4) 生活区应设置开水炉、点热水器或保温水桶，施工区应配备流动保温水桶。开水炉、电热水器、保温水桶应上锁由专人负责管理。

4.7　交通安全管理

水利工程建设道路交通系统的基本要素是指人（包括驾驶人、行人、乘客等）、车

（包括机动车和非机动车等）、路（包括施工道路、出入口道路及其相关设施）和环境（路外管理设施、安全标志和气候条件等）。建设工程施工道路的复杂程度以及危险性往往与工程的大小、地质环境有决定性关系，而水利工程建设项目往往施工地质条件极其复杂，道路交通安全问题十分突出。

4.7.1　驾驶员管理

在人、车、路、环境四要素中，驾驶员是系统的理解者和指令的发出者及操作者，他是系统的核心，其他因素必须通过人才能起作用，因此，现场交通安全管理的核心是对驾驶员的进行管理。

（1）各参建企业项目部应根据工作需要配置驾驶员，其人员进场时应经所在单位安全保卫部门（或指定管理部门）审核，并办理资质审查、技能考核等相关手续。并保证施工机动车辆的驾驶人员，须经相关部门组织的专业技术、安全操作考试合格。

（2）各企业项目部应定期组织机动车驾驶员安全活动，进行交通安全法规、交通安全知识的宣传教育。监理部定期检查施工企业项目部驾驶员安全教育、培训情况。对于危险化学品运输车辆驾驶员应经过危险化学品安全运输培训。

（3）各企业项目部应按计划组织驾驶员的年检年审工作，保证驾驶员、操作人员各类证件的有效性。监理部定期检查施工单位驾驶人员各类证件的有效性。

（4）制定相关的管理制度，并采取一定的奖惩措施，要求驾驶员遵守《中华人民共和国道路交通管理条例》及地方政府的道路交通管理规定，并服从道路交通管理人员的指挥。

4.7.2　车辆管理

项目法人应对施工现场机动车辆实行统一的通行证管理，设定制定的部门办理车辆通行证，这样能很好地对现场施工车辆进行一定程度上的控制，对于不符合要求的车辆限制进入工地。

一般机动车辆通行证管理由项目法人委托专业现场安全保卫单位统一管理。对于供货商、设备厂家或视察检查人员进场车辆，实行临时通行证制度。同时，对车辆携带物资或拉运设备等出门时，应办理出门证，具体按物资出门有关管理规定执行。

各参建企业项目部对各自负责区域内的车辆进行安全管理，应遵守下列规定：

（1）项目工程施工现场、交通道路、厂门、弯道以及单行道交叉等禁止各种车辆停放，并结合现场的具体情况设置禁止车辆停放标记。

（2）对施工场地狭小、车辆和行人来往频繁的道路应设置临时交通指挥。

（3）严禁在道路上堆放材料、设备，禁止在路面上进行阻碍交通的作业，如确应施工需要临时占用路面或破土施工时，必须报公司和监理、总包单位批准后方可占用。

（4）道路两旁堆放的设备材料要距离道路 2m 以上，跨越道路拉设钢丝绳或架设电缆时高度不得低于 7m。

（5）施工用的机动车辆和特种车辆（吊车、叉车、翻斗车等）的车况必须良好。进场应严格检查，并按公安、交通、管理部门的规定定期年审，除发给的年审证外，还应持有经公司安全部门考核的司机上岗证，司机必须持"三证"上岗。

（6）运输易燃、易爆危险物品（氧气、乙炔气）的机动车辆，还需持省市安全部门签发的危险物品专用运输证。

（7）项目工地内各种机动车辆限速行驶

1）机动车辆进出装置大门及转弯处为 5km/h，直线行 10～15km/h。

2）运输危险物品的机动车和进出装置的机动车，其排气管应装阻火器，装危险物品的车辆还必须挂"危险品"标志牌。行车过程中，保持安全车速和保持一定的车距，严禁超车、超速、强行会车。

（8）机动车辆载货规定：

1）不准超过驾驶证上核定的载货量。

2）散装及粉状或滴漏的物品，不能散荡、到处飞物、滴漏在车外，必须用帆布等封盖严密。

3）货车不准人、货混装，除驾驶室内可以按额定人员定座外，其他部位（驾驶室顶部、脚踏板、叶子板等处）不准载人。

（9）施工作业现场及机械设备附近不准停放自行车、三轮车、自行车必须按指定的地点停放。

（10）吊车在吊装作业时，360 度旋转区域和吊车扒杆底下禁止站人。

（11）吊装作业时应有专人统一指挥。

（12）为提高机动车辆安全生产管理，确保现场交通安全，对施工项目部及机动车辆驾驶人员实行奖惩制度。对全年安全无事故的项目部及驾驶人员给予奖励；对发生事故的项目部及驾驶人员除承担事故赔偿责任外还要给予经济上的处罚，造成重大、特大人员伤亡的依法移交安全机关处理并强制解聘驾驶人员等。

4.7.3　交通安全设施管理

交通安全设施对于保障行车安全、减轻潜在事故严重程度起着重要作用。道路交通安全设施包括：交通标志、路面标线、护栏、隔离栅、照明设备、视线诱导标、防眩设施等。

（1）道路交通标志有警告标志、禁令标志、指示标志、指路标志、旅游区标志、道路施工安全标志、辅助标志等。设置交通标志的目的是给道路通行人员提供确切的信息，保证交通安全畅通。

（2）路面标线有禁止标线、指示标线、警告标线，是直接在路面上用涂料喷刷或用混凝土预制块等铺列成线条、符号，与道路标志配合的交通管制设施。路面标线种类较多，有行车道中线、停车线标线、路缘线等。标线有连续线、间断线、箭头指示线等，多使用白色或黄色。

（3）护栏按地点不同可分为路侧护栏、中央隔离带护栏和特殊地点护栏 3 种；按结构可分为柔性护栏、半刚性护栏和刚性护栏 3 类。公路上的安全护栏既要阻止车辆越出路外，防止车辆穿越中央分隔带闯入对向车道，同时具备诱导驾驶人视线的功能。

（4）隔离栅是阻止人畜进入高速车道的基础设施之一，它使高速车道全封闭得以实现。它可有效地排除横向干扰，避免由此产生的交通延误或交通事故，保障高速车道运行安全和效益的发挥。隔离栅按其使用材料的不同，可分为金属网、钢板网、刺铁丝和常青绿篱几大类。

（5）道路照明主要是为保证夜间交通的安全与畅通，可分为连续照明、局部照明及隧道照明。照明条件对道路交通安全有着很大的影响，统计资料表明，安装照明设施后，高速道路的事故率明显下降。

（6）视线诱导标一般沿道路两侧设置，具有明示道路线形、诱导驾驶人视线等用途。

（7）防眩设施的用途是遮挡对向车前照灯的眩光，分防眩网和防眩板两种。防眩网通过网股的宽度和厚度阻挡光线穿过，减少光束强度而达到防止对向车前照灯炫目的目的；防眩板是通过其宽度部分阻挡对向车前照灯的光束。

上述设施一般会在工程准备阶段设置，由项目法人统一负责进行规划和布置，并要求行驶道路设计应符合《工业企业厂内铁路、道路运输安全规程》GB 4387 和相关规定，并监督落实。

4.8　环境保护

施工企业项目部应当按照《环境保护法》《大气污染防治法》《固体废物污染环境防治法》《环境噪声污染防治法》等法律法规要求，保护和改善施工现场环境，防治扬尘、噪音等各类污染。

4.8.1　防治施工扬尘污染

（1）施工现场的主要道路要进行硬化处理，定期清扫、洒水；裸露的场地和堆放的土方应采取覆盖、固化或绿化等措施。

（2）施工现场道路施工进行铣刨、切割以及拆除建筑物或构筑物等作业时，应采用隔离、洒水等防止扬尘措施，并应在规定期限内将废弃物清理完毕。

（3）从事土方、渣土和施工垃圾运输应采用密闭式运输车辆或采取覆盖措施；施工现场出口处应设置车辆冲洗设施,并应对驶出的车辆进行清洗。

(4)在规定区域内的施工现场应使用预拌制混凝土及预拌砂浆;采用现场搅拌混凝土或砂浆的场所应采取封闭、降尘、降噪措施;水泥和其他易飞扬的细颗粒建筑材料应密闭存放或采取覆盖等措施。

(5)建筑物内施工垃圾的清运,应采用专用封闭式容器吊运或传送,严禁凌空抛撒。

(6)施工现场应设置密闭式垃圾站,施工垃圾、生活垃圾应分类存放,并及时清运出场。

(7)拆除建筑物或者构筑物时,应采用隔离、洒水等降噪、降尘措施,并及时清理废弃物。

4.8.2 防治大气污染

(1)严禁在施工现场焚烧各类废弃物;不得在施工现场熔融沥青。

(2)城区、旅游景点、疗养区、重点文物保护地及人口密集区的施工现场应使用清洁能源。

(3)施工现场的机械设备、车辆的尾气排放应符合国家环保排放标准要求。

(4)当环境空气质量指数达到中度及以上的污染时,施工现场应增加洒水频次,加强覆盖措施,减少易造成大气污染的施工作业。

4.8.3 防治水土污染

(1)废弃的降水井应及时回填,并应封闭井口,防止污染地下水。

(2)施工现场应设置排水沟及沉淀池,施工污水经沉淀后方可排入市政污水管道或河流。

(3)施工现场临时厕所的化粪池应进行防渗漏处理。

(4)施工现场存放的油料和化学溶剂等物品应设置专用库房,地面应进行防渗漏处理。

(5)食堂应设置隔油池,并应定期清理。

(6)施工现场的危险废物应按国家有关规定处理,严禁填埋。

4.8.4 防治噪声和光线污染

(1)施工现场场界噪音排放应符合现行国家标准《建筑施工场界环境噪声排放标准》GB 12523的规定。施工现场应对场界噪声排放进行监测、记录和控制,并应采取降低噪音的措施。

(2)施工现场宜选用低噪声、低振动的设备,强噪音设备宜设置在远离居民区的一侧,并应采用隔声、吸声材料搭设的防护棚或屏障。

（3）对因生产工艺要求或其他特殊需要，确需在夜间进行强噪声施工的，应尽量采取降噪措施，事先做好周围群众的工作，施工前项目法人应向有关部门提出申请，经批准后方可进行施工。

（4）夜间运输材料的车辆进入施工现场，严禁鸣笛，装卸材料应做到轻拿轻放。

（5）施工现场边界线处的等效声级测量应当按照相关要求进行。

（6）夜间施工严格按照水利行政主管部门和有关部门的规定执行，对施工照明器具的种类、灯光亮度加以严格控制，特别是在城市市区居民居住区内，减少施工照明对城市居民的危害。

4.9　施工临时用电管理

水利工程建设施工工地的外部环境条件是较恶劣的，在施工临时用电中存在安全隐患。施工中常存在的临时用电安全隐患有：

（1）工地环境复杂，如风吹日晒、尘土飞扬和季节性的阴雨潮湿，使工地用电备的绝缘性能下降；同时，夏季炎热多雨、人体多汗绝缘阻抗下降，而且这些人多专业电气人员，缺乏用电安全知识。有的甚至不遵守安全规程违章作业，凡此种种，均易导致电气故障及触电伤亡事故。

（2）用电设备和机械的多样性和工作状态的不稳定性。

（3）很多施工企业项目部并未严格遵守《施工现场临时用电安全技术规范》，用电线路缺少保护接地或保护接零的设置，员工在临时用电过程中往往由于接触设备金属外壳而发生触电事故。

4.9.1　施工临时用电组织设计

（1）工程开始前，水利水电工程施工企业项目部应依据《施工现场临时用电安全技术规范》JGJ 46、《建设工程施工现场供用电安全规范》GB 50194 和水利安全建设相关要求，结合施工现场实际情况，编制《施工临时用电组织设计》，对工程现场电气线路和装置进行设计，并交项目法人组织监理方和设计方审核，经批准后执行。

（2）现场电气线路、电气装设完毕后，由项目法人组织监理方、设计方、施工方共同进行验收，然后投入使用。

4.9.2　施工临时用电设施要求

（1）现场施工用电的配电柜（箱）、漏电保护器等应采用当地安监部门的推荐产品或标准配电柜（箱），电缆电线也应采用当地安监部门的推荐产品或合格产品，已保证使用质量。

（2）为保障用电安全，便于管理，现场施工用电应将重要负荷与非重要负荷、生产用电与生活区用电分开配电，使其在使用过程中互不干扰。配电箱应作分级设置，即在总配电箱下，设分配电箱，分配电箱以下设开关箱，开关箱以下就是用电设备，形成三级配电。照明配电与动力配电分别设置，自成独立系统，不致因动力停电影响照明。

（3）施工过程中必须与外电线路保持一定安全距离，当因受现场作业条件限制达不到安全距离时，必须采取屏护措施，防止发生因碰触造成的触电事故。如果因工程建设需要，必须对已建成的供、受电设施进行迁移、改造或者采取防护措施时，由用电管理部门或与产权用户协商处理。

4.9.3 施工临时用电控制检查

水利水电工程施工企业项目部安全管理部门应根据《建设工程施工现场供用电安全规范》GB 50194、《水利水电工程施工安全管理导则》SL 721、《建筑施工安全检查标准》JGJ 59 等规范和施工现场实际情况制定出施工现场临时施工用电的控制制度，统一实行记录制度，各单位按要求执行，其内容包括：

（1）安全员在运行过程中对查出的事故隐患，应定人、定时间、定措施进行整改，跟踪验证并做好记录。

（2）电工应做好维修记录。

（3）在《水利水电工程施工安全管理导则》SL 721、《建筑施工安全检查标准》JGJ 59 中要求有测量记录的，应分项测量，并做好记录。

施工单位应对电工维修记录、有关测量记录和事故隐患措施整改记录进行检查。

定期对施工现场用电进行检查，对临时用电情况做日常监督检查，检查内容按《水利水电工程施工安全管理导则》SL 721、《建筑施工安全检查标准》JGJ 59 的有关内容执行。

（4）施工现场临时用电必须建立安全技术档案，其内容应包括：

1）临时用电施工组织设计全部资料；

2）修改临时用电施工组织设计资料；

3）技术交底资料；

4）临时用电工程检查验收表；

5）电气设备的试、检验凭单和调试记录；

6）接地电阻测定记录表；

7）定期检（复）查表；

8）电工维修工作记录。

4.10　机械设备管理

根据《水利水电工程施工安全管理导则》SL 721 的规定，施工现场机械设备的管理应遵守下列规定。

4.10.1　基础管理

（1）施工单位应建立设施设备安全管理制度，包括购置、租赁、安装、拆卸、验收、检测、使用、保养、维修、改造和报废等内容。

（2）施工单位应设置施工设施设备管理部门，配备管理人员，明确管理职责和岗位责任，对施工设备（设施）的采购、进场、退场实行统一管理。

（3）施工现场所有设施设备应符合有关法律、法规、制度和标准要求；安全设施应与建设项目主体工程同时设计、同时施工、同时投入生产和使用。

（4）施工单位设施设备投入使用前，应报监理单位验收。验收合格后，方可投入使用。

进入施工现场设施设备的牌证应齐全、有效。

（5）《特种设备安全法》规定的施工起重机械验收前，应经具备资质的检验检测机构检验。施工单位应自施工起重机械和整体提升脚手架、模板等自升式架设设施验收合格之日起 30 日内，向建设行政主管部门或者其他有关部门登记。登记、检验结果应报监理单位备案。

（6）施工单位应建立设施设备的安全管理台账，应记录下列内容：

1）来源、类型、数量、技术性能、使用年限等信息；

2）设施设备进场验收资料；

3）使用地点、状态、责任人及检测检验、日常维修保养等信息；

4）采购、租赁、改造计划及实施情况等。

（7）施工单位应在特种设备作业人员（含分包商、租赁的特种设备作业人员）进场时确认其证件的有效性，经监理单位审核确认，报项目法人备案。

（8）项目法人、监理单位应定期对施工单位施工设施设备安全管理制度执行情况、施工设施设备使用情况、操作人员持证情况进行监督检查，规范对施工设备的安全管理。

4.10.2　运行管理

（1）施工单位在设施设备运行前应进行全面检查；运行过程中应定期对安全设施、器具进行维护、更换，每周应对主要施工设备安全状况进行一次全面检查（包含停用一个月以上的起重机械在重新使用前），并做好记录，以确保其运行可靠。项目法人、监理单位应定期监督检查设施设备的运行状况、人员操作情况、运行记录。

（2）施工单位设施设备运行管理必须符合下列要求：

1）在使用现场明显部位设置设备负责人及安全操作规程等标牌；

2）在负荷范围内使用施工设施设备；

3）基础稳固，行走面平整，轨道铺设规范；

4）制动可靠、灵敏；

5）限位器、联锁联动、保险等装置齐全、可靠、灵敏；

6）灯光、音响、信号齐全可靠，指示仪表准确、灵敏；

7）在传动转动部位设置防护网、罩，无裸露；

8）接地可靠，接地电阻值符合要求；

9）使用的电缆合格，无破损情况；

10）各种设施设备已履行安装验收手续等。

（3）大、中型设备应坚持定人、定机、定岗，设立人机档案卡和运行记录。大型设备必须实行机长负责制。

（4）施工单位应根据作业场所的实际情况，按照规定在有较大危险性的作业场所和设施设备上，设置明显的安全警示标志，告知危险的种类、后果及应急措施等。

施工单位应在设施设备检维修、施工、吊装、拆卸等作业现场设置警戒区域和警示标志，对现场的坑、井、洼、沟、陡坡等场所设置围栏和警示标志。

施工单位应对所有设备的润滑进行定点、定质、定时、定量、定人管理，并做好记录。

（5）施工单位现场的木加工、钢筋加工、混凝土加工场所及卷扬机械、空气压缩机必须搭设防砸、防雨棚。

施工现场的氧气瓶、乙炔瓶及其他易燃气瓶、油脂等易燃、易爆物品应分别存放，保持安全距离，不得同车运输。氧气瓶、乙炔瓶应有防震圈和安全帽，不得倒置，不得在强烈日光下曝晒；氧气瓶不得用吊车吊转运。

（6）施工单位应制订设施设备检维修计划，检维修前应制订包含作业行为分析和控制措施的方案，检维修过程中应采取隐患控制措施，并监督实施。

安全设施设备不得随意拆除、挪用或弃置不用（如防护罩）；确因检查维修拆除的，应采取临时安全措施，检查维修完毕后立即复原。

检维修结束后应组织验收，合格后方可投入使用，并做好维修保养记录。

（7）施工起重机械、缆机等大型施工设备达到国家规定的检验检测期限的，必须经具有专业资质的检验检测机构检测。经检测不合格的，不得继续使用。相邻起重机械等大型施工设备应按规定保持防冲撞安全距离。

（8）施工单位应执行生产设备报废管理制度，设备存在严重安全隐患，无改造、维修价值，或者超过规定使用年限的，应及时报废；已报废的设备应及时拆除，或退出施工现场。

拆除的生产设施设备涉及危险物品的，必须制定危险物品处置方案和应急措施，并严格组织实施。

（9）施工单位在安装、拆除大型设施设备时，应遵守下列规定：

1）安装、拆除单位应具有相应资质；

2）应编制专项施工方案，报监理单位审批；

3）安装、拆除过程应确定施工范围和警戒范围，进行封闭管理，由专业技术人员现场监督；

4）拆除作业开始前，应对风、水、电等动力管线妥善移设、防护或切断，拆除作业应自上而下进行，严禁多层或内外同时拆除。

（10）施工单位使用外租施工设施设备时，应签订租赁合同和安全协议书，明确出租方提供的施工设施设备应符合国家相关的技术标准和安全使用条件，确定双方的安全责任。

4.11　特种作业管理

（1）按照《特种设备作业人员监督管理办法》（国家质检总局第 140 号令）、《特种作业人员安全技术培训考核管理规定》（国家安全生产监督管理总局令第 30 号令）的规定，特种作业人员必须持证上岗。

（2）特种作业类型主要包括：电工作业；金属焊接切割作业；起重机械（含电梯）作业；场内机动车辆驾驶；登高架设作业；锅炉作业（含水质化验）；压力容器操作；制冷作业；爆破作业；矿山通风作业（含瓦斯检验）；矿山排水作业（含尾矿坝作业）；由省、自治区、直辖市安全生产综合管理部门或国务院行项目法人管部门提出，并经国家经济贸易委员会批准的其他作业。

（3）特种作业只能由具有上岗资质的特种作业人员完成，特种作业人员前需取得培训合格证明，并具备合格操作技能；参加入场教育；接受作业安全技术交底；了解所操作设备性能；作业时有专人监护。

（4）水利工程建设施工现场涉及的主要特种作业类型有：电工作业、金属焊接切割作业、起重机械作业、登高架设作业、爆破作业、场内机动车辆驾驶和其他危险性较大的作业。严禁无证上岗，违章作业。特种作业人员实行入场登记管理，作为现场管理重点监控对象。

（5）特种作业人员必须持证上岗，施工企业项目部应检查特种作业操作证原件，并将复印件加盖项目公章存档并向项目法人报备存档。项目法人监督监理和总包单位落实特种作业持证上岗的核查管控情况，发现无证上岗，项目法人有权要求清退违规作业人员。

4.12 防洪度汛管理

根据《水利水电工程施工通用安全技术规程》SL 398 及《水利水电工程施工安全管理导则》SL 721 等有关规程规范，防洪度汛管理应遵循以下规定：

4.12.1 一般规定

（1）项目法人应根据工程情况和工程度汛需要，组织制定工程度汛方案和超标准洪水应急预案，报有管辖权的防汛指挥机构批准或备案。

（2）项目法人应和有关参建单位签订安全度汛目标责任书，明确各参建单位防汛度汛责任，并组织成立有各参建单位参加的工程防汛机构，负责工程安全度汛工作。

（3）设计单位应于汛前提出工程度汛标准、工程形象面貌及度汛要求。

（4）施工单位应按批准的度汛方案和超标准洪水应急预案，制订防汛度汛及抢险措施，报项目法人批准，并按批准的措施落实防汛抢险队伍和防汛器材、设备等物质准备工作，做好汛期值班，保证汛情、工情、险情信息渠道畅通。

（5）项目法人应做好汛期水情预报工作，准确提供水文气象信息，预测洪峰流量及到来时间和过程，及时通告各单位。

（6）项目法人在汛前应组织有关参建单位，对生活、办公、施工区域内进行全面检查，围堰、子堤、人员聚集区等重点防洪度汛部位和有可能诱发山体滑坡、垮塌和泥石流等灾害的区域、施工作业点进行安全评估，制定和落实防范措施。

（7）防汛期间，施工单位应组织专人对围堰、子堤、人员聚集区等重点防汛部位巡视检查，观察水情变化，发现险情，及时进行抢险加固或组织撤离。

（8）防汛期间，超标洪水来临前，施工淹没危险区的施工人员及施工机械设备，应及时组织撤离到安全地点。

（9）施工单位在汛期应加强与上级主管部门和地方政府防汛部门的联系，听从统一防汛指挥。

（10）洪水期间，如发生主流改道，航标漂流移位、熄灭等情况，施工运输船舶应避洪停泊于安全地点。

（11）施工单位在堤防工程防汛抢险时，应遵循前堵后导、强身固脚、减载平压、缓流消浪的原则。

（12）防汛期间，施工单位在抢险时应安排专人进行安全监视，确保抢险人员的安全。

（13）台风来临前由项目部组织一次安全检查。塔吊、施工电梯、井架等施工机械，要采取加固措施。塔吊吊钩收到最高位置，吊臂处于自由旋转状态。在建工程作业面和脚手架上的各种材料应堆放、绑扎固定，以防止被风吹落伤人。施工临时用电除保证生活照明外，其余供电一律切断电源。做好工地现场围墙和工人宿舍生活区安全检查，疏通排水沟，保证现场排水畅通。台风、暴雨后，应进行安全检查，重点是施工用电、临时设施、脚手架、大型机械设备，发现隐患，及时排除。

（14）项目法人应建立汛期值班和检查制度，建立接收和发布气象信息的工作机制，保证汛情、工情、险情信息渠道畅通。

（15）项目法人应至少每年组织一次防汛应急演练。

（16）施工单位应落实汛期值班制度，开展防洪度汛专项安全检查，及时整改发现的问题。

4.12.2 度汛方案的主要内容

度汛方案应包括防汛度汛指挥机构设置、度汛工程形象、汛期施工情况、防汛度汛工作重点，人员、设备、物资准备和安全度措施，以及雨情、水情、汛情的获取方式和流信保险方式等内容。防汛度汛指挥机构应由项目法人、监理单位、施工单位、设计单位主要负责人组成。

4.12.3 超标准洪水应急预案的主要内容

超标准洪水应急预案应包括超标准洪水可能导致的险情预测、应急抢险指挥机构设置、应急抢险措施、应急队伍准备及应急演练等内容。

4.12.4 防汛检查的内容

1. 建立防汛组织体系与落实责任

（1）防汛组织体系。成立临时防汛领导小组，下设防汛办公室和抗洪抢险队（每个施工项目经理部均应设立）。

（2）明确防洪任务。根据建设工程所在地实际情况，明确防洪标准、计划、重点和措施。

（3）落实防汛责任。项目法人、设计、监理、施工等单位的防汛责任明确，分工协作，配合有力。各级防汛工作岗位责任制明确。

2. 检查防汛工作规章制度情况

（1）上级有关部门的防汛文件齐备。

（2）防汛领导小组、防汛办公室及抗洪抢险队工作制度健全。

（3）汛前检查及消缺管理制度完善，针对性、可操作性强。

（4）建立汛期值班、巡视、联系、通报、汇报制度，相关起录齐全，具有可追溯性。

（5）建立灾情（损失）统与报告制度。

（6）建立汛期通信管用制度，确保信息传递及时、迅速，24h畅通。

（7）建立防汛物资管理制度，做到防物资与工程建设物资的相互匹配，在汛期应保正相关物资的可靠储备，确保汛情发生时相关物资及时到位。

（8）防汛工作奖惩办法和总结报告制度。

（9）制定防汛工作手册。手册中应明确防汛工作职责、工作程序、应急措施内容。

（10）上述制度、手册应根据工程建设所在地的实际情况制定，及时修编。

3. 检查建设工程度汛措施及预案

（1）江河堤坝等地区钻孔作业，要密切关注孔内水位变化，并备有必要的压孔物资（如沙袋等），严防管涌等事故的发生。

（2）江（河）滩中施工作业，应事先制定水位暴涨时人员、物资安金撤离的措施。

（3）山区施工作业，应事先制定严防泥石流伤害的技术和管理措施。

（4）现场临时帐篷等设施避免搭建在低洼处，实行双人值班，配备可靠的通信工具。

（5）检查在超标准暴雨情况下，保护建设工程成品（半成品）、机具设备和人员疏散的预案。预案应按规定报上级单位审批或备案。

（6）检查工程建设进度是否达到度汛要求，如达不到要求应制定相应的应急预案。

4. 生活及办公区域防汛

（1）工程项目部及材料库应设在具有自然防汛能力的地点，建筑物及构筑物具有防淹没、防冲刷、防倒塌措施。

（2）生活及办公区域的排水设备与设施应可靠。

（3）低洼地的防水淹措施和水淹后的人员转移安置方案。

（4）项目部防汛图（包括排水、挡水设备设施、物资储备、备用电源等）。

（5）防汛组织网络图（包括指挥系统、抢修抢险系统、电话联络等）。

5. 防汛物资与后勤保障检查

（1）防汛抢险物资和设备储备充足，台账明晰，专项保管。

（2）防汛交通、通信工具应确保处于完好状态。

（3）有必要的生活物资和医药储备。

6. 与地方防汛部门的联系和协调检查

（1）按照管理权限接受防汛指挥部门的调度指挥，落实地方政府的防汛部署，积极向有关部门汇报有关防汛问题。

（2）加强与气象、水文部门的联系，掌握气象和水情信息。

7. 防汛管理及程序

（1）每年汛前项目法人组织对本工程的防汛工作进行全面检查。

（2）项目法人对所属建设工程进行汛前安全检查，发现影响安全度汛的问题应限期整改，检查结果应及时报上级主管部门。

（3）上级部门根据情况对有关基建工程的防汛准备工作进行抽查。

4.13 危险性较大的单项工程管理

根据《水利水电工程施工安全管理导则》SL 721 的规定，危险性较大的单项工程指施工过程中存在的、可能导致作业人员群死群伤或造成重大不良社会影响的单项工程。

危险性较大的单项工程专项施工方案指在编制施工组织设计的基础上，针对危险性较大的单项工程应单独编制安全技术措施文件。

4.13.1 危险性较大的单项工程

1. 达到一定规模的危险性较大的单项工程，主要包括下列工程：

（1）基坑支护、降水工程。开挖深度超过 3m（含 3m）—5m 或虽未超过 3m 但地质条件和周边环境复杂的基坑（槽）支护、降水工程。

（2）土方和石方开挖工程。开挖深度超过 3m（含 3m）—5m 的基坑（槽）的土方和石方开挖工程。

（3）模板工程及支撑体系

1）大模板等工具式模板工程；

2）混凝土模板支撑工程：搭设高度 5m-8m；搭设跨度 10m（含）—18m；施工总荷载 10（含）—15kN/m²；集中线荷载 15（含）—20kN/m；高度大于支撑水平投影宽度且相对独立无联系构件的混凝土模板支撑工程；

3）承重支撑体系：用于钢结构安装等满堂支撑体系。

（4）起重吊装及安装拆卸工程

1）采用非常规起重设备、方法，且单件起吊重量在 10 含—100kN 及以上的起重吊装工程；

2）采用起重机械进行安装的工程；

3）起重机械设备自身的安装、拆卸；

（5）脚手架工程

1）搭设高度 24m（含）—50m 的落地式钢管脚手架工程；

2）附着式整体和分片提升脚手架工程；

3）悬挑式脚手架工程；

4）吊篮脚手架工程；

5）自制卸料平台、移动操作平台工程；

6）新型及异型脚手架工程

（6）拆除、爆破工程

（7）围堰工程

（8）水上作业工程

（9）沉井工程

（10）临时用电工程

（11）其他危险性较大的工程

2. 超过一定规模的危险性较大的单项工程，主要包括下列工程：

（1）深基坑工程

1）开挖深度超过 5m（含 5m）的基坑（槽）的土方开挖、支护、降水工程；

2）开挖深度虽未超过 5m，但地质条件、周围环境和地下管线复杂，或影响毗邻建筑（构筑）物安全的基坑（槽）的土方开挖、支护、降水工程。

（2）模板工程及支撑体系

1）工具式模板工程：包括滑模、爬模、飞模工程；

2）混凝土模板支撑工程：搭设高度 8m 及以上；搭设跨度 18m 及以上；施工总荷载 15kN/m^2 及以上；集中线荷载 20kN/m 及以上；

3）承重支撑体系：用于钢结构安装等满堂支撑体系，承受单点集中荷载 700kg以上。

（3）起重吊装及安装拆卸工程

1）采用非常规起重设备、方法，且单件起吊重量在 100kN 及以上的起重吊装工程；

2）起重量 300kN 及以上的起重设备安装工程；高度 200m 及以上内爬起重设备的拆除工程。

（4）脚手架工程

1）搭设高度 50m 及以上落地式钢管脚手架工程；

2）提升高度 150m 及以上附着式整体和分片提升脚手架工程；

3）架体高度 20m 及以上悬挑式脚手架工程。

（5）拆除、爆破工程

1）采用爆破拆除的工程；

2）可能影响行人、交通、电力设施、通信设施或其他建、构筑物安全的拆除工程；

3）文物保护建筑、优秀历史建筑或历史文化风貌区控制范围的拆除工程。

（6）其他

1）开挖深度超过 16m 的人工挖孔桩工程；

2）地下暗挖工程、顶管工程、水下作业工程；

3）采用新技术、新工艺、新材料、新设备及尚无相关技术标准的危险性较大的单项工程。

4.13.2　基本规定

（1）项目法人在办理安全监督手续时，应当提供危险性较大的单项工程清单和安全生产管理措施。

（2）项目法人及监理单位应建立危险性较大的单项工程验收制度；施工单位应建立危险性较大的单项工程管理制度。

（3）监理单位应编制危险性较大的单项工程监理规划和实施细则，制定工作流程、方法和措施。

（4）专项施工方案应由施工单位技术负责人组织施工技术、安全、质量等部门的专业技术人员进行审核。经审核合格的，由施工单位技术负责人签字确认。实行分包的，应由总承包单位和分包单位技术负责人共同签字确认。无须专家论证的专项施工方案，经施工单位审核合格后应报监理单位，由项目总监理工程师审核签字，并报项目法人备案。

（5）施工单位应在施工前，对达到一定规模的危险性较大的单项工程编制专项施工方案；对于超过一定规模的危险性较大的单项工程，施工单位应组织专家对专项施工方案进行审查论证。

（6）施工单位的施工组织设计应包含危险性较大的单项工程安全技术措施及其专项施工方案。

（7）施工单位应根据审查论证报告修改完善专项施工方案，并经施工单位技术负责人、总监理工程师、项目法人单位负责人审核签字后，方可组织实施。

（8）施工单位应严格按照专项施工方案组织施工，不得擅自修改、调整专项施工方案。

如因设计、结构、外部环境等因素发生变化确需修改的，修改后的专项施工方案应当重新审核。对于超过一定规模的危险性较大的单项工程的专项施工方案，施工单位应重新组织专家进行论证。

4.13.3　专项施工方案的编制和审查

1. 编制原则

专项施工方案的编制，必须考虑现场的实际情况、施工特点及周围作业环境，措施要有针对性，凡施工过程中有可能发生的危险因素及周围外部的不利因素等，都必须从技术上采取具体且有效的措施予以预防。

2. 专项施工方案内容

（1）工程概况：危险性较大的单项工程概况、施工平面布置、施工要求和技术保证条件等；

（2）编制依据：相关法律、法规、规章、制度、标准及图纸（国标图集）、施工组织设计等；

（3）施工计划：包括施工进度计划、材料与设备计划等；

（4）施工工艺技术：技术参数、工艺流程、施工方法、质量标准、检查验收等；

（5）施工安全保证措施：组织保障、技术措施、应急预案、监测监控等；

（6）劳动力计划：专职安全生产管理人员、特种作业人员等；

（7）设计计算书及相关图纸等。

3. 专项施工方案编制应注意的事项

（1）专项施工方案的编制应将安全与质量相互联系，有机结合。

（2）文本格式应规范，要有完整的目录、页码，包括计算书、附图的目录、页码。附表、附图的名称及页码要对应说明。能用图表说明的，尽量使用图、表。

（3）引用规范、标准的尽量以明确名称编号及具体条文号为宜，但要确定区间值。引用地质考察报告、设计要求要注意针对性，对引用的数据要进行分析比较，确保数据引用安全可靠。

（4）引用单位标准、工法时，要注意单位标准、工法的有效性、合法性，并提供相应证明文件。对涉及施工安全技术措施的内容，要重点说明。

（5）对周边环境有影响的超过一定规模的危险性较大单项工程（如爆破、基坑、施工机械使用等），要特别注意周边环境调查及影响范围。

（6）涉及淘汰或禁止使用的施工技术措施，禁止使用；存在明显安全隐患和危险的内容施工内容（如人工挖孔桩施工遇到流砂、毒气时），不应采用施工技术措施解决，要作为应急预案处理，并有相应监测监控措施。

（7）使用计算机软件进行设计验算的，要说明软件名称、版本号、有效期等信息，便于核查比对。

（8）采用新技术、新工艺、新材料、新设备及尚无相关技术标准的危险性较大的单项工程的专项方案，要提供相关技术数据的来源，如技术鉴定报告、检测报告等证明文件。

4.13.4　专项施工方案的审查论证

（1）超过一定规模的危险性较大的单项工程专项施工方案由施工单位组织召开审查论证会。审查论证会由下列人员参加：

1）专家组成员；

2）项目法人单位负责人或技术负责人；

3）监理单位项目总监理工程师及相关人员；

4）施工单位分管安全的负责人、技术负责人、项目负责人、项目技术负责人、专项施工方案编制人员、项目专职安全生产管理人员；

5）勘察、设计单位项目技术负责人及相关人员。

（2）专家组应由 5 名及以上符合相关专业要求的专家组成，各参建单位人员不得以专家身份参加审查论证会。

（3）专家组成员应具备下列基本条件：

1）诚实守信、作风正派、学术严谨；

2）从事相关专业工作 15 年以上或具有丰富的专业经验；

3）具有高级专业技术职称。

（4）审查论证会应就以下主要内容进行审查论证，并提交论证报告。审查论证报告应对审查论证的内容提出明确的意见，并经专家组成员签字。

1）专项施工方案是否完整、可行，质量、安全标准是否符合工程建设标准强制性条文规定；

2）设计计算书是否符合有关标准规定；

3）施工的基本条件是否符合现场实际等。

4.13.5　专项施工方案的实施、检查与验收

（1）监理、施工单位应指定专人对专项施工方案实施情况进行旁站监督。发现未按专项施工方案施工的，应要求其立即整改；存在危及人身安全紧急情况的，施工单位应立即组织作业人员撤离危险区域。

（2）总监理工程师、施工单位技术负责人应定期对专项施工方案实施情况进行巡查。

危险性较大的单项工程合成后，监理单位或施工单位应组织有关人员进行验收。验收合格的，经施工单位技术负责人及总监理工程师签字后，方可进行后续工程施工。

（3）监理单位发现未按专项施工方案实施的，应责令整改；施工单位拒不整改的，应及时向项目法人报告；如有必要，可直接向有关部门报告。项目法人接到监理单位报告后，应立即责令施工单位停工整改；施工单位仍不停工整改的，项目法人应及时向项目主管部门和安全监督机构报告。

4.13.6　危险性较大的单项工程的安全保证措施

1. 建立安全管理体系

（1）危险性较大的单项工程，各级应牢固树立"安全第一、预防为主、综合治理"的思想，坚决贯彻"管生产必须管安全"的原则，把安全生产放在重点议事日程上，作为头等大事来抓，并认真落实"安全生产、文明施工"的规定。

（2）建立健全并全面贯彻安全管理制度和各岗位安全责任制，根据工程性质、特

点、成立三级安全管理机构。

项目部安全生产领导小组，每周召开一次会议，部署各项安全管理工作和改善安全技术措施，具体检查各部门存在安全隐患问题提出改进安全技术问题，落实安全生产责任制和严格控制工人按安全规程作业，确保施工安全生产。

安全值日员，每天检查工人上，下班是否佩戴好帽和个人防护用品，对工人操作面进行安全检查，保证工人按安全操作规程作业，及时检查安全存在问题，消除安全隐患。

（3）安全技术有针对性、现场内的各种材料施工设计，须按施工平面图进行布置，现场的安全、卫生、防水设施要齐全有效。

（4）要切实保证职工在安全条件下进行作业，施工在搭设的各种脚手架等临时设施，均要符合国家规程和标准，在施工现场安装的机电要保持良好的技术状态，严禁带"病"运转。

（5）加强对职工的安全技术教育，坚持制止违章指挥和违章作业，凡进入施工现场的人员，须戴安全帽，高处作业应系好安全带，施工现场的危险部位要高置安全色标、标语或宣传画，随时提醒职工注意安全。

（6）严肃对待施工现场发生的已遂、未遂事故，把一般事故当作重大事故来抓，未遂事故当成已遂事故来抓。对查出的事故、隐患，要做到"三定一落实"，并在做到抓一个典型，教育一批的效果。

2. 建立安全生产管理制度

（1）危险性较大的单项工程应建立安全生产责任制，严格执行有关规定。各级领导，在管理生产的同时，必须负责管理安全工作，逐级建立安全责任制，使落实安全生产的各项规章制度成为全体职工的自觉行动。

（2）建立安全技术措施计划，包括改善劳动条件，防止伤亡事故，预防职业病和职业中毒为目的各项技术组织措施，创造一个良好的安全生产环境。

（3）建立严格的劳力管理制度。严格执行劳务管理制度。新入场的工人接受入场安全教育后方可上岗操作。特种作业人员全部持证上岗。

3. 建立安全生产教育、培训制度

（1）建立安全生产教育制度，对新进场工人进行三级安全教育，上岗安全教育，特殊工种安全技术教育（如登高架设、机械操作等工种的考核教育），变换工种必须进行变换工种教育，方可上岗。工地建立职工三级教育登记卡和特殊作业，变换工种作业登记卡，卡中必须有工人概况、考核内容、批准上岗的工人签字，进行经常性的安全生产活动教育。

（2）实行逐级安全技术交底履行签字手续，开工前由公司技术负责人将工程概况、施工方法、安全技术措施等情况问题项目负责人、施工员及全体职工进行详细交底，单项工程由工长、施工员向参加施工的全体成员进行有针对性的安全技术交底。

（3）建立安全生产的定期检查制度。施工单位在施工生产时，为了及时发现事故隐患，堵塞事故漏洞，防患于未然，须建立安全检查制度。安全检查工作，项目部每周定期进行一次，班组每日上班领导检查。要以自查为主，互查为辅。以查思想、查制度、查纪律、查领导、查隐患为主要内容。要结构季节特点，开展防雷电、防坍塌、防高处堕落、防中毒等"五防"检查，安全检查要贯彻领导与群众相结合的原则，做到边检边改并做好检查记录。存在隐患严格按"三定一落实"整改反馈。

（4）根据工地实际情况建立班前安全活动制度，对危险性较大的单项工程、施工现场的安全生产及时进行讲评，强调注意事项，表扬安全生产中的好人好事并做好班前安全活动记录。

（5）施工用电、搅拌机、钢筋机械等在中型机械及脚手架、卸料平台要挂安全网、洞口临边防护设施等，安装或搭设好后及时组织有关人员验收，验收合格方准投入使用。

（6）建立伤亡事故的调查和处理制度调查处理伤亡事故，要做到"四不放过"，即事故原因未查清不放过、责任人员未处理不放过、责任人和群众未受教育不放过、整改措施未落实不放过，对事故和责任者要严肃处理。对于那些玩忽职守，不顾工人死活，强迫工人违章冒险作业，而造成伤亡事故的领导，一定要给予纪律处分，严重的应依法惩办。

4.14　安全技术交底

安全技术交底应依据国家有关法律法规和有关标准、工程设计文件、施工组织设计和安全技术规划、专项施工方案和安全技术措施、安全技术管理文件等的要求进行。施工单位应建立分级、分层次的安全技术交底制度。根据《水利水电工程施工安全管理导则》SL 721 的规定，安全技术交底应遵守下列规定。

1. 概念

安全技术交底，是指交底方向被交底方对预防和控制生产安全事故发生及减少其危害的技术措施、施工方法等进行说明的技术活动。

2. 程序和要求

（1）工程开工前，施工单位技术负责人应就工程概况、施工方法、施工工艺、施工程序、安全技术措施和专项施工方案，向施工技术人员、施工作业队（区）负责人、工长、班组长和作业人员进行安全交底。

（2）单项工程或专项施工方案施工前，施工单位技术负责人应组织相关技术人员、施工作业队（区）负责人、工长、班组长和作业人员进行全面、详细的安全技术交底。

（3）各工种施工前，技术人员应进行安全作业技术交底。

（4）每天施工前，班组长应向工人进行施工要求、作业环境的安全交底。

（5）交叉作业时，项目技术负责人应根据工程进展情况定期向相关作业队和作业人员进行安全技术交底。

（6）施工过程中，施工条件或作业环境发生变化的，应补充交底；相同项目连续施工超过一个月或不连续重复施工的，应重新交底。

（7）安全技术交底应填写安全交底单，由交底人与被交底人签字确认。安全交底单应及时归档。

（8）安全技术交底必须在施工作业前进行，任何项目在没有交底前不得进行施工作业。

（9）项目法人、监理单位和施工单位应当定期组织对安全技术交底情况进行检查，并填写检查记录。

3. 主要内容

（1）工程项目和单项的概况；

（2）施工过程的危险部位和环节及可能导致生产安全事故的因素；

（3）针对危险部位采取的具体防范措施；

（4）作业中应注意的安全事项；

（5）作业人员应遵守的安全操作规程和规范；

（6）作业人员发现事故隐患后应采取的措施；

（7）发生事故后应及时采取的避险和救援措施。

4.15　安全资料管理

所谓施工安全技术资料，是指施工单位在项目施工过程中为加强生产安全和文明施工所形成的各种形式的信息，包括纸质和音像资料等。安全技术资料建档起止时限，应从工程施工准备阶段到工程竣工验收合格止。

安全资料是工程项目施工现场技术资料的重要组成部分，它是项目实现安全生产管理措施、技术措施的记录控制。加强安全资料管理是预防生产安全事故和提高项目安全管理水平的有效措施。根据《水利水电工程施工安全管理导则》SL 721 的规定，安全资料的管理应遵守下列规定。

1. 管理要求

（1）各参建单位应将安全生产档案管理纳入日常工作，明确管理部门、人员及岗位职责，健全制度，安排经费，确保安全生产档案管理正常开展。

（2）建立安全管理资料的管理制度，规范安全管理资料的形成、收集、整理、组卷等工作，应随施工现场安全管理工作同步形成，做到真实、准确、完整。

（3）施工现场安全管理资料应字迹清晰，签字、盖章等手续齐全，计算机形成的资料可打印、手写签名。

（4）施工现场安全管理资料应为原件，因故不能为原件时，可为复印件。复印件上应注明原件存放处，加盖原件存放单位公章，有经办人签字并注明时间。

（5）施工现场安全管理资料应分类整理和组卷，由各参与单位工程项目部保存备查至工程竣工。

（6）项目法人在签订有关合同、协议时，应对安全生产档案的收集、整理、移交提出明确要求。

检查施工安全时，要同时检查安全生产档案的收集、整理情况。

进行技术鉴定、重要阶段验收与竣工验收时，要同时审查、验收安全生产档案的内容与质量，并作出评价。

（7）项目法人对安全生产档案管理工作负总责，应做好自身安全生产档案的收集、整理、归档工作，并加强对各参建单位安全生产档案管理工作的监督、检查和指导。

（8）专业技术人员和管理人员是归档工作的直接责任人，应做好安全生产文件材料的收集、整理、归档工作。如遇工作变动，应做好安全生产档案资料的交接工作。

（9）监理单位应对施工单位提交的安全生产档案材料履行审核签字手续。凡施工单位未按规定要求提交安全生产档案的，不得通过验收。

2. 主要职责

（1）在施工组织设计中列出安全管理资料的管理方案，按规定列出各阶段安全管理资料的项目。

（2）指定施工现场安全管理资料责任人，负责安全管理资料的收集、整理和组卷。

（3）施工现场安全管理资料应随工程建设进度同步形成，保证资料的真实性、有效性和完整性。

（4）实行总承包施工的工程项目，总包单位应督促检查各分包单位施工现场安全管理资料的管理。分包单位应负责其分包范围内施工现场安全管理资料的形成、收集和整理。

（5）施工单位的安全生产专项措施资料应遵循"先报审、后实施"的原则，实施前向项目法人和监理单位报送有关安全生产的计划、方案、措施等资料，得到审查认可后方可实施。

3. 主要内容

安全资料内容通常包括安全生产责任制、施工组织设计及专项施工方案、安全技术交底、安全检查、安全教育、应急救援、安全生产目标、安全生产管理机构和职责、安全生产费用管理、职业卫生与环境保护、安全生产管理制度、机械设备管理、分包单位安全管理、持证上岗、安全费用、保险、文明施工、安全标志、相关文件、证件及人员信息等。

项目法人、监理单位、施工单位安全生产档案目录详见 SL 721 附录 B~附录 D。

考 试 习 题

一、单项选择题（每小题有 4 个备选答案，其中只有 1 个是正确选项。）

1. 下列不符合施工平面布置原则的是（　　）。

A. 必须考虑绿化用地

B. 贯彻执行合理利用土地的方针

C. 因地制宜、因时制宜、有利生产、方便生活、易于管理、安全可靠、经济合理

D. 注重环境保护、减少水土流失

正确答案：A

2. 下列关于施工现场功能区域划分的叙述，不正确的是（　　）。

A. 施工现场的办公区、生活区应当与作业区分开设置

B. 办公生活区应当设置于在建建筑物坠落半径之外，不允许设置在建筑物坠落半径范围内

C. 办公区、生活区与施工区间应采取相应的防护隔离措施，设置明显的指示标识

D. 功能区的规划设置时应考虑交通、水电、消防和环保等因素

正确答案：B

3. 施工现场的围挡高度，一般路段应高于（　　）。

A. 1.5m　　　　　　B. 1.8m　　　　　　C. 2.0m　　　　　　D. 2.5m

正确答案：B

4. 施工现场"五牌二图"中的"二图"是指（　　）。

A. 施工现场总平面图和安全管理网络图　B. 建筑工程立面效果图

C. 施工现场安全标志平面图　　　　　　D. 施工现场排水平面图

正确答案：A

5. 施工现场应该设置"两栏一报"通常是指（　　）。

A. 读报栏、公示栏栏和简报　　　　　B. 读报栏、宣传栏和黑板报

C. 公示栏、张贴栏和黑板报　　　　　D. 公示栏、信息栏和简报

正确答案：B

6. 下列不属于施工现场的硬化场地可采用的材料（　　）。

A. 混凝土　　　　　B. 石屑　　　　　C. 焦渣　　　　　D. 素土

正确答案：D

7. 下列关于施工现场主要材料半成品的堆放的叙述，不正确的是（　　）。

A. 钢筋应当堆放整齐，用方木垫起，不宜放在潮湿和暴露在外受雨水冲淋

B. 砂应堆成方，石子应当按不同粒径规格分别堆放成方

C. 模板应当按规格分类堆放整齐，叠放高度一般不宜超过 3m

D. 混凝土构件堆放场地应坚实、平整

正确答案：C

8. 根据临时设施分类，下列属于施工现场辅助设施的是（　　）。

A. 办公室　　　　B. 厕所　　　　C. 加工棚　　　　D. 围挡

正确答案：D

9. 施工现场搭建临时设施时绘制的施工图纸由（　　）审批，方可搭建。

A. 项目负责人　　　　　　　B. 企业主要负责人

C. 项目安全负责人　　　　　D. 企业技术负责人

正确答案：D

10. 下列属于施工现场活动式临时房屋的是（　　）。

A. 砖木结构房屋　　B. 彩钢板房　　C. 砖石结构房屋　　D. 砖混结构房屋

正确答案：B

11. 下列关于建筑施工现场食堂的叙述，不正确的是（　　）。

A. 食堂应当选择在通风、干燥、清洁的位置，离厕所、垃圾站等场所等污染源 25m 以外

B. 食堂应配备必要的排风设施和冷藏设施

C. 食堂应设置独立的制作间、储藏间

D. 食堂的燃气罐应单独设置存放间，存放间应通风良好并严禁存放其他物品

正确答案：A

12. 根据《施工现场临时建筑物技术规范》JGJ/T 188，施工现场应根据工程规模设置会议室，并应当设置在临时用房的首层，会议室使用面积不宜小于（　　）。

A. 20m² 　　　　B. 30m² 　　　　C. 50m² 　　　　D. 60m²

正确答案：B

13. 施工现场食堂门下方应设不低于（　　）的防鼠挡板。

A. 0.2m 　　　　B. 0.3m 　　　　C. 0.5m 　　　　D. 0.6m

正确答案：C

14. 根据《施工现场临时建筑物技术规范》JGJ/T 188，施工现场淋浴室内淋浴头数量应满足（　　）人的要求，淋浴器间距不宜小于 1m。

A. 1：30 　　　　B. 1：25 　　　　C. 1：20 　　　　D. 1：15

正确答案：C

15. 施工现场某种安全标志几何图形为黄底黑色图形加三角形黑边的图案,则该安全标志是(　　)。

A. 禁止标志　　　　B. 警告标志　　　　C. 指令标志　　　　D. 提示标志

正确答案:B

16. 根据《安全标志》GB 2894,安全标志禁止抛物、当心扎脚、必须戴防尘口罩分别属于(　　)。

A. 警告标志、禁止标志、指令标志　　　B. 禁止标志、指令标志、警告标志

C. 禁止标志、指令标志、提示标志　　　D. 禁止标志、警告标志、指令标志

正确答案:D

17. 下列关于安全标志含义的叙述,不正确的是(　　)。

A. 禁止标志,含义是禁止人们某种不安全行为

B. 警告标志,含义是提醒人们对周围环境或活动引起注意

C. 指令标志,含义是强制人们必须做出某种动作或采用防范措施

D. 提示标志,含义是提示人们不能做出某种行为

正确答案:D

18. 施工现场安全标志布置总平面图应由绘制人员签名,(　　)审批。

A. 企业技术负责人　　　　　　　　B. 项目负责人

C. 项目技术负责人　　　　　　　　D. 项目专职安全生产管理人员

正确答案:B

19. 标志牌的平面与视线夹角应接近(　　)度,观察者位于最大观察距离时,最小夹角不小于75度。

A. 45　　　　　B. 65　　　　　C. 75　　　　　D. 90

正确答案:D

20. 施工现场必须同时设置不同类型多个标志牌时,应当按照警告、禁止、指令、提示的顺序,(　　)的排列设置。

A. 先左后右、先下后上　　　　　B. 先上后下、先左后右

C. 先右后左、先上后下　　　　　D. 先左后右、先上后下

正确答案:D

21. 我国消防工作的方针是(　　)。

A. 安全第一,预防为主　　　　　B. 防消结合,综合治理

C. 预防为主,综合治理　　　　　D. 预防为主,防消结合

正确答案:D

22. 施工现场出入口应满足消防车通行要求,且宜在不同方向布置,其总数不宜少于(　　)个。

A. 2   B. 3   C. 4   D. 5

正确答案：A

23. 施工现场可燃材料堆场及其加工场、固定动火作业场与在建工程的防火间距不应小于（   ）。

A. 5m   B. 6m   C. 8m   D. 10m

正确答案：D

24. 施工现场宿舍、办公室等临时用房建筑构件的燃烧性能等级应为（   ）；当采用金属夹芯板材时，其芯材的燃烧性能等级应为（   ）。

A. A 级，A 级   B. A 级，B 级

C. B 级，B 级   D. B 级，C 级

正确答案：A

25. 施工现场临时用房层数为（   ）层，或每层建筑面积大于 $200m^2$ 时，应设置至少 2 部疏散楼梯。

A. 2   B. 3   C. 4   D. 5

正确答案：B

26. 建筑高度大于（   ），或单体体积超过（   ）的在建工程，应设置临时室内消防给水系统。

A. 24m，10000m³ B. 24m，30000m³ C. 18m，30000m³ D. 18m，10000m³

正确答案：B

27. 为了防止影响安全疏散、消防车正常通行及灭火救援操作，既有建筑在进行扩建、改建施工时，施工现场外脚手架搭设长度不应超过该建筑物外立面周长的（   ）。

A. 1/2   B. 1/3   C. 1/4   D. 1/5

正确答案：A

28. 当施工现场处于市政消火栓（   ）保护范围内，且市政消火栓的数量满足室外消防用水量要求时，可不设置临时室外消防给水系统。

A. 110m   B. 150m   C. 120m   D. 130m

正确答案：B

29. 在建工程室内消防给水系统消火栓接口或软管接口的间距，多层建筑不应大于（   ），高层建筑不应大于（   ）。

A. 30m，50m   B. 50m，30m   C. 20m，40m   D. 40m，20m

正确答案：B

30. 临时室外消防给水干管的管径，应根据施工现场临时消防用水量和干管内水流计算速度计算确定，且不应小于（   ）。

A. *DN*120   B. *DN*110   C. *DN*100   D. *DN*75

正确答案：C

31. 某在建工程建筑高度为 48m，则临时室内消防给水系统中，消防栓用水量不应小于（　　）。

A. 5L/s　　　　　　B. 10L/s　　　　　　C. 15L/s　　　　　　D. 20L/s

正确答案：B

32. 我国火灾报警电话是（　　）。

A. 110　　　　　　B. 119　　　　　　C. 120　　　　　　D. 122

正确答案：B

33. 当施工现场人员发生法定传染病、食物中毒、急性职业中毒时，必须在（　　）小时内向事故发生地建设主管部门和卫生防疫部门报告。

A. 1　　　　　　B. 2　　　　　　C. 3　　　　　　D. 4

正确答案：B

34. 吊车在吊装作业时，（　　）度旋转区域和吊车扒杆底下禁止站人。

A. 30　　　　　　B. 60　　　　　　C. 180　　　　　　D. 360

正确答案：D

35. 道路两旁堆放的设备材料要距离道路（　　）m 以上，跨越道路拉设钢丝绳或架设电缆时高度不得低于 7m。

A. 3　　　　　　B. 2　　　　　　C. 5　　　　　　D. 6

正确答案：B

36. 噪声超过（　　）的设施场所，应为劳动者配备有足够衰减值、佩戴舒适的护耳器。

A. 75dB（A）　　　　B. 85dB（A）　　　　C. 88dB（A）　　　　D. 90dB（A）

正确答案：B

37. 下列不属于施工现场防控噪声危害措施的是（　　）。

A. 消除和减弱噪声源　　　　　　　　B. 控制噪声传播

C. 加强个人防护　　　　　　　　　　D. 以上均不属于

正确答案：D

38. 施工单位应采取的职业病危害防护措施不包括（　　）。

A. 选择不产生或少产生职业病危害的建筑材料、施工设备和施工工艺

B. 配备有效的个人防护用品

C. 制定合理的劳动制度，加强施工过程职业卫生管理和教育培训

D. 以上均不正确

正确答案：D

39. 下列关于水利行业用人单位职业健康监护说法不正确的是（　　）。

A. 组织接触职业危害的作业人员进行上岗前职业健康体检

B. 禁止有职业禁忌症的劳动者从事其所禁忌的职业活动

C. 职业健康监护档案应符合要求，并妥善保管

D. 及时辞退有职业健康损害的作业人员

正确答案：D

40. 为了防止施工扬尘，施工现场裸露的场地和堆放的土方应采取的措施，不包括（　　）。

A. 覆盖　　　　　B. 固化　　　　　C. 绿化　　　　　D. 亮化

正确答案：D

41. 确需在夜间进行强噪声施工的，施工前（　　）应向有关部门提出申请，经批准后方可进行施工。

A. 建设单位　　　B. 施工单位　　　C. 监理单位　　　D. 分包单位

正确答案：A

42. 配电箱应作分级设置，即在总配电箱下，设分配电箱，分配电箱以下设开关箱，开关箱以下就是用电设备，形成（　　）级配电。

A. 4　　　　　　B. 2　　　　　　C. 3　　　　　　D. 多

正确答案：C

43. 根据《水利水电工程施工安全管理导则》SL 721 的规定，施工单位设施设备投入使用前，应报（　　）单位验收。验收合格后，方可投入使用。

A. 监理　　　　　B. 设计　　　　　C. 法人　　　　　D. 勘察

正确答案：A

44. 根据《水利水电工程施工安全管理导则》SL 721 的规定，施工单位在设施设备运行前应进行全面检查；运行过程中应定期对安全设施、器具进行维护、更换，每（　　）应对主要施工设备安全状况进行一次全面检查（包含停用一个月以上的起重机械在重新使用前），并做好记录，以确保其运行可靠。

A. 月　　　　　　B. 周　　　　　　C. 季　　　　　　D. 日

正确答案：B

45. 根据《水利水电工程施工安全管理导则》SL 721 的规定，（　　）应根据工程情况和工程度汛需要，组织制定工程度汛方案和超标准洪水应急预案，报有管辖权的防汛指挥机构批准或备案。

A. 设计单位　　　B. 监理单位　　　C. 项目法人　　　D. 施工单位

正确答案：C

46. 根据《水利水电工程施工安全管理导则》SL 721 的规定，项目法人应至少（　　）组织一次防汛应急演练。

A. 每年　　　　　B. 每季度　　　　　C. 每月　　　　　D. 每两年

正确答案：A

47. 根据《水利水电工程施工安全管理导则》SL 721 的规定，专项施工方案应由（　　）技术负责人组织施工技术、安全、质量等部门的专业技术人员进行审核。

A. 设计单位　　　B. 监理单位　　　C. 项目法人　　　D. 施工单位

正确答案：D

48. 根据《水利水电工程施工安全管理导则》SL 721 的规定，（　　）、施工单位技术负责人应定期对专项施工方案实施情况进行巡查。

A. 监理工程师　　B. 总监理工程师　　C. 项目工程师　　D. 项目经理

正确答案：B

49. （　　），是指交底方向被交底方对预防和控制生产安全事故发生及减少其危害的技术措施、施工方法等进行说明的技术活动。

A. 班前交底　　　B. 设计交底　　　C. 技术交底　　　D. 安全技术交底

正确答案：D

50. 安全技术交底必须在施工作业（　　）进行，任何项目在没有交底前不得进行施工作业。

A. 前　　　　　　B. 后　　　　　　C. 时　　　　　　D. 完成后

正确答案：A

51. 根据《水利水电工程施工安全管理导则》SL 721 的规定，（　　）对安全生产档案管理工作负总责，应做好自身安全生产档案的收集、整理、归档工作，并加强对各参建单位安全生产档案管理工作的监督、检查和指导。

A. 监理单位　　　B. 设计单位　　　C. 项目法人　　　D. 施工单位

正确答案：C

52. （　　）应对施工单位提交的安全生产档案材料履行审核签字手续。

A. 监理单位　　　B. 设计单位　　　C. 项目法人　　　D. 监督单位

正确答案：A

二、**多项选择题**（每小题有 5 个备选答案，其中至少有 2 个是正确选项。）

1. 施工总平面图编制的主要依据有（　　）。

A. 工程所在地区的原始资料

B. 施工方案、施工进度和资源需要计划

C. 原有建筑物和拟建建筑工程的位置和尺寸

D. 项目法人可提供房屋和其他设施

E. 全部施工设施建造方案

正确答案：ABCDE

2. 下列哪些属于施工总平面图中应表示的内容（　　）。

A. 一切地上和地下的已有和拟建的建筑物、构筑物及其他设施的平面位置与尺寸

B. 永久性和半永久性坐标位置，必要时标出建筑场地的等高线

C. 场内取土和弃土的区域位置

D. 场内取土和弃土的区域位置

E. 施工用地范围

正确答案：ABCDE

3. 下列关于建筑施工现场封闭管理的说法，正确的是（　　）。

A. 施工现场的围挡主要分为外围封闭性围挡和作业区域隔离围挡

B. 在围挡上必须插彩旗，美化环境，渲染气氛

C. 解决了扰民和民扰两个问题

D. 起到保护环境、美化市容和文明施工的作用

E. 防止不安全因素扩散到场外，减少扬尘外泄

正确答案：ACDE

4. 施工现场"五牌二图"中的五牌是指工程概况牌、（　　）。

A. 管理人员名单及监督电话牌　　　　B. 文明施工牌

C. 施工升降机验收合格牌　　　　　　D. 消防保卫牌

E. 安全生产牌

正确答案：ABDE

5. 下列哪些属于施工现场建筑材料堆放的一般要求（　　）。

A. 应当根据用量大小、使用时间长短、供应与运输情况堆放

B. 位置应选择适当，便于运输和装卸

C. 各种材料物品必须堆放整齐，并符合安全、防火的要求

D. 应当按照品种、规格堆放，并设明显标牌，标明名称、规格、产地等

E. 要有排水措施、符合安全防火的要求

正确答案：ABCDE

6. 下列关于施工现场道路设置的说法，正确的是（　　）。

A. 施工现场应尽可能设置循环干道，满足运输、消防要求

B. 主干道应当做好硬化处理，保证不沉陷、不扬尘

C. 道路中间应起拱，两侧设排水设施

D. 施工现场设置的道路必须能够作为永久性道路使用

E. 要与现场的仓库（料场）、吊车位置协调配合

正确答案：ABCE

7. 根据《施工现场临时建筑物技术规范》JGJ/T 188，下列哪些属于彩钢板围挡结

构设计应符合的规定（　　）。

A. 彩钢板的基板不应有裂纹，涂层不应有肉眼可见的裂纹、剥落等缺陷

B. 当高度超过 1.5m 时，宜设置斜撑，斜撑与水平地面的夹角以 45 度为宜

C. 立柱的间距不宜大于 3.6m

D. 横梁与立柱之间应采用螺栓可靠连接，围挡应采取抗风措施

E. 围挡顶部应采取防雨水渗透措施

正确答案：ABCD

8. 下列关于施工现场临时设施的选址与布置说法正确的是（　　）。

A. 办公生活临时设施的选址应考虑与作业区相隔离

B. 合理布局，协调紧凑，充分利用地形，节约用地

C. 临时房屋的布置应符合安全、消防和环境卫生要求

D. 行政管理的办公室等应靠近工地，或是在工地现场出入口

E. 生产性临时设施应根据生产需要，全面分析比较后选择适当位置

正确答案：ABCDE

9. 下列关于水利水电工程施工现场职工宿舍的叙述，正确的是（　　）。

A. 宿舍必须设置可开启式外窗

B. 宿舍内应保证有必要的生活空间，室内通道宽度不得小于 0.9m

C. 宿舍内床铺不得超过 2 层

D. 严禁使用通铺

E. 宿舍临时用电宜使用安全电压，采用强电照明的宜使用限流器。

正确答案：ABCDE

10. 在施工坠落半径之内的，防护棚顶应当具有抗砸能力，下列对防护棚顶材料的说法，正确的是（　　）。

A. 棚顶最上层材料强度应能承受 10kPa 的均布静荷载

B. 可采用 50mm 厚木板架设

C. 严禁使用钢管、扣件、脚手架材料搭设防护棚

D. 大型站厂棚可用砖混、砖木结构，并进行结构计算

E. 棚顶最上层材料强度应能承受 8kPa 的均布静荷载

正确答案：ABD

11. 下列关于水利水电工程施工现场安全标志的设置的叙述，正确的是（　　）。

A. 在爆破物及有害危险气体和液体存放处设置禁止烟火、禁止吸烟等标志

B. 在施工机具旁设置当心触电、当心伤手、当心坠落等标志

C. 在施工现场入口处设置必须戴安全帽等标志

D. 在楼层临边、基坑周边等处，设置当心坠落等标志

E. 在通道口处设置提示性标志

正确答案：ACDE

12. 根据燃烧的特点，灭火的方法主要包括（　　）。

A. 冷却法　　　　　B. 隔离法　　　　　C. 窒息法　　　　D. 抑制法

E. 加热法

正确答案：ABCD

13. 下列关于施工现场消防车道设置陈述正确的有（　　）

A. 临时消防车道的左侧应设置消防车行进路线指示标识

B. 施工现场周边道路满足消防车通行及灭火救援要求时，施工现场内可不设置临时消防车道

C. 临时消防车道的净宽度和净高度均不应小于 4m

D. 施工现场临时消防车道与在建工程、临时用房、可燃材料堆场及其加工场的距离不宜小于 5m，且不宜大于 40m

E. 施工现场确有困难只能设置 1 个出入口时，应在施工现场内设置满足消防车通行的环形道路

正确答案：BCDE

14. 既有建筑物在进行扩建、改建施工时，应符合下列哪些防火要求（　　）。

A. 明确划分施工区和非施工区，施工区不得营业、使用和居住

B. 非施工区内的消防设施应完好和有效，疏散通道应保持畅通

C. 施工区的消防安全应配有专人值守，发生火情应能立即处置

D. 向非施工区居住和使用者进行消防宣传教育

E. 在施工区和非施工区之间设置不燃烧体隔墙进行防火分隔

正确答案：ABCDE

15. 施工现场选择灭火器时，应考虑下列哪些因素（　　）。

A. 灭火器配置场所的火灾种类　　　　B. 灭火器配置场所的危险等级

C. 灭火器的灭火效能和通用性　　　　D. 灭火剂对保护物品的污损程度

E. 灭火器设置点的环境温度

正确答案：ABCDE

16. 水利水电工程施工企业项目部应当建立哪些消防安全管理制度（　　）。

A. 消防安全教育与培训制度　　　　　B. 可燃及易燃易爆危险品管理制度

C. 治安保卫制度　　　　　　　　　　D. 消防安全检查制度

E. 应急预案演练制度

正确答案：ABDE

17. 下列关于施工现场防火管理说法正确的有（　　）。

A. 具有火灾、爆炸危险的场所严禁明火

B. 裸露的可燃材料上严禁直接进行动火作业

C. 动火作业前应对作业现场的可燃物进行清理

D. 易挥发产生易燃气体的物资作业时，严禁明火

E. 用于在建工程的保温、防水、装饰及防腐等材料的燃烧性能等级应符合设计要求

正确答案：ABCDE

18. 施工现场消防安全检查应包括下列哪些内容（   ）。

A. 可燃物及易燃易爆危险品的管理是否落实

B. 动火作业的防火措施是否落实

C. 用火、用电、用气是否存在违章操作

D. 临时消防设施是否完好有效

E. 临时消防车道及临时疏散设施是否畅通

正确答案：ABCDE

19. 夏季高温季节，施工现场可采取哪些防暑降温措施（   ）。

A. 采取轮流作业方式，降低劳动强度

B. 为劳动者提供含盐清凉饮料

C. 在罐、釜等容器内作业时，采取通风和降温措施

D. 在施工现场附近设置工间休息室和浴室，休息室内配备空调或电扇

E. 合理调节作息时间

正确答案：ABCDE

20. 施工现场宜设置卫生保健室，配备（   ）等急救器材。

A. 保健医药箱   B. 常用药及绷带   C. 止血带   D. 颈托

E. 担架

正确答案：ABCDE

21. 炊事人员必须体检合格并持证上岗，上岗应穿戴洁净的（   ），并保持个人卫生。

A. 绝缘鞋   B. 工作服   C. 工作帽   D. 口罩

E. 绝缘手套

正确答案：BCD

22. 在（   ）四要素中，驾驶员是系统的理解者和指令的发出者及操作者，他是系统的核心，其他因素必须通过人才能起作用，因此，现场交通安全管理的核心是对驾驶员的进行管理。

A. 人   B. 车   C. 路   D. 环境

E. 天气

正确答案：ABCD

23. 施工现场宜选用（　　）的设备，强噪音设备宜设置在远离居民区的一侧，并应采用隔声、吸声材料搭设的防护棚或屏障。

    A. 低噪声　　　　　B. 低振动　　　　　C. 高振动　　　　　D. 高噪声

    E. 强噪音

正确答案：AB

24. 施工现场临时用电必须建立安全技术档案，其内容应包括（　　）。

    A. 技术交底资料　　　　　　　　　　B. 临时用电工程检查验收表

    C. 电气设备的试、检验凭单和调试记录　D. 接地电阻测定记录表

    E. 定期检（复）查表

正确答案：ABCDE

25. 施工单位应对所有设备的润滑进行（　　）管理，并做好记录。

    A. 定点　　　　　B. 定质　　　　　C. 定时　　　　　D. 定量

    E. 定人

正确答案：ABCDE

26. 施工单位设施设备运行管理必须符合下列要求（　　）。

    A. 基础稳固，行走面平整，轨道铺设规范

    B. 制动可靠、灵敏

    C. 限位器、联锁联动、保险等装置齐全、可靠、灵敏

    D. 灯光、音响、信号齐全可靠，指示仪表准确、灵敏

    E. 在传动转动部位设置防护网、罩，无裸露

正确答案：ABCDE

27. 水利工程建设施工现场涉及的主要特种作业类型有（　　）。

    A. 电工作业　　　　　　　　　　B. 金属焊接切割作业

    C. 起重机械作业　　　　　　　　D. 登高架设作业

    E. 爆破作业

正确答案：ABCDE

28. 防汛度汛指挥机构应由（　　）主要负责人组成。

    A. 项目法人　　　B. 监理单位　　　C. 施工单位　　　D. 设计单位

    E. 监督单位

正确答案：ABCD

29. 施工单位应根据审查论证报告修改完善专项施工方案，并经（　　）审核签字后，方可组织实施。

213

A. 现场工程师   B. 项目技术负责人

C. 施工单位技术负责人   D. 总监理工程师

E. 项目法人单位负责人

正确答案：CDE

30. 单项工程或专项施工方案施工前，施工单位技术负责人应组织相关（   ）进行全面、详细的安全技术交底。

A. 技术人员   B. 施工作业队（区）负责人

C. 工长   D. 班组长

E. 作业人员

正确答案：ABCDE

三、判断题（答案 A 表示说法正确，答案 B 表示说法不正确。）

1. 材料、构配件等堆放位置不是施工平面布置时应考虑的。

正确答案：B

2. 施工现场外围道路及环境不用在施工总平面图上表示。

正确答案：B

3. 生活区是指施工现场范围内设置的工程建设作业人员集中居住、生活的场所，不包括现场以外独立设置的生活区。

正确答案：B

4. 施工现场的围挡内侧可以堆放泥土、沙石等散状材料，也可以将围挡做挡土墙使用。

正确答案：B

5. 在市区主要路段施工现场设置的围挡高度不低于 2.5m。

正确答案：A

6. 施工现场出入口处应当设置门卫值班室，配备专职门卫。

正确答案：A

7. 施工现场堆放的砖应丁码成方垛，不得超高，距沟槽坑边不小于 0.3m。

正确答案：B

8. 施工现场的宿舍、食堂、厕所、淋浴室、门卫值班室都属于生活设施。

正确答案：B

9. 《施工现场临时建筑物技术规范》JGJ/T 188 规定，施工现场设置的临时建筑设计使用年限应为 3 年。

正确答案：B

10. 根据《施工现场临时建筑物技术规范》JGJ/T 188，施工现场设置砌体围挡时，其墙体厚度不宜小于 200mm，并应在两端设置壁柱。

正确答案：A

11. 施工现场生活性临时房屋若在场地内，一般应布置在现场的四周或集中于一侧。

正确答案：A

12. 施工现场生活、办公设施不得选用菱苦土板房。

正确答案：A

13. 施工现场职工宿舍每间居住人员不应超过 20 人。

正确答案：B

14. 施工现场生活区淋浴室内应设置储衣柜或挂衣架，室内使用安全电压，设置防水防爆灯具。

正确答案：A

15. 施工现场的会议室应根据需要设置，不必设置在首层。

正确答案：B

16. 施工现场食堂制作间的炊具宜存放在封闭的橱柜内，刀、盆、案板等炊具必须生熟分开。

正确答案：A

17. 彩钢板活动房内严禁使用炉火或明火取暖。

正确答案：A

18. 搅拌站应当搭设搅拌棚，挂设搅拌安全操作规程和相应的警示标志、混凝土配合比牌。

正确答案：A

19. 安全标志必须穿防护服、必须穿防护鞋均属于警告标志。

正确答案：B

20. 施工现场某种安全标志几何图形为蓝底白色图形的圆形图案，则该安全标志是提示标志。

正确答案：B

21. 施工现场应当根据工程特点，有针对性地设置、悬挂安全标志。

正确答案：A

22. 建筑施工现场设置的安全标志牌的固定方式主要有附着式、悬挂式两种。

正确答案：A

23. 根据水利水电工程选址位置、施工现场平面布置、作业周围环境、施工工艺的不同，将动火等级分为一、二、三级。

正确答案：A

24. 某施工现场一次火灾事故未造成人员伤亡，但造成 3000 万元直接财产损失，则该火灾为一般火灾事故。

正确答案：B

25. 施工现场易燃易爆危险品库房与在建工程的防火间距不应小于10m。

正确答案：B

26. 当施工现场带电设备发生火灾时，可采用化学泡沫灭火器进行灭火。

正确答案：B

27. 当水利水电工程施工现场发生易燃、可燃气体火灾时，可以使用二氧化碳灭火器进行灭火。

正确答案：A

28. 施工现场裸露的可燃材料上严禁直接进行动火作业。

正确答案：A

29. 动火作业时，作业现场及其附近无法移走的可燃物应采用不燃材料对其覆盖或隔离。

正确答案：A

30. 根据国家安监总局等四部门联合印发的《防暑降温措施管理办法》，日最高气温达到40℃以上时，用人单位应当停止当日室外露天作业。

正确答案：A

31. 办公生活区应设专职或兼职保洁员，负责卫生清扫和保洁。

正确答案：A

32. 施工现场内的食堂应取得相关部门颁发的许可证。

正确答案：A

33. 项目专职安全生产管理人员可以随意进出食堂制作间。

正确答案：B

34. 施工现场的开水炉、电热水器、保温水桶应上锁由专人负责管理。

正确答案：A

35. 根据《用人单位职业健康监护监督管理办法》，未进行离岗职业健康体检的职工，用人单位不得解除或者终止劳动合同。

正确答案：A

36. 施工现场出入口处应采取保证车辆清洁的措施。

正确答案：A

37. 当在建工程周边没有人员的情况下，可以采用凌空抛撒的方式清运楼内建筑垃圾。

正确答案：B

38. 为了减少建筑垃圾运输量，可以在施工现场将部分焚烧后再清运。

正确答案：B

39. 施工现场的危险性废弃物应就地填埋，严禁运出施工现场。

正确答案：B

40. 当环境空气质量指数达到中度及以上的污染时，施工现场应增加洒水频次，加强覆盖措施，减少易造成大气污染的施工作业。

正确答案：A

41. 施工现场存放的油料和化学溶剂等应设置专用库房，并对地面进行防渗漏处理。

正确答案：A

42. 施工现场的强噪声设备宜设置在靠近居民区的一侧。

正确答案：B

43. 吊车在吊装作业时，360 度旋转区域和吊车扒杆底下禁止站人。

正确答案：A

44. 夜间运输材料的车辆进入施工现场，严禁鸣笛，装卸材料应做到轻拿轻放。

正确答案：A

45. 现场电气线路、电气装设完毕后，由项目法人组织监理方、设计方、施工方共同进行验收，然后投入使用。

正确答案：A

46. 施工单位应在特种设备作业人员（含分包商、租赁的特种设备作业人员）进场时确认其证件的有效性，经监理单位审核确认，报项目法人备案。

正确答案：A

47. 项目法人监督监理和总包单位落实特种作业持证上岗的核查管控情况，发现无证上岗，项目法人无权要求清退违规作业人员。

正确答案：B

48. 施工单位应落实汛期值班制度，开展防洪度汛专项安全检查，及时整改发现的问题。

正确答案：A

49. 施工单位应在施工前，对达到一定规模的危险性较大的单项工程编制专项施工方案；对于超过一定规模的危险性较大的单项工程，施工单位应组织专家对专项施工方案进行审查论证。

正确答案：A

50. 施工单位应严格按照专项施工方案组织施工，不得擅自修改、调整专项施工方案。

正确答案：A

51. 每天施工前，班组长应向工人进行施工要求、作业环境的安全交底。

正确答案：A

第 5 章　典型案例分析

本 章 要 点

本章主要选取了 2009 年以后发生的 7 个典型水利水电工程施工生产安全事故案例，包括坍塌、高处坠落、中毒和窒息、淹溺、物体打击、机械伤害、触电等，重点分析了事故发生的原因，总结了事故教训，提出了防范措施。

5.1　山西省临汾市洪洞县曲亭水库坝体塌陷事故

1. 事故过程

2013 年 2 月 15 日 7 时许，临汾市洪洞县曲亭水库左岸灌溉洞出现大流量漏水，2 月 16 日 10 时许，水库坝体塌陷贯通过水，成为一起水库坝体塌陷较大事故，造成直接经济损失 4763.45 万元。

曲亭水库位于临汾市洪洞县城东南 15km 处的曲亭镇吉恒村南，是一座以灌溉、防洪为主，兼顾养殖等综合利用的中型水库。该库于 1959 年 11 月动工兴建，1960 年 6 月拦洪蓄水，后经多次改建、加固。事故发生前，水库控制流域面积 127.5km²，设计总库容 3449 万 m³，灌溉面积 10.56 万亩。水库枢纽工程由大坝、溢洪道、左岸灌溉洞、右岸灌溉洞等四部分组成。大坝为均质土坝，最大坝高 49m，坝顶宽 8m，坝顶长 952m，坝顶高程 561.73m，溢洪道和左岸灌溉洞位于大坝南端，右岸灌溉洞位于大坝北端。导致"2·15"坝体塌陷事故发生是左岸灌溉洞坝体内部。曲亭水库及灌区的运行管理由洪洞县南垣水利管理处（以下简称南垣水管处）负责。

2013 年 2 月 15 日上午 7 时许，南垣水管处发现险情，电话向洪洞县政府办、洪洞县水利局分别报告情况，并关闭了入库引水渠闸门，开启溢洪道闸门及右岸灌溉洞闸门下泄库水。

7：26，洪洞县水利局向县政府报告曲亭水库险情。8：51，洪洞县政府向临汾市政府报告险情。9 时许，洪洞县委、县政府领导、临汾市防汛办、临汾市水利局专家先后到达现场，成立抢险 100 余人的抢险服务队、26 辆运输车陆续到达现场投入抢险。12 时许，洪洞县政府成立了"洪洞县曲亭水库抢险指挥部"，现场抢险人员达到 300 余人、装载机械 7 台、自卸汽车 30 余辆、农用车和三轮车 70 余辆。

12：23，临汾市防汛办将险情上报省防办。13：00 省水利厅将险情报告省政府值班室。14：30，临汾市委、市政府及省水利厅领导先后到达现场，随即成立了"临汾

218

市曲亭水库抢险指挥部"，公安消防、武警官兵投入抢险。

18 时许，副省长郭某某到达现场，与临汾市委、市政府领导会商抢险工作及下游群众安全撤离方案。20：55，指挥部启动一级应急响应，紧急撤离下游群众，汾河洪洞县下游橡胶坝全部塌坝运行。

2 月 16 日凌晨，省政府常务副省长高某某、水利部有关领导及专家到达现场，组织指导抢险工作。10 时许，左岸灌溉洞上方坝体坍塌过水，塌陷缺口迅速扩大，下泄流量迅猛增加，进水塔随即倒塌，抢险人员、设备撤离。实测水库水位降幅与时间关系，推算在 11：20 至 11：40 时段内水库，平均下泄流量达最大值，为每秒 1460m³ 左右。12：00 开始，随着水库水位降低，下泄流量逐渐减小，14：00 水库基本泄空，大流量泄水结束，形成坝体塌陷缺口约 130m。

抢险救援工作结束后，临汾市委、市政府，洪洞县委、县政府立即成立灾后恢复指挥部，积极做好群众回迁安置、过水清淤、恢复交通，治安稳定和群众生活、生产等工作。至 2 月 17 日下午 15：00，霍侯一级路正式恢复通车，16：00 南同蒲铁路正式恢复通车。

2. 事故原因分析

（1）直接原因。

曲亭水库左岸灌溉洞进口下游约 35m 处浆砌石洞身破坏，在库水渗透压力作用下，库水击穿洞身上部覆土，涌入洞内形成压力出流，超出灌溉洞许可的无压运行条件，使下游洞段从出口处开始塌陷，进而向上游逐渐发展，坝体随洞段塌陷而塌陷，最终导致坝体在灌溉洞位置全部塌陷。

（2）间接原因。

1）左岸灌溉洞第一、第二洞段未按批复设计进行除险加固，实施的工程对浆砌石洞身产生不利影响；坝基高喷防渗墙施工钻孔穿过左岸灌溉洞，对浆砌石洞身结构有扰动；水库蓄水位偏高。

2）水库运行管理单位自 2009 年以来未对左岸灌溉洞进行系统有效检查，在水库水位出现异常下降后，未及时发现，及早采取针对性措施，失去了抢险保坝的有利时机。

3）该库始建于 20 世纪五六十年代，限于当时的经济、技术等原因，采用水中倒土法筑坝，坝体密度不够，抗冲能力较差左岸灌溉洞座落在 Q3 湿陷性黄土台地上，为坝下浆砌石埋涵结构，先天不足；水库运行超过设计期限，老化严重。

4）除险加固工程管理混乱。项目法人、参建单位（监理、设计、施工）工程质量管理责任制不落实。存在施工计划批复滞后；设计单位未经公开招投标；项目法人及参建单位擅自变更设计；工程验收不严格、不规范；资金管理使用混乱，市县配套资金未按期足额到位等问题。

5）对水库安全运行管理、监管不力，管理人员素质低，对该库长期存在的安全隐患特别是对上级部门稽察、挂牌督办提出的问题未引起高度重视，未进行认真整改。

3. 事故性质

调查认定，临汾市洪洞县曲亭水库"2·15"坝体塌陷较大事故是一起责任事故。

4. 事故预防措施

（1）严格执行设计运行方式

无压泄水孔水面以上必须留有一定的净空，看通气条件良好，在恒定流情况下，洞内水面线以上的空间不小于隧洞断面面积的15%，且高度不应小于400mm。应避免出现时而有压，时而无压的明满流交替流态，明满流交替容易引起震动和空蚀，洞壁承压，水流拍打，易使洞身破坏，同时对泄流能力也有不利影响。为了保证洞内为稳定的无压流态，门后洞顶一般高出洞内水面一定高度，并在工作门后设通气孔，主要作用是排水补气、充水排气，以防止管壁在内部出现真空时失稳。设计或运行不当，使无压流变成半有压或压力流，有可能给工程安全带来严重隐患。以下情况需引起重视。

1）未留通气孔或通气面积不够，洞内水流在高速流动过程中，由于掺气作用，使进口掺气水流的水面线升至洞顶形成半有压流或有压流。

2）无压洞出口下游水位超过设计高程，形成缓流或淹没出流，受下游水位的顶托而封闭洞口，形成间断性的半有压流。

3）设计选用的糙率和谢才系数与实际不完全吻合，洞内实际水深比计算值大，水面以上空间部分不满足规范要求，发生水面碰顶现象，使洞壁受到间歇性动水压力作用而引起洞身的破坏。

4）无压洞超标准运用成有压或半有压，使洞内产生明满流交替的半有压状态，洞内发出"咕隆隆"的阵发性响声，使洞身遭受破坏。有些有压涵洞由于操作的错误也会产生很大的水锤压力而破坏洞身

（2）加强水库安全监测

水工建筑物建成后，处在复杂的自然条件影响和各种外力的作用下，其状态和工作情况始终在不断地变化着。安全监测是水库管理人员的耳目，是水库管理工作中必不可少的重要组成部分。对水库进行认真系统的安全监测，能及时掌握水库状态的变化，发现设计缺陷及运行中的不正常情况，及时采取加固补强措施，把事故消灭在萌芽状态，以确保水库安全运用。事物的发展必然有一个由量变到质变的过程，不少垮坝实例证明，水库发生破坏前都是有前兆的。如果不对水库进行检查监测，不了解水库的工作情况和状态变化，盲目地进行运用是十分危险的。由于缺乏必要的监测工作，以致有些水库的工程缺陷没有能及时发现而迅速发展成最后的垮坝失事，酿成巨大的灾害。

检查巡查也是安全监测的主要内容。包括日常检查、年度检查、定期检查、应急

检查。日常检查中发现异常情况，应立即提交检查报告。年度检查和定期检查工作结束后，应及时提交检查报告。如发现异常，应立即提交检查报告，并分析原因。应根据大坝的运行情况和阶段制定现场检查程序，规定检查的时间、路线、设备、内容、方法与人员等。现场检查中如发现大坝有异常现象，应分析原因并及时上报。详细检查水库各部分，检查坝面及防浪墙有无裂缝、错动、沉陷；相邻坝段之间有无错动；伸缩缝开合状况、止水设施工作状况；排水设施工作状况；廊道有无裂缝、位移、漏水、溶蚀、剥落；伸缩缝开合状况、止水设施工作状况；照明通风状况；排水孔工作状况；排水量、水体颜色及浑浊度。混凝土坝和砌石坝的集水井、排水管是否正常，有无堵塞现象；导流洞堵头运行情况等等。检查放水洞时应注意洞内声音是否正常。输水期间，要经常注意观察和倾听洞内有无异常声响，如听到洞内有"咕咚咚"阵发性的响声或"轰隆隆"的爆炸声，说明洞内有明满流交替的情况，或者有的部位产生了气蚀。当水位升到最高时，全管呈有压流，这时洞内异常声音均告消失，振动汤弱。

（3）加强土坝（包括堆石坝）的养护修理工作

1）在坝面上不得种植树木、农作物、放牧、铲草皮以及搬动护坡和导渗设施的砂石材料等。

2）在坝顶、坝坡、戗台上不得大量堆放物料，坝面不得作为航运过坝转运码头，不得利用坝顶、坝坡、坝脚作输水渠道。

3）在坝上或坝的上、下游影响工程安全的范围内，不得任意挖坑、建鱼池、打井或进行其他对工程有害的活动。

4）维护坝顶、坝坡、防浪墙的完整；保护各种观测设施的完好；排水沟要经常清淤，保持畅通；防止雨水对坝面的侵蚀和冲刷；维护坝体滤水设施和坝后减压设施的正常运用。

5）处理坝坡渗漏、坝端接触渗漏、绕坝渗流以及透水坝基的不正常渗漏。常用的处理方法是上游堵截渗漏、灌浆堵漏以及下游用滤料导渗等方法。对岩石坝基漏水的还可采用帷幕灌浆方法处理。

① 坝基渗漏与绕坝渗漏。一般坝基往往存在不同程度的缺陷，其渗透性多不能满足设计要求，水库蓄水后常易产生坝基渗漏现象，通常均要求对坝基进行灌浆处理。由于山体岩石破碎或在大坝施工时山体出现过滑坡等，在坝体施工中处理不够，以及水库蓄水后产生绕坝渗漏现象，在水库运行期需进行处理。

② 处理坝体裂缝，应根据不同情况，分析裂缝原因，分别采取不同措施。对表面干缩裂缝和冰冻裂缝，一般可做封闭处理其他裂缝多用开挖回填夯实和灌浆等措施处理，但对滑坡裂缝不宜采用灌浆办法。

③ 对坝体的滑坡处理，应根据其产生的原因、部位、大小、坝型、严重程度及水库内水位高低等情况，进行具体分析，采取适当措施。

对均质土坝或黏土心墙坝的滑坡，一般可采用透水性较大的砂石料压住坝脚或采取其他措施，使滑坡体稳定，将裂缝处理好后，再填筑夯实，并适当放缓边坡或在坡脚加筑戗台。对已蓄水的黏土斜墙坝的滑坡，可向水中大量抛土，增加坝坡稳定和防渗能力；待库水位降低后，再将松散的滑坡体清除，重新回填夯实。在坝的下游脚坡要做好排水反滤、导渗设施，以排除坝体内多雨水分。

④ 石坝的堆石体发生局部下陷时应及时填补。

5.2 重庆市巫溪双通调蓄水库大坝临时通道拆除施工作业人员坠落死亡事故

1. 事故过程

2011 年 10 月 26 日 12：40 左右，重庆市巫溪双通调蓄水库引水渠系工程大坝临时通道拆除施工工地，作业人员进行焊弧切割临时通道作业（大约 1263.00m 高程），开始时作业人员均安全防护到位。12：40 左右，一根被割断的钢管落在过道上，1 名作业人员怕被切割通道落下的钢管反弹伤人，准备把管子移开，在此过程中，嫌保险带碍事，便解开保险带，将保险带的挂钩顺手挂在被切割的爬梯栏杆上，当被切割的爬梯突然切断时，作业人员连同被切割的爬梯一道落下至 1223.50m 高程平台（最下方平台）当场死亡。工程建设单位是重庆市水投集团所属控股子公司重庆市渝宁水利开发有限公司，施工单位是中国水利水电第九工程局，监理单位是重庆江河工程建设监理有限公司。

2. 事故原因分析

施工人员进行高处作业，虽系了安全带，但却将安全带挂在爬梯栏杆上，爬梯栏杆正在被切割，属于不牢固的物件。把安全带拴在不牢固的物件上，而且爬梯被切断坠落时，将带着作业人员一起坠落，安全带不但起不到保护的作用，反而成了造成事故的原因。选择悬挂安全带的物件，必须牢固可靠。自己和一起工作的人员要互相监护，认真检查，发现安全带悬挂不牢固时，要及时纠正，督促其摘下，重新选择牢固可靠的物件。

3. 事故预防措施

根据《水利水电工程施工通用安全技术规程》SL 398—2007 防止高处坠落应采取如下防范措施。

（1）人员行为

进入施工现场，应按规定穿戴安全帽、工作服、工作鞋等防护用品。正确使用安全绳、安全带等安全防护用具及工具，安全绳、安全带必须系在牢固的物体上。严禁穿拖鞋、高跟鞋或赤脚进入施工现场。安全绳、安全帽应定期检验合格。

（2）安全防护

1）高处临边、临空作业应设置安全网，安全网距工作面的最大高度不应超过 3.0m，水平投影宽度应不小于 2.0m。安全网应挂设牢固，并随工作面升高而升高。安全网距工作面过高会导致人员坠落后冲击力过大而可能使安全网破损失去保护作用，安全网水平投影面积过小导致安全网防护面积过小而可能失去保护作用。安全检查应检测实际安全网距工作面距离和其水平投影面积应符合本要求。

2）高处作业前，应检查排架、脚手板、通道、马道、梯子和防护设施，符合安全要求方可作业。高处作业使用的脚手架平台，应铺设固定脚手板，临空边缘应设高度不低于 1.2m 的防护栏杆。排架支撑应稳固不晃动，脚手板、通道、马道、梯子应有一定宽度，铺设应固定。

（3）加强监督检查，纠正不安全行为

高处作业前，应有专职安全员对照安全规定和要求逐一检查，纠正不安全行为，待符合安全要求后，方准施工作业。

5.3　广东省茂名市化州市长湾河水库工程管理处长湾河水电站致 4 人死亡较大中毒窒息事故

1. 事故过程

2013 年 11 月 29 日 9：16 许，化州市长湾河水库工程管理处长湾河水电站（又称坝后电站）2 号机组水轮机进行年度例行检修过程中，发生一起较大中毒窒息事故，造成 4 人死亡，直接经济损失 260 余万元。

长湾河水电站位于化州市中垌镇，隶属于化州市长湾河水库工程管理处（以下简称"管理处"），长湾河水库工程建于 1958 年，总库容 3099 万 m^3，属中型水库，以农业灌区为主，兼有防洪、发电、人畜饮水等综合效益。近年来，长湾河水库上游不断发展畜牧养殖业务，现有规模以上（100 头以上）养猪场 30 余家，生猪粪便直接排入河道，流入长湾河水库。长湾河水库水面长满了水浮莲，库水呈深褐色，发出难闻的气味。电站总装机容量 525kW（1×125＋1×400）。发生事故的 1 号机组水轮机蜗室高度约 5m，面积约 13m^2。1 号机组水轮机蜗室引水涵管（压力钢管直径 1.6m）至 2 号机组引水涵管分岔口长约 10m。至"11.29"中毒窒息事故发生前，该电站未发生任何伤亡事故。

2013 年 11 月 29 日 8：30 左右，管理处副主任兼长湾河水电站站长李某某电话请示管理处副主任李某某（负责管理处全面工作）同意，带领电站职工邱某某、陈某某、李某兴、付某某 4 人对长湾河水电站 2 号机组水轮机进行年度例行检修（因 2 号机组高程低，须从 1 号机组水轮机蜗室进入孔进入引水涵管中，将 2 号机组的引水涵管岔口堵住，方可对 2 号机组进行检修）。邱某某、陈某某用扳手将 1 号机组水轮机蜗室进人孔封闭盖（70cm×70cm）打开，将长约 7m 的竹梯放入到水轮机蜗室底部（水深约 1m），李某兴从电站值班室拿来电风扇，向蜗室吹风通气（据李某某反映吹了大约 15～20 分钟），李某某电话通知管理处职工陈某某对大坝闸门进行调整，控制水流，8：50 左右，邱某某想下去蜗室涵管内作业，李某某叫邱某某、陈某某、李某某、付某某等二人，并安排李某兴去对 2 号机组电线进行标号。李某某交代完后，就到电站值班室拿手电筒和卫生纸。9：00 许，李某某从值班室出来，发现邱某某已下到蜗室涵管内，陈某某、付某某站在进人孔上面观察。过了约 2 分钟，陈某某看见邱某某脸朝上浮在水面，从引水涵管内慢慢飘浮出来。陈某某马上下到蜗室拉邱某某，因拉不动，叫人下来帮忙；李某某叫付某某、李某兴不要再下去了，就到 2 号机组下面去拿绳子（电线）。约 2 分钟，李某兴发现陈一国也晕倒，怀疑是触电，李某某急忙将电站内的电闸及电站门外的变压器总闸关闭（整个过程用时约 10 分钟），回到电站内后，发现李某兴、付某某也不在上面了，李某某从进人孔往下看，看到有人浮在水面上。9：16 左右，李某某分别打电话报告管理处李某伟（去中垌镇开会）、赖某某副主任（分管管理处安全生产工作）。过了 2～3 分钟，赖某某、陈某某赶到现场，李某某叫赖某某、陈某某赶快打电话报警、叫救护车，赖某某立即打电话给中垌卫生院和中垌派出所。9：26 左右，李某伟赶到现场，并立即向化州市水务局何某某局长、分管副局长刘某某、办公室主任李某欣分别报告事故发生情况。接着李某某脱下外衣和鞋袜，沿竹梯下到蜗室施救，闻到异味，感到头晕，就赶快撤回。随后李某伟、李某某等人用电线绑住陈某某腰部，让陈某某沿竹梯下去救人，也感到头晕，赶快将陈某某拉上来，发现陈某某脸色苍白，只好放弃人工下去施救方法。李某某随后找来长约 6m 带钩的水管，钩住受害人员的裤腰带或衣服，依次将邱某某、刘某某、李某兴、陈某某从蜗室内拉到地面。9：22 许，中垌镇卫生院接到急救电话。9：28 左右，中垌镇卫生院 3 名医护人员赶到现场，立即对受伤人员采取了胸外心脏按压、心肺复苏等措施救治。随后化州市人民医院 3 台急救车赶到现场，将受伤人员紧急送往化州市人民医院抢救，于 11：50-12：40 分别宣告 4 人抢救无效死亡。事故发生后，化州市水利局、安监局等部门及市政府有关领导立即开展救援、事故调查和妥善进行了善后工作。

　　2. 事故分析

　　直接原因：

　　（1）吸入沼气中含有的窒息性气体及环境缺氧。2013 年 11 月 29 日 15：00 左右，茂名市环境监测站、茂名市职业病防治院、茂石化职业病防治所技术人员携带相关检测仪器对事发电站 1 号机组水轮机蜗室内气体进行了检测，检测结果为：甲烷 92.3mg/m³、二氧化碳 7393mg/m³、一氧化碳 1.7mg/m³、氨气小于 0.76mg/m³、氧气含量 19.3%。水轮机蜗室内空气中甲烷、二氧化碳含量较高，含氧量较低。结合电站水源水体富营养化现象明显，在水轮机蜗室密闭空间内经过长时间发酵，可产生甲烷、二氧化碳、一氧化碳、硫化氢等有毒有害气体。2013 年 12 月 17 日至 2014 年 1 月 4 日，化州市公安局刑事侦查大队技术中队分别对 4 名死者尸体进行尸表检验（死者家属都拒绝解剖检验），头部、面部、颈部、躯干、四肢均未见明显外伤痕，排除机械性暴力打击致死。

（2）未按照有限空间危险作业场所先检测、后作业的要求规范操作。

（3）作业人员未采取有效防护措施。

（4）现场作业人员施救方法不当，加大了事故后果。

间接原因

（1）管理处安全管理制度不健全，制度落实不到位，没有制定有限空间作业安全生产管理规章制度和操作规程，特别是"两票三制"制度不落实，导致长期以来电站有限空间作业检修工作流程不规范、随意性大。

（2）管理处安全教育培训工作不落实。未制定本单位安全教育培训计划、方案，未开展经常性安全教育，没有任何的教育培训记录。

（3）管理处检修工作组织混乱，准备工作不充分。未按照"先通风、先检测、后作业"的原则进行前期准备工作，打开后只进行了短暂吹风，通风后未能对有限空间进行检测就开始作业，准备工作不充分。

（4）管理处防护用品配备不足。未配备检测、防护面具等有针对性的防护用品。

（5）管理处干部职工安全意识淡薄。从 2012 年开始，该电站蜗室、涵管内的气体较之前就发生了一定变化，异味较浓；2013 年五六月工人进入蜗室、涵管内作业时，蜗室、涵管内的异味比之前更浓，但未引起足够重视。

（6）化州市水务局对监管行业企业隐患排查治理不到位。对长湾河水库水质污染没有引起足够重视，电站管理混乱、操作不规范、制度不落实、防护用品不足等问题没有及时督促整改。

（7）化州市中垌镇镇政府开展安全生产大检查不深入、不细致，对辖区企业底数不清，没有按"全覆盖、零容忍、严执法、重实效"的要求进行检查。

（8）化州市人民政府对水库环境污染整治力度不大，造成水库上游及周边畜牧养殖、水上植物（水浮莲）长期存在，导致水质变化严重。

3. 事故性质

经调查认定，化州市长湾河水库工程管理处长湾河水电站"11.29"较大中毒窒息事故是一起生产安全责任事故。

4. 事故预防措施

进入密闭空间作业时，应首先检查有无集聚的可燃气体或一氧化碳气体，如有应排除并保持通风良好，必要时应采取通风除尘措施。

在密闭空间作业时，应保持通风，作业空间内应无易燃、易爆物及有毒气体，工作人员应配置必要的劳保措施，作业空间外应有专人监护，一旦发生意外可以及时施救并报警。

5.4 浏阳市杨家滩水电站隧洞检修较大淹溺事故

1. 事故过程

2009 年 7 月 11 日，湖南浏阳市杨家滩水电站股东邓某某组织包括自己在内的 5 人抢修小组，对引水隧洞距进口约 350m 处的塌方进行处理。16∶30～17∶30 左右，水库流域出现短时强降雨，水库水位迅速上涨并淹没了引水隧洞。5 名在隧洞内的施工人员对外面突然变化的恶劣天气毫不知情，未能及时逃离施工现场，全部淹溺死亡。

2. 事故分析

水电站安全管理人员管理松懈，未安排合理的抢修计划，不掌握雨情、汛情，没有做好应对暴雨的准备，对事故隐患没有防范意识，没有检修安全预案，也没有安排专人监护，致使 5 名在隧洞内的施工人员未及时撤离。

3. 事故预防措施

（1）操作人员应严格按照规程操作，避免不良环境导致的强迫体位。

（2）作业前应做好信息沟通工作，并设有专人监护，防止因误动作而引发溺水事故。

5.5 滹沱河防洪综合整信工程强夯致 1 人死亡事故

1. 事故过程

2010 年 5 月 14 日 15∶00，河北省水利工程局承建的滹沱河防洪综合整治工程二期 2 号水面 VII 标段施工工地，三台强夯吊车同时进行河床夯实作业，1 名工人在之后一台强夯吊车行走过程中，为躲避另一台强夯吊车晃动的龙门架，出现判断错误，进入第三台正在作业的强夯机夯锤作业范围内，造成 1 人死亡。

2. 事故分析

强夯作业现场，夯锤作业范围内应严禁人员通过和停留，应有专人监护和指挥。三台强夯同时作业，还存在交叉作业情况，两台强夯机间距过近，不符合起重机械作业规程要求的情况下，违章进入夯锤作业范围导致事故发生。

3. 事故防范措施

交叉作业时易发生物体打击事故。交叉作业是指在施工现场的上下不同层次，于空间贯通状态下同时进行的高处作业。现场施工上部开挖、上部搭设脚手架、吊运物料、地面上的人员搬运材料、制作钢筋，或外墙装修下面打底抹灰、上面进行面层装饰等等，都是施工现场的交叉作业。交叉作业中，若高处作业不慎碰掉物料，失手掉下工具或吊运物体散落，都有可能砸到下面的作业人员，而发生物体打击伤亡事故。《水利水电工程施工通用安全技术规程》SL 398—2007 规定，爆破、高边坡、隧洞、水上（下）、高处、多层交叉施工、大件运输、大型施工设备安装及拆除等危险作业应有专项安全技术措施，并应设专人进行安全监护。

根据《水利水电工程施工组织设计规范》SL 303—2004、《水利水电工程施工通用安全技术规程》SL 398—2007，防止物体打击事故应采取如下措施。

（1）桥机、塔式起重机等特种设备必须定期由技术监督部门进行检测，合格方可使用。非特种设备操作人员，严禁安装、维修和动用特种设备。操作人员必须经安监部门培训合格，方可上岗。特种设备有其特定的技术特性和操作标准，技术性强、难度大、操作技能要求高，非经特种技能培训并经考试合格的人员对特种设备进行安装、维修和动用，不但会损坏其设备，还将危及操作者的人身安全，故必须遵守此规定。

（2）为防止非工作人员进入试验区域带来安全隐患，桥机试验区域应设警戒线，并布置明显警示标志，非工作人员严禁上桥机。试验时桥机下面严禁有人逗留。为防止吊钩脱落和吊物散落伤人，严禁人员在吊物下通过和停留。调运前应检查吊钩安全防护装置是否安全可靠，吊物应捆绑稳牢，检查是否有专人指挥吊运，和禁止人员通行的警示标志。

起重、挖掘机、强夯等施工作业时，非作业人员严禁进入其工作范围内。

5.6　重庆市忠县白石水库大坝施工搅拌机致人死亡事故

1. 事故过程

2009 年 3 月 23 日下午，重庆市忠县白石水库大坝扩建工程混凝土拌和场，施工单位重庆市天地人实业有限公司安排王某平、王某安等四名工人对搅拌机进行清理，王某安在搅拌筒内清理洞壁混凝土。下午 15：30 左右，王某平去提升料斗准备进行电焊修补当将启动控制箱上的空开合上后，搅拌筒意外转动，王某平立即断开电源，搅拌筒内的王某安已成重伤。在场的工人及时将王某安从筒内救出，16：00 左右，在送往医院途中死亡。

2. 事故原因分析

当人进入搅拌槽内之前，应切断电源，开关箱应加锁，并挂上"有人操作，严禁合闸"的警示标志。这是对搅拌机、制浆泵之类设备正确使用而进行的规定，以避免因设备不正确使用而造成人身安全事故。检修前应检查是否已切断电源、开关箱是否加锁封闭，检查"有人操作，严禁合闸！"的警示标志是否醒目明显。本事故中，没有严格按照以上要求进行操作，导致事故发生。

3. 事故预防措施

（1）制浆及输送应遵守的规定

当人进入搅拌槽内之前，应切断电源，开关箱应加锁，并挂上"有人操作，严禁合闸！"的警示标志。这是对制浆搅拌机、制浆泵的正确使用进行的规定，避免因设备不正确使用而造成人身安全事故。检修前检查是否已切断电源、开关箱是否加锁封闭，检查"有人操作，严禁合闸！"的警示标志是否醒目明显。

（2）机械伤害防范措施

1）在运转时加油、擦拭或修理作业极易发生安全事故，危及人身安全，应严格禁止。皮带机械运行中，发生人员伤亡事故等情况应紧急停机。检查、修理机械电气设备时，应停电并挂标志牌，标志牌应谁挂谁取。不准在转动的机器上装卸和校正皮带，或直接用手向皮带上撒松香等物。禁止在运行中清扫、擦拭和润滑机器的旋转和移动部分，以及把手伸入栅栏内。

2）搅拌机运行中，不应使用工具伸入滚筒内掏挖或清理。需要清理时应停机。如需人员进入搅拌鼓内工作时，鼓外要有人监护。

5.7 信阳市石桥保庄圩闸站地质勘查三脚架触电致 6 人死亡事故

1. 事故过程

2011 年 8 月 16 日下午 14：00 左右，出山店大型水库移民安置工程的护村围堤工程勘探作业，以河南省水利勘测有限公司内退职工杜某某（59 岁）为组长的 7 人勘探作业班组（其余 6 人为杜某某亲戚或邻居，均为鹤壁市浚县人），进行信阳市平桥区平昌关镇石桥保庄圩闸站地质勘查工作，在勘察完成一孔钻探工作后，竖直移动勘探三脚架至下一孔位时（每两人一组抬起一脚，共 6 人），不慎将三脚架顶端触及上方 10kv 高压线，导致 6 人当场死亡，负责扯绳的 1 人在施救时被电击伤。

2. 事故原因分析

《水利水电工程钻探规程》SL 291—2003 中关于钻探设备安装和拆迁有下列规定：竖立和拆卸钻架应在机长统一指挥下进行。立放钻架时，左右两边设置牵引绷绳以防翻倒，严禁钻架自由摔落。滑车应设置保护装置。轻型钻架的整体搬迁，应在平坦地区进行，高压电线下严禁整体搬迁。本事故中，严重违反了"高压电线下严禁整体搬迁"的规定，钻架触及高压线，导致触电事故的发生。当高压线电压等级很高时，即使没有触及，但当与高压线较近时，高电压会击穿空间而使人触电，因此，不但绝对不能碰触，还必须保持足够的安全距离。

3. 事故预防措施

高处作业、高压线路下作业时应保持足够的安全距离。《水利水电工程施工通用安全技术规程》SL 398—2007 对各种作业情况下与高压线路的安全距离进行如下明确规定。

（1）在建工程（含脚手架）的外侧边缘与外电架空线路的边线之间应保持不小于表 5-1 要求的安全操作距离。

在建工程（含脚手架）的外侧边缘与外电架空线路的
边线之间最小安全操作距离表　　　　　　　　　　　　表 5-1

外电线路电压等级/kV	<1	1～10	35～110	154～220	330～500
最小安全操作距离/m	4	6	8	10	15

注：上、下脚手架的斜道严禁搭设在有外电线路的一侧。

（2）在带电体附近进行高处作业时，距带电体的最小安全距离，应满足表 5-2 的要求。

带电体附近高处作业时最小安全距离表　　　　　　表 5-2

电压等级/kV	≤10	20～35	44	60～110	154	220	330
工器具、安装构件、接地线等与带电体的距离/m	2.0	3.5	3.5	4.0	5.0	5.0	6.0
工作人员的活动范围与带电体的距离/m	1.7	2.0	2.2	2.5	3.0	4.0	5.0
整体组立杆塔与带电体的距离	应大于倒杆距离（自杆塔边缘到带电体的最近侧为塔高）						

（3）施工现场的机动车道与外电架空线路交叉时，架空线路的最低点与路面的垂直距离不应小于表 5-3 的规定。

施工现场的机动车道与外电架空线路交叉时的最小垂直距离表　　　表 5-3

外电线路电压/kV	<1	1-10	35
最小垂直距离/m	6	7	7

参 考 文 献

[1] 刘学应，王建华. 水利工程施工安全生产管理 ［M］. 北京：中国水利水电出版社，2017.

[2] 全国人大常委会法制工作委员会. 中华人民共和国安全生产法释义 ［M］. 北京：法律出版社，2014.

[3] 全国人大常委会法制工作委员会. 中华人民共和国特种设备安全法释义 ［M］. 北京：中国法制出版社，2013.

[4] 山东省建筑施工企业管理人员安全生产考核培训教材编审委员会. 建筑安全生产法律法规 ［M］. 第二版，青岛：中国海洋大学出版社，2012.

[5] 上海市城乡建设和交通委员会人才交流和岗位考核指导中心，上海市建设工程安全质量监督总站. 安全生产知识 ［M］. 上海：华东师范大学出版社，2013.

[6] 尚春明，方东平. 中国建筑职业安全健康理论与实践 ［M］. 北京：中国建筑工业出版社，2007.

[7] 张英明，刘锦. 特种作业安全生产知识 ［M］. 徐州：中国矿业大学出版社，2011.

[8] 水利部安全监督司水利生产安全事故案例集 ［M］. 北京：中国水利水电出版社，2016.

[9] 住房和城乡建设部工程质量安全监管司. 建设工程安全生产法律法规.

[10] 苗金明. 事故应急救援与处置 ［M］. 北京：清华大学出版社，2012.

[11] 水利部安全监督司，水利部建设管理与质量安全中心. 水利水电工程建设安全生产管理 ［M］. 北京：中国水利水电出版社，2014.

[12] 翟久刚，张晋文，邱建华. 水上水下施工作业通航安全管理与监督 ［M］. 北京：人民交通出版社，2001.

[13] 钱宜伟，冯玉禄. 水利水电施工企业安全生产标准化评审标准释义 ［M］. 北京：中国水利水电出版社，2013.

[14] 温州市水利局，浙江水利水电学院. 水利水电工程安全文明施工标准化工地创建指导书 ［M］. 北京：中国水利水电出版社，2016.

[15] 浙江省水利厅水利水电工程现场管理指南 ［M］. 北京：中国水利水电出版社，2015.